PSIM 电子仿真技术

主编　王　松

参编　李晓坤　高志峰　俞军涛

　　　程　昀　宋玉美

山东大学出版社

SHANDONG UNIVERSITY PRESS

·济南·

图书在版编目(CIP)数据

PSIM 电子仿真技术/王松主编.—济南:山东大
学出版社,2021.10(2023.7重印)
ISBN 978-7-5607-7160-1

Ⅰ.①P… Ⅱ.①王… Ⅲ.①电子电路—计算机辅助
设计—应用软件 Ⅳ.①TN702

中国版本图书馆 CIP 数据核字(2021)第 197599 号

责任编辑 祝清亮
文案编辑 曲文蕾
封面设计 王秋忆

出版发行	山东大学出版社
社　　址	山东省济南市山大南路 20 号
邮政编码	250100
发行热线	(0531)88363008
经　　销	新华书店
印　　刷	济南乾丰云印刷科技有限公司
规　　格	787 毫米×1092 毫米　1/16
	20.5 印张　472 千字
版　　次	2021 年 10 月第 1 版
印　　次	2023 年 7 月第 2 次印刷
定　　价	68.00 元

内容简介

  PSIM 是应用于电力电子以及电机控制领域的仿真软件,可以为电力电子电路解析、控制系统设计、电机驱动研究等提供强有力的仿真环境。SmartCtrl 是专门应用于电力电子领域的主电路拓扑及控制器设计的软件,是设计和优化功率转换器、控制器的终极工具。用户可以通过 SmartCtrl 轻松快速地设计各种功率转换器的控制器。若 PSIM 和 SmartCtrl 处于连接状态,则系统的频率响应能导入 SmartCtrl 中,从而可以将最终的控制设计导出到 PSIM。

  本书内容丰富,结构清晰,语言通俗易懂。本书共包含 17 章,分为两个部分对 PSIM&SmartCtrl 进行介绍。第一部分主要介绍了 PSIM 电路仿真环境及其基础设计应用,具体内容为第 1 章～第 8 章;第二部分主要介绍了 SmartCtrl 电源设计软件仿真环境及其基础设计应用,具体内容为第 9 章～第 17 章。书中通过详尽的仿真实例深入浅出地向读者展示了 PSIM&SmartCtrl 的使用方法,并附有仿真实例。这些实例都是作者精心设计、制作完成的,并全部通过了验证,有助于读者更好地了解和掌握 PSIM&SmartCtrl 软件。

  该书不仅可以作为高等院校电气类专业的教材,也可以作为相关专业研究生、工程技术人员以及对该软件感兴趣的读者的自学参考书。

前　言

电力电子技术是一门新兴的应用于电力领域的电子技术,是使用电力电子器件对电能进行变换和控制的技术。电力电子学(Power Electronics)这一名称出现于20世纪60年代,随着电力电子技术的不断发展,电力电子学已成为目前电气工程与自动化专业必修的一门专业基础课,在培养该专业人才中占有重要地位。电机控制是指对电机的启动、加速、旋转、减速及停止进行的控制,而电机学作为理工科高校电气类专业学生非常重要的专业课程,在本专业教学中占有十分重要的地位。PSIM 软件正是面向电力电子领域以及电机控制领域的仿真软件,是市场上最快的系统级模拟器之一。PSIM&SmartCtrl 软件提供了专业的电路仿真,能够在短时间内模拟控制系统,并能够在保证仿真速度的情况下提供高质量的仿真结果。本书旨在为读者介绍 PSIM&SmartCtrl 的具体功能及使用方法,帮助读者熟悉软件并更好地应用软件进行学习、工作。

本书共 17 章,分两个部分介绍 PSIM&SmartCtrl。第一部分主要介绍了 PSIM 电路仿真环境及基础设计应用,第二部分主要介绍了 SmartCtrl 电源设计软件仿真环境及基础设计应用。第 1 章对 PSIM 基础知识进行了概述,第 2 章对 PSIM 界面环境和基本操作进行了阐述,第 3 章对 PSIM 中的元件模块库进行了介绍,第 4 章、第 5 章和第 6 章通过大量详尽的实例分别对 PSIM 电路及其电力电子仿真、模拟/数字电路仿真、控制电路仿真进行了说明,第 7 章对 PSIM 中的自动生成代码软件 SimCoder 及其使用方法进行了介绍,第 8 章对 PSIM 与 MATLAB 的联合仿真模块——Sim-Coupler 进行了介绍,第 9 章对 SmartCtrl 基础知识进行了概述,第 10 章对 SmartCtrl 的界面环境和基本操作进行了阐述,第 11 章对 SmartCtrl 提供的基础电路及其参数设置方法进行了介绍,第 12 章对 SmartCtrl 中的工具面板及设计方法进行了介绍,第 13 章、第 14 章和第 15 章分别对利用 SmartCtrl 进行预定义拓扑、通用拓扑及通用控制系统的设计方法进行了说明,第 16 章针对 SmartCtrl 的导入和导出功能进行了介绍,第 17 章对 SmartCtrl 的数字化控制及其他设置进行了介绍。

本书由山东大学(威海)王松教授主编,李晓坤、高志峰、俞军涛、程昀、宋玉美等各位老师参编,郑宇赛、张玉才、王文坛、杜俊毅、郑芳、都骋、孙玉东、刘金广等同学整理仿真实例和材料。最终书稿由王松教授统一校对和审阅。

为方便读者学习 PSIM 软件,书中所述的各仿真实例都已编制成仿真文件,文件名与书中仿真电路图表序号相对应。读者可通过右侧二维码下载这些仿真文件。

本书在完成过程中,得到了 PSIM 软件中国代理——新驱科技(北京)有限公司王江武总经理、马杰经理的大力支持,山东大学(威海)的各级领导、机电与信息工程学院和教务处等相关部门也在各方面给予了大力支持,在此表示感谢!同时,作者的家人、朋友等在本书的编写过程中也给予了多方的关怀和帮助,在此向各位致以深深的谢意!

本书的出版也得到了山东省重大创新工程——新一代非晶材料及磁悬浮高速永磁非晶电机研发(项目编号:2019JZZY010337)项目的支持。

由于作者水平有限,书中难免存在一些错误和不足之处,敬请各位专家和读者批评指正。

王　松

2021 年 7 月于山东大学

目　录

第一部分　PSIM 电路仿真设计

第二部分 SmartCtrl 电源设计

第一部分

PSIM电路仿真设计

第1章　PSIM 基础知识

1.1　简　介

PSIM 是应用于电力电子领域以及电机控制领域的仿真软件。PSIM 的全称为 Power Simulation，由 SIMCAD 和 SIMVIEM 两个软件组成。

PSIM 软件还包含了西班牙 Power Smart Control S. L. 公司的 SmartCtrl 软件，该软件是一款专门用于功率变流器控制方案设计与优化的工具。

PSIM 具有仿真速度快、用户界面友好、能进行波形解析等优点，为电力电子电路的解析、控制系统设计、电机驱动研究等提供了强有力的仿真环境。

PSIM 仿真解析系统不只是回路仿真单体，它还可以与其他公司的仿真器连接，为用户提供高开发效率的仿真环境。例如，在电机驱动开发领域，控制部分通过 MATLAB/Simulink 实现，主回路部分以及其周边电路通过 PSIM 实现，电机部分通过电磁场分析软件（MagNet 或 JMAG）实现，由此进行联合仿真，构成高精度全面的仿真系统。

PSIM 仿真软件包含三个部分：PSIM 电路仿真原理图、PSIM 仿真器以及 SIMVIEW 波形显示。仿真环境图解如图 1-1 所示。

图 1-1　仿真环境图解

1.2　特　征

PSIM 将半导体功率器件等效为理想开关,从而进行快速仿真,这对于初学者来说更容易理解和掌握。PSIM 是专门针对电力电子、电机拖动及控制系统开发的仿真软件,在欧美和日本广为使用。

PSIM 具有以下优点:

(1)用户界面友好,容易掌握,可以加深工程师对电路与系统的基本原理及工作状态的理解,大大提高电路设计和试验的效率。

(2)运行效率高。

(3)输出数据格式兼容性好。

PSIM 具有强大的仿真引擎,其高效的算法克服了其他多数仿真软件存在的收敛失败、仿真时间长等问题,因此其应用领域十分广泛。

1.3　电路结构

一个电路在 PSIM 中可以分为四个部分:电力电路、控制电路、传感器和开关控制器。它们在 PSIM 中的关系如图 1-2 所示。

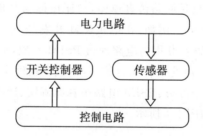

图 1-2　PSIM 中电路四部分的关系

电力电路包含转换装置、谐振分支、变压器、联结感应器等部分。S 域和 Z 域里的逻辑元器件(例如逻辑门和触发器)和非线性元器件(例如乘法器和除法器)被用于控制电路。传感器测量电力电路中的电压和电流,并把数值传到控制电路。控制电路产生门极控制信号,并通过开关控制器将门控信号反馈给电力电路来控制开关。

1.4　软硬件配置

PSIM 可在 Windows XP/Windows 7/Windows 8 等版本环境下运行,支持 32 位操作系统。但到目前为止,PSIM 2020a 及以上版本仅支持 64 位操作系统,不再支持 32 位操作系统。本书将以正版 PSIM 2021a 与 SmartCtrl 4.2 为标准向读者进行介绍。

考虑到读者使用的 PSIM 版本不同,本书中介绍的软件仿真实例主要用 PSIM 9.1.4 版本进行编制。

1.5　安装程序

PSIM 软件的安装指南可以由位于 PSIM USB 存储驱动器上的安装指南文件夹提供,也可以通过官网获得。

安装 PSIM 后,安装目录的部分文件及其作用描述如表 1-1 所示。

表 1-1　PSIM 安装目录的部分文件及其作用描述

文件	作用描述
PSIM.exe	PSIM 电路原理图编辑器
Simview.exe	波形显示程序
PcdEditor.exe	设备数据库编辑器
SetSimPath.exe	设置 SimCoupler 模块的程序

PSIM 拓展文件及其描述如表 1-2 所示。

表 1-2　PSIM 拓展文件及其描述

拓展文件	描述
*.psimsch	原理图文件
*.lib	库文件
*.fra	交流分析输出文件(文本)
*.dev	设备数据库文件
*.txt	文本格式的仿真输出文件
*.smv	二进制格式的仿真输出文件

第 2 章　PSIM 界面环境和基本操作

2.1　操作界面介绍

PSIM 2021a 的操作界面如图 2-1 所示,自上而下分别为工具栏、快捷工具栏、操作区、常用元器件。

图 2-1　PSIM 2021a 的操作界面

2.1.1　File 菜单

单击"File"(文件),弹出的下拉菜单如图 2-2 所示。文件菜单中各选项的功能介绍如下:

(1)New(快捷键为 Ctrl+N):新建主电路图。

(2)New (worksheet):新建电路,使用预制尺寸的设计图纸。

（3）Open…（快捷键为 Ctrl＋O）：单击该快捷键，将打开已建电路文件，并弹出"打开"对话框（见图 2-3）。

（4）Open Examples…：打开 PSIM 软件附带的实例电路图。

（5）Change Worksheet Size：改变电路设计图纸尺寸。

（6）New SPICE Netlist File：新建 SPICE 接线表文件。

（7）Open SPICE Netlist File：打开已存在的 SPICE 接线表文件。

（8）New Project：新建项目。

（9）Save Project：保存当前项目。

（10）Close：关闭当前电路图窗口。

（11）Close All：关闭所有电路图窗口。

（12）Save（快捷键为 Ctrl＋S）：保存电路原理图。

（13）Save As…：将当前电路原理图保存为另一个文件，单击后弹出"另存为"对话框（见图 2-4），文件名和保存路径可修改。

（14）Save All：保存所有创建的电路原理图。

（15）Save with Password：带密码保存电路图。一旦电路有密码保护，必须输入正确的密码才能查看电路图，单击后得到的界面如图 2-5 所示。

（16）Save in Package File：将所有相关的关联文件保存于同一打包文件夹中。当原理图包含子电路和参数文件时，所有文件（包括主原理图文件、所有子电路文件和参数文件）将保存到单独的文件夹中。

（17）Save as Older Versions：将文件保存为旧版 PSIM 11.1 或更早版本格式。

（18）Print…（快捷键为 Ctrl＋P）：打印电路图。

（19）Print Preview：预览电路图打印。

（20）Print Selected：打印所选电路的一部分。

（21）Print Selected Preview：预览要打印的所选电路部分。

（22）Print Page Setup：设置打印纸的规格。

（23）Printer Setup…：设置打印机。

单击打印相关的选项会弹出如图 2-6 所示的"打印设置"对话框。

（24）Exit（快捷键为 Alt＋F4）：退出 PSIM。

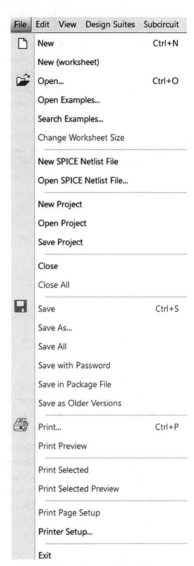

图 2-2　文件菜单

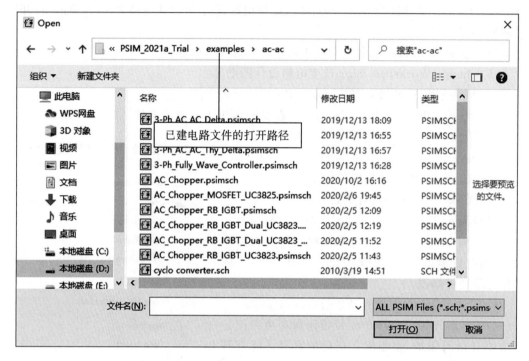

图 2-3　"打开"对话框

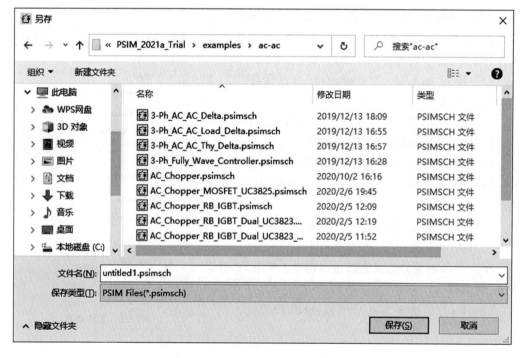

图 2-4　"另存为"对话框

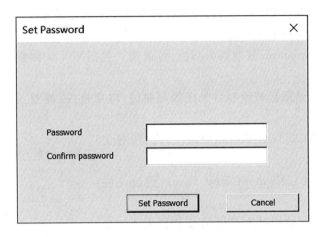

图 2-5　"带密码保存电路"对话框

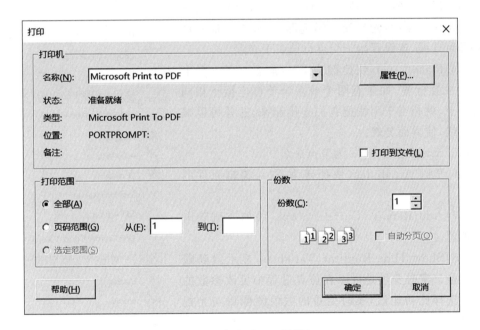

图 2-6　"打印设置"对话框

2.1.2　Edit 菜单

单击"Edit"（编辑），弹出的下拉菜单如图 2-7 所示。编辑菜单中各选项的功能介绍如下：

（1）Undo（快捷键为 Ctrl＋Z）：撤销之前的操作。

（2）Redo（快捷键为 Ctrl＋Y）：恢复之前的操作。

（3）Cut（快捷键为 Ctrl＋X）：剪切所选的电路模块并将其保存到缓冲区。

（4）Copy（快捷键为 Ctrl＋C）：复制所选电路模块。

（5）Paste（快捷键为 Ctrl＋V）：粘贴所选电路模块。

（6）Select Matched Elements：选择与选择条件匹配的全部元件。

（7）Select All：选择整个电路。

（8）Copy to Clipboard：复制到剪贴板，可选格式包括图元文件格式、彩色位图、黑白图像。

（9）Draw：在电路图区域绘制背景图像和曲线，包括直线、椭圆、长方形、半椭圆等不同形状和曲线。

（10）Change ALL Text Fonts：更改文件内所有文字的字体。

（11）Change ALL Element Text Fonts：更改文件中所有元件的字体。

（12）Place Text（快捷键为 F9）：在工作区上添加文本，单击后弹出"添加文本"对话框（见图 2-8）。

（13）Place Wire（快捷键为 W）：连接两个节点的导线。单击该选项后，光标变为铅笔形状，按住鼠标左键拖动即可连线，连线开始于交点也结束于交点。

（14）Place Label（快捷键为 F2）：放置标签。在电路图上放置标签，如果有两个或多个节点连接于相同的标签上，就相当于用线把它们连接起来，这样可以减少交叉线，使界面美观。

（15）Set Node Name：为节点命名。

（16）Edit Attributes（快捷键为 F4）：编辑元件的属性。

（17）Add/Remove Current Scope：添加或删除电流示波器。

（18）Show/Hide Runtime Variables：显示或隐藏实时变量。实时变量是可以在仿真过程中更改参数的变量。选择此功能后，实时变量的数值图像将与光标一起显示。

（19）Disable：禁用一个电路元件或者电路的一部分。元件被禁用后，颜色变为灰色，电路仿真时被禁用元件不起作用。

（20）Enable：激活原来禁用的元件。

（21）Rotate：旋转选定的元件。

（22）Flip Left/Right：向左/右翻转选定的元件。

（23）Flip Top/Bottom：向上/下翻转选定的元件。

（24）Find（快捷键为 Alt＋F3）：根据类型和名称查找元件。

（25）Find Next（快捷键为 F3）：查找相同类型的下

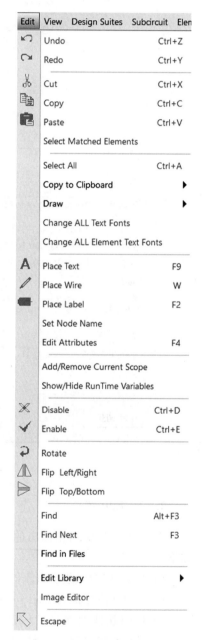

图 2-7　编辑菜单

一个元件。

(26)Find in Files:在多个文件中查找元件。

(27)Edit Library:编辑库文件。PSIM 库由两部分组成:元件接线表库(PSIM.lib)和元件符号库(psimimage.lib)。元件符号库包含元件的图像信息,用户可以修改默认的PSIM 元件符号库,也可以创建元件符号库。

(28)Image Editor:图像编辑器,用于创建芯片或子电路的符号。图像编辑器生成的符号不参与仿真模拟,仅用于图像显示。

(29)Escape:退出编辑。

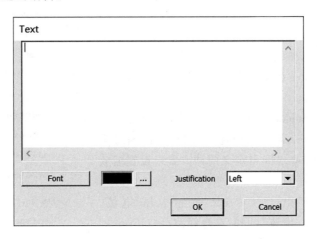

图 2-8　"添加文本"对话框

2.1.3　View 菜单

单击"View"(视图),弹出的下拉菜单如图 2-9 所示。视图菜单中各选项的功能介绍如下:

(1)Check Elements:检查拥有多级别的元件,并检查它们是否与 PSIM 仿真或SPICE 仿真兼容。

(2)Element List:列出电路图中的所有元件,并生成电路元件清单。

(3)Element Count:统计电路图中元件的数目,但接地、电压探头、电流探头、交流扫描探针、直流和交流电压表和电流表、单相和三相功率表、VAR 测量仪和无功功率因数仪不在计数之列。

(4)SPICE Model List:列出 SPICE 路径下所有文件夹中找到的 SPICE 模型。

(5)SPCIE Subcircuit List:列出 SPICE 模型路径下所有文件夹中找到的 SPICE 子电路。

(6)Application Look:选择电路编辑程序窗口的显示模式。

(7)Status Bar:显示或隐藏状态栏。

(8)Toolbar:显示或隐藏工具栏,包括 PSIM 基本常用操作,工具栏位于窗口上方。

(9)Element Toolbar:显示或隐藏元件工具栏,元件工具栏位于窗口的最下方。

（10）Library Browser：元件浏览器，是 PSIM 获取元件库的一种方法。

（11）Project View：启动项目视图。通过项目视图，组织和管理相关文件。

（12）Simulation Message：启动仿真信息视图，查看仿真运行警示和出错信息。

（13）Find Result View：查找结果视图。

（14）Preview View：预览视图。

（15）Previous Page：跳到前一页。

（16）Next Page：跳到后一页。

（17）Go To Page：跳到指定页。

（18）Zoom In：放大电路。

（19）Zoom Out：缩小电路。

（20）Fit to Page：调整电路为合适大小，使其在整个屏上可见。

（21）Zoom in Selected：放大某个选定的区域。

（22）Zoom Level：设置缩放比例，用户可以通过子菜单选择、在 1～1000 之间自定义两种方式来设置缩放比例。

（23）Display Voltage/Current：显示电压/电流。如果选中"显示电压/电流"（同时在选择路径"Options"→"Settings"→"General"下选中"Save all voltages and currents during simulation"，并设置示波器保存仿真图形的最大点数）选项，则在仿真完成后，可以显示任意节点电压或分支电流。

（24）Display Differential Voltage：显示差分电压。选中"显示差分电压"选项后，在仿真完成后，选择此功能可以显示任意两个节点之间电压。

（25）Refresh：刷新。

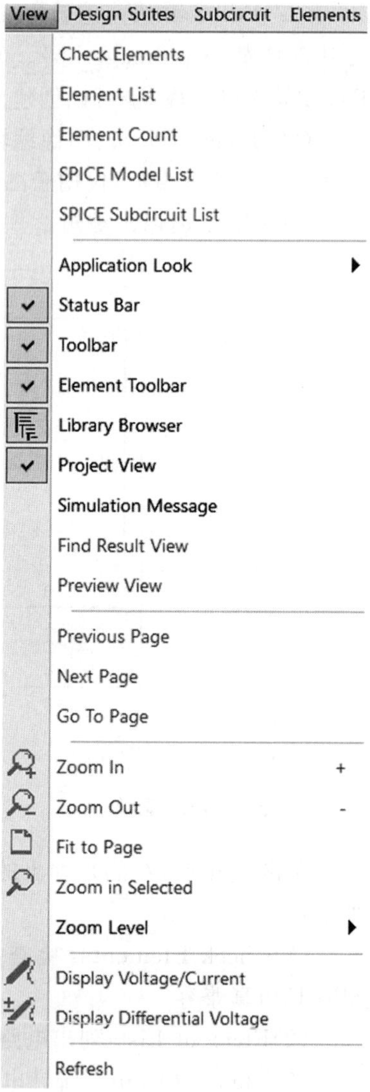

2.1.4 Design Suites 菜单

单击"Design Suites"（设计套件），弹出的下拉菜单如图 2-10 所示。设计套件菜单中各选项的功能介绍如下：

（1）Update Parameter File：更新从设计模板生成的现有电路的参数文件。

（2）Display Parameters：显示从设计模板生成的电路参数。

（3）Power Supply Design Suite：电源设计套件。电源设计套件是 PSIM 软件的附加选项，根据系统配置和规格，设计套件将设计电源电路参数和控制器，并生成一个可供仿真的电路。

（4）Motor Control Design Suite：电机控制设计套件。电机控制设计套件是 PSIM 软

图 2-9 视图菜单

件的附加选项,根据系统输入和规格,设计套件将自动设计内流环和外流/扭矩环的控制器,并生成一个可供仿真的电路。

（5）HEV Design Suite:混合动力汽车（HEV）设计套件。HEV 设计套件是 PSIM 软件的附加选项,根据系统输入和规格,设计套件将设计包括控制器在内的整个混合动力汽车系统,并生成一个可供仿真的电路。

（6）EMI Design Suite:电磁干扰（EMI）设计套件。EMI 设计套件是 PSIM 软件的附加选项,根据系统配置和规格,设计套件将设计 EMI 滤波器,并生成一个可供仿真的电路。

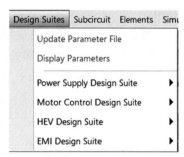

图 2-10　设计套件菜单

2.1.5　Subcircuit 菜单

单击"Subcircuit"（子电路）,弹出的下拉菜单如图 2-11所示。子电路菜单中各选项的功能介绍如下:

（1）New Subcircuit:创建一个新的子电路。将鼠标置于主电路中新建的子电路上,然后双击可以打开新建的子电路进行编辑。

（2）Load Subcircuit:加载已有的子电路,使其以模块的形式在屏幕上出现。

（3）Edit Subcircuit:编辑子电路的大小和名称。

（4）Open Subcircuit:在新窗口中打开选定的子电路。

（5）Show Subcircuit Ports:在主电路上显示子电路端口的名称。

（6）Hide Subcircuit Ports:隐藏子电路端口。

（7）Place Bi-directional Port:在子电路中放置一个双向连接端口,以便于主电路连接。

（8）Place Input Signal Port:在子电路中放置一个输入信号连接端口。

（9）Place Output Signal Port:在子电路中放置一个输出信号连接端口。

（10）Display Ports:显示子电路连接端口。

（11）Re-Order Ports:重新安排子电路连接端口的位置和顺序。

（12）Edit Default Variable List:编辑子电路的默认变量列表。如果默认变量列表在主电路中被改变,子电路默认列表中的值将不保留于元件接线表中,也不用于模拟仿真。

（13）Set Size:设置子电路图像的大小。

（14）Edit Image:编辑子电路的符号图像。

（15）One Page Up:返回上一层子电路的电路图,此时

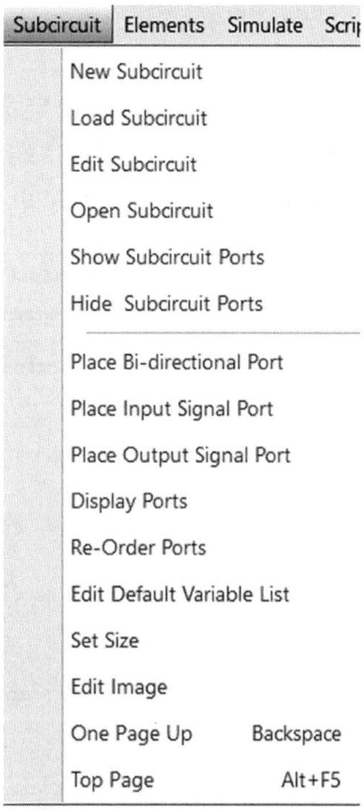

图 2-11　子电路菜单

子电路自动保存。

（16）Top Page：从子电路返回最高一级主电路，这对于拥有多层子电路的电路非常有用。

图 2-12 是一个子电路应用的示例，其中图 2-12(a)是一个单象限斩波器，子电路是一个 LC 滤波器。子电路内部如图 2-12(b)所示，左侧有两个双向端口（"in＋"和"in－"），右侧也有两个双向端口（"out＋"和"out－"）。

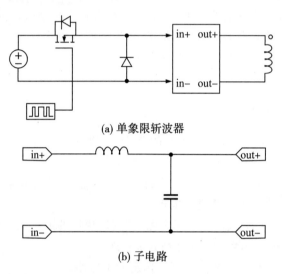

(a) 单象限斩波器

(b) 子电路

图 2-12　单象限斩波器及其子电路

编辑子电路时，需要定义连接主电路和子电路的输入、输出端口。在子电路中放置输入或输出端口时，会弹出"端口设置"对话框（见图 2-13），在"端口设置"对话框中可以定义端口的名称以及其在子电路图形上的位置。

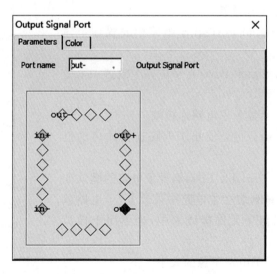

图 2-13　"端口设置"对话框

2.1.6 Simulate 菜单

单击"Simulate"（仿真），弹出的下拉菜单如图 2-14 所示。仿真菜单中各选项的功能介绍如下：

（1）Simulation Control：仿真控制，包括仿真步长、仿真时间等设定。单击该选项后，光标将变为时钟形状，将时钟放置到原理图上，双击后可打开"仿真控制属性设置"对话框（见图 2-15）。

（2）Run PSIM Simulation（快捷键为 F8）：运行 PSIM 仿真程序。

（3）Run LTspice Simulation：运行 LTspice 仿真。

（4）Cancel Simulation：取消当前正在运行的仿真。

（5）Pause Simulation：暂停当前正在运行的仿真。

（6）Restart Simulation：重新启动已暂停的仿真。

（7）Simulate Next Time Step：仿真到下一时间步长后暂停。

（8）Run SIMVIEW：运 行 波 形 显 示（SIMVIEW）程序。

（9）Generate Netlist File：创建 PSIM 元件接线表文件。

（10）Generate Netlist File（XML）：生 成 XML 格式的 PSIM 元件接线表文件。

（11）View Netlist File：查看接线表文件。

（12）Generate SPICE Netlist（. cir）：从 PSIM 电路图中生成 LTspice 元件接线表文件。

（13）Show Warning：仿真模拟完成后，显示警告信息。

图 2-14 仿真菜单

（14）Show Fixed-Point Range Check Result：显示定点范围检查结果。当仿真控制对话框的 SimCoder 选项卡中指定数据为定点计算时，使用本功能检查是否有定点数据运算溢出。

（15）Arrange SLINK Nodes：排列连接节点。排列各输入/输出端口的顺序，以便于 SimCoupler 模块和 MATLAB/Simulink 协同仿真。

（16）Generate Code：生成代码。使用 SimCoder 从 PSIM 原理图中生成 C 代码。

（17）Open Generate Code Folder：打开生成的代码文件夹。当 SimCoder 生成 C 代码时，代码和所有项目文件都存储在 PSIM 电路所在的子文件夹中。

（18）Runtime Graphs：显示在仿真运行过程中要查看的波形。

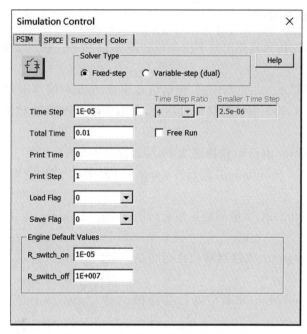

图 2-15 "仿真控制属性设置"对话框

2.1.7 Options 菜单

单击"Options"(选项),弹出的下拉菜单如图 2-16 所示。选项菜单中各选项的功能介绍如下:

(1)Settings...:设置编辑、软件更新、打印、时间步长、总时间等仿真参数。

(2)Languages:选择 PSIM 显示的语言。

(3)Auto-run SIMVIEW:自动运行 SIMVIEW。选中此选项,仿真完成后将自动启动 SIMVIEW 并打开仿真结果。

(4)Set Path...:为所有可执行文件设置 PSIM 搜索路径,单击后弹出"搜索路径"对话框(见图 2-17)。

(5)Enter Password:输入密码查看带密码保护的原理图文件。

(6)Disable Password:停用带密码保护的电路的密码。

(7)Customize Keyboard/Toolbar:自定义键盘快捷键/工具栏。

(8)Save Custom Settings...:保存自定义设置。

(9)Load Custom Settings...:加载自定义设置。

(10)Deactivate:使 PSIM 在某台计算机上的许可证停止使用,这样 PSIM 软件可以在另一台计算机上激活。

选项菜单中的"设置"对话框如图 2-18 所示,对话框中各选项的功能介绍如下:

(1)Display grid:设置 PSIM 原理图纸是否显示网格。

(2)Zoom factor:调整原理图进行放大或缩小时的缩放系数。

(3)Enable rubber band:选中此选项后,当元件或部分电路移动时可保持与剩余电路相连接。

（4）Show print page borders：显示打印页边框，即显示打印输出的边界。

（5）Default Text Font：选择默认的文本字体。

（6）Justification：定义文本的对齐方式。

（7）Runtime Graph Font：设置实时电路图的文字字体。

（8）Line thickness：定义打印输出所显示的线条粗细，此值仅影响打印输出，不会影响线条在屏幕上的显示。

（9）Save simulation results in：选择仿真结果的格式，模拟结果可以保存为二进制格式（binary format，默认）或文本格式（text format）。

（10）Limit output buffer size to：确定输出缓冲区大小。选中该选项后，模拟数据将以段的形式写入结果文件。

（11）Disable simulation warning messages：选中该选项后，将禁止在仿真中生成任何警告消息。

（12）Save all voltages and currents during simulation：选中该选项后，仿真期间会保存大多数分支电路上所有节点的电压和电流。

（13）Maximum number of points for Oscilloscope：定义示波器将绘制波形的最大点数，增加点数可以使显示波形具有更长的时间间隔。

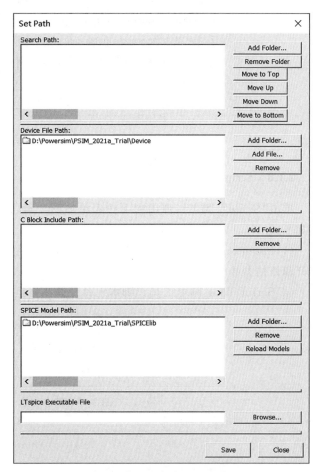

图 2-16　选项菜单　　　　　　　　　　　图 2-17　"搜索路径"对话框

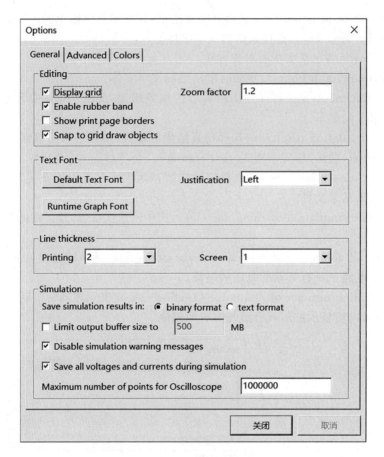

图 2-18　"设置"对话框

2.1.8　Script 菜单

单击"Script"(脚本),弹出的下拉菜单如图 2-19 所示。脚本菜单中各选项的功能介绍如下:

(1)Parameter Tool:参数工具。参数工具允许用户在没有电路原理图的情况下自行打开和评估参数。

(2)Script Tool:脚本工具。脚本工具允许用户运行脚本文件。

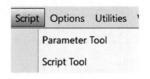

图 2-19　脚本菜单

2.1.9　Utilities 菜单

单击"Utilities"(实用程序),弹出的下拉菜单如图 2-20 所示。实用程序菜单中各选项的功能介绍如下:

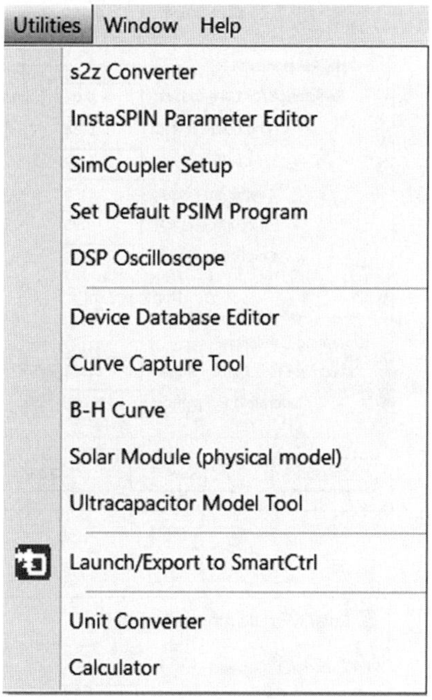

(1)s2z Converter:s2z 转换器,可将 s 域的函数转换成 z 域的函数。需要注意的是,该程序只有在数字控制模块许可证有效的前提下才可以使用。

(2) InstaSPIN Parameter Editor:计算 InstaSPIN 所需的参数,并为代码生成和 InstaSPIN 仿真生成参数文件。

(3)SimCoupler Setup:运行"SetSimPath.exe"文件来设置 SimCoupler,以便使用 MATLAB/Simulink 对 PSIM 进行联合仿真。

(4)Set Default PSIM Program:将当前 PSIM 版本设置为打开".psimsch"".sch"和".smv"文件的默认程序。

(5)DSP Oscilloscope:数字信号处理(DSP)示波器用于查看目标 DSP 硬件在运行 SimCoder 实时生成的代码时输出的波形。

(6)Device Database Editor:器件数据库编辑器,用于输入元器件的数据,供热耗模块计算。

(7)Curve Capture Tool:用于从器件性能曲线

图 2-20　实用程序菜单

中攫取数据,攫取的数据可以在 SIMVIEW 中绘制,或在检索表中使用,还可用于从曲线读取 x/y 值。

(8)B-H Curve:通过参数的修改来绘制某种铁磁材料的磁化曲线(B-H 曲线)。B-H 曲线绘制界面如图 2-21 所示。

(9)Solar Module(physical model):太阳能组件的物理模型可以考虑光强度和环境温度的变化,但是需要许多参数输入。采用此工具可以方便地定义特定太阳能模块的参数,绘制电流-电压(i-v)曲线。太阳能电池元素的 i-v 曲线界面如图 2-22 所示。

(10)Ultracapacitor Model Tool:超级电容参数提取工具,可以帮助用户从实验数据中提取超级电容的参数。

(11)Launch/Export to SmartCtrl:启动 Smart Ctrl 软件,或将交流扫描结果输出至 SmartCtrl。

(12)Unit Converter:进行长度、面积、质量和温度的单位转换,单击该选项后弹出"单位转换"对话框(见图 2-23)。

(13)Calculator:计算器。单击该选项后弹出"计算器"对话框(见图 2-24),双击该选项可将结果保存到剪贴板。

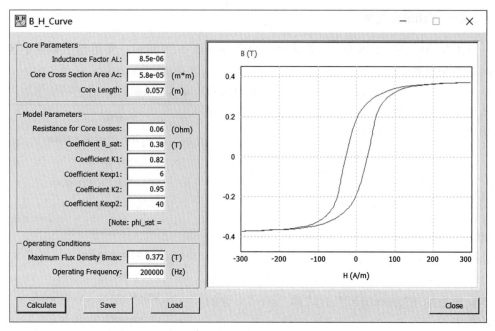

图 2-21　*B-H* 曲线

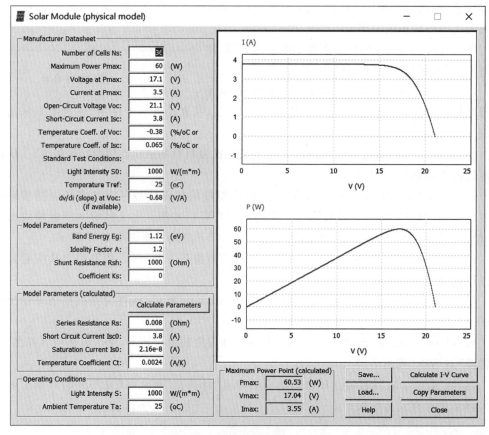

图 2-22　太阳能电池的 *i-v* 曲线

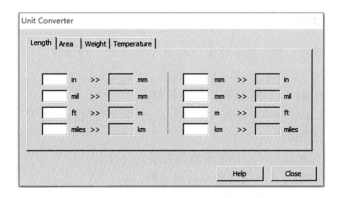

图 2-23　"单位转换"对话框

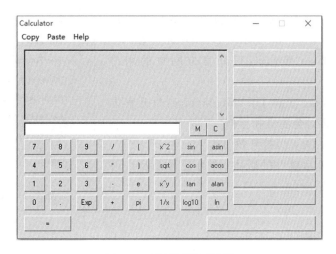

图 2-24　"计算器"对话框

2.1.10　Window 菜单

单击"Window"(窗口),弹出的下拉菜单如图 2-25 所示。窗口菜单中各选项的功能介绍如下:

(1)New Window:创建一个新的窗口,可以显示同一电路中的不同部分。无论在哪一个窗口中做了更改,所有的窗口都会更新。

(2)Cascade:以层叠形式排列窗口。

(3)Tile:平铺排列各窗口。

(4)Tile Pages:平铺排列各页图纸。

(5)Arrange Icons:自动排列各图标。

(6)Window Manage:在对话框中为选定窗口执行任务。

图 2-25　窗口菜单

2.1.11　Help 菜单

单击"Help"（帮助），弹出的下拉菜单如图 2-26 所示。帮助菜单中各选项的功能介绍如下：

（1）Start Page：返回 PSIM 最初的欢迎界面。

（2）Index：打开在线帮助。单击"Index"，弹出"索引"对话框（见图 2-27），对话框中包含目录、索引和搜索三部分。

（3）Documents：查找打开用户手册和其他所列文件。

（4）Tutorials：查找打开所列的辅导材料文件。

（5）Video Tutorials：打开官方网页，观看影像辅导材料。

（6）Online Support…：打开官方网页的技术支持资源。

（7）Official User Forum：打开官方网页的用户论坛。

（8）Live Webinar Sign Up and Archive：打开官方网页的实时网络研讨会注册和存档。

（9）Tip of the Day…：打开每日提示。

（10）About：显示软件的版本、许可证号以及许可下的可用附加模块。

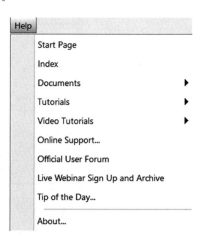

图 2-26　帮助菜单

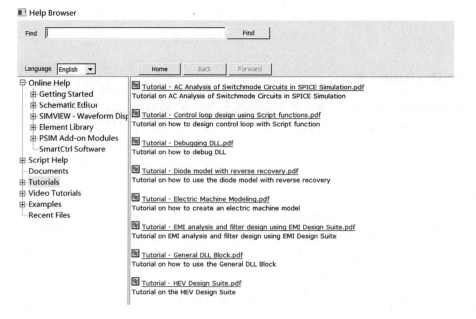

图 2-27　"索引"对话框

2.1.12　Elements 菜单

Elements（元件）菜单如图 2-28 所示，可用于选择电路中所需要的各种元器件，包括 Power（功率电路元件）、Control（控制电路元件）、Other（其他元件）、Sources（电源元件）、SPICE（SPICE 仿真特用元件）、Event Control（事件控制元件）等元件库。具体元器件及其参数设置等内容将在第 3 章进一步介绍。

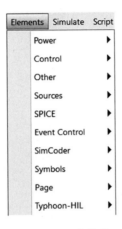

图 2-28　元件菜单

2.2　仿真实例

本节以一个简单的电流控制电压源（Current-controlled voltage source）电路的创建为例，说明电路原理图的创建过程。

2.2.1　搭建原理图

打开 PSIM 软件，选择"File"→"New"，将弹出原理图窗口（见图 2-29），可在原理图窗口中放置元器件。首先搭建 RLC 电路，选择"Elements"→"Sources"→"Voltage"→"Square"，找到方波电压信号源。同样地，在 Elements 菜单下还可以找到电感、电阻、电容、电压表、电压源 VCCVS 和接地线等元件。放置好元件后，选择"Edit"→"Place Wire"进行连线，这时光标将变为铅笔形状，按住鼠标左键即可进行连线。连好的电路原理图如图 2-30 所示，电路中方波电源的峰-峰值为 1 V，频率为 50 Hz。设置完成后可选择"File"→"Save"，将弹出"保存路径"对话框，命名完成后单击"保存"即可。

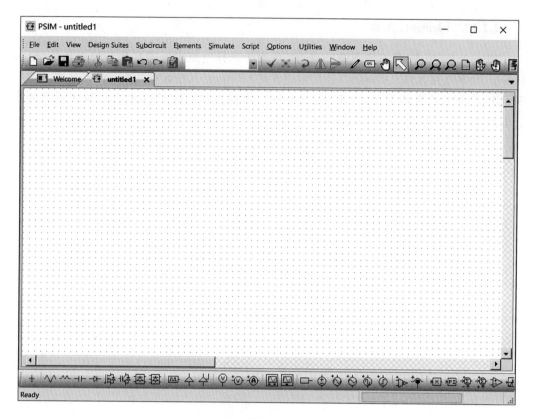

图 2-29 新建原理图窗口

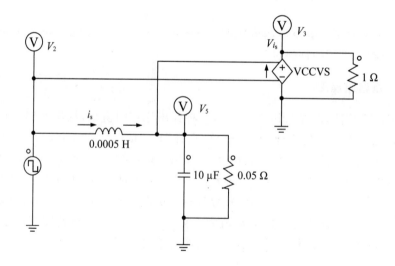

图 2-30 电流控制电压源原理图

这里 VCCVS 的增益设置为 1,其受控于传感电流 i_s,当电压 V_{i_s} 的波形与 i_s 相同时,则电流数值就可以转化为电压数值。

2.2.2　运行仿真

选择"Simulate"→"Run PSIM Simulation"（快捷键为 F8），将弹出 SIMVIEW 窗口，和"属性"对话框（见图 2-31），双击图 2-31 左侧显示的电压，会自动将它们添加到右侧显示栏内，单击"OK"按钮即可弹出波形图（见图 2-32），通过观察可以发现 V_3 的输出波形与电流表所测电流波形（见图 2-33）完全一致，仿真完毕。

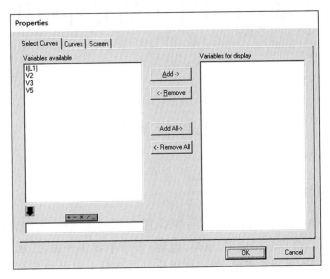

图 2-31　"属性"对话框

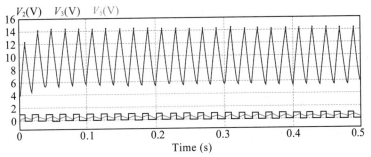

图 2-32　电流控制电压源的输出波形

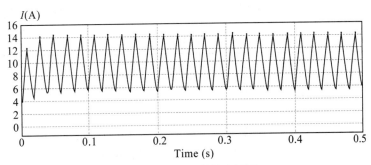

图 2-33　电流 i_s 的输出波形

第3章　PSIM 中的元件模块库

3.1　元件模块库概述

3.1.1　元件模块库简介

PSIM 中的元件模块库包括主回路元件库、控制回路单元库、电源元件库以及其他功能元件库。主回路元件库包括电阻、电感、电容、单个半导体开关、二极管、电力半导体模块、耦合电感、变压器、电动机模块、磁元件模块以及各种电机的机械负荷等;控制回路单元库包括各种传递函数、线性运算单元、非线性运算单元、逻辑电路单元、各种离散数字信号处理功能单元等;电源元件库包括交、直流和特殊函数发生电流、电压源,以及各类受控电流、电压源;其他功能元件库包括各种开关控制驱动器、晶闸管相控触发单元、电流传感器、电压传感器以及各类电工仪表。另外,PSIM 还有专门用于谐波畸变分析、频谱分析、三相电路 D-Q 变换以及 SimCoder 基于 DSP 和单片机的代码生成等单元。

PSIM 软件中各类元件数量很多,本书只对主要元件进行介绍。对于未介绍的元件,读者可参考 Help 文件或通过其他方式了解。

3.1.2　元件模块库内容

PSIM 元件库中 Power(功率电路)目录下包括 *RLC* 电路模块(*RLC* Branches)、开关器件模块(Switch)、变压器模块(Transformers)等,常用元器件如表 3-1～表 3-8 所示。

表 3-1　*RLC* 电路模块

模块	名称	模块	名称
	电阻 (Resistors)		电感 (Inductors)
	电容 (Capacitors)		可变电阻器 (Rheostat)

续表

模块	名称	模块	名称
	饱和电感 （Saturable Inductor）		非线性元件 （Nonlinear Elements）
	RL 支路 （RL）		LC 支路 （LC）
	RC 支路 （RC）		三相对称 RLC 支路 （Symmetrical Three-phase RLC Branches）

表 3-2　开关器件模块

模块	名称	模块	名称
	二极管 （Diode）		晶闸管 （Thyristor）
	可关断晶闸管 （GTO）		齐纳二极管 （Zener Diode）
	发光二极管 （LED）		开关驱动模块 （Switch Gating Block）
	NPN/PNP 三极管 （NPN/PNP Transistor）		N/P 沟道场效应晶体管 （N/P Channel MOSFET）
	绝缘栅双极型晶体管 （IGBT）		线性 MOSFET 开关 （N/P Channel MOSFET， 3-state）

续表

模块	名称	模块	名称
	线性 BJT 开关 （NPN/PNP Transistor，3-state)		双向开关 （Bi-Directional Switches)
	按钮开关 (Push Button Switch)		三端双向可控硅开关元件 (TRIAC)
	双向二极管 (DIAC)		单相/三相晶闸管开关模块 (1-ph/3-ph Transistor Bridge)
	单相/三相二极管开关模块 (1-ph/3-ph Diode Bridge)		三相晶闸管半桥模块 (3-ph Thyristor Half-bridge)
	六相晶闸管半桥模块 (6-ph Thyristor Half-bridge)	VSI	三相电压源变换模块 (VSI3)
CSI	电流源变换器模块 (CSI3)		

表 3-3　变压器模块

模块	名称	模块	名称
	理想变压器 (Ideal Transformer)		理想变压器 (Ideal Transformer,非同名端)
	单相变压器 (1-ph Transformer)		单相变压器 (1-ph Transformer,非同名端)
	单相三绕组变压器 (1-ph 3-w Transformer)		三相变压器 (3-ph Transformer)
	三相 Y/Y 连接变压器 (3-ph Y/Y Transformer)		三相 Y/D 连接变压器 (3-ph Y/△ Transformer)
	三相 D/D 连接变压器 (3-ph △/△ Transformer)		三相 D/Y 连接变压器 (3-ph △/Y Transformer)
	三相三绕组 Y/D/D 连接变压器 (3-ph 3-w Y/△/△ Transformer)		三相三绕组 Y/Y/D 连接变压器 (3-ph 3-w Y/Y/△ Transformer)
	三相三绕组变压器 (3-ph 3-w Transformer)		

表 3-4　磁性元件模块

模块	名称	模块	名称
	绕组 (Winding)		漏磁通道 (Leakage Path)
	气隙 (Air Gap)		线性磁芯 (Linear Core)
	饱和磁芯 (Saturable Core)		

表 3-5　其他元件模块

模块	名称	模块	名称
	理想运算放大器 (Ideal Operational Amplifier)		非理想运算放大器 (Non-Ideal Operational Amplifier)
	dv/dt 模块 (dv/dt)		TL431 并联稳压器 (TL431)
	光耦合器 (Opto-coupler)		

表 3-6　电机驱动模块

模块	名称	模块	名称
	笼型感应电机 (Squirrel Cage Ind. Machine)		笼型感应电机 (Squirrel Cage Ind. Machine,中性点)
	笼型感应电机 (Squirrel Cage Ind. Machine,线性/非线性)		绕线型感应电机 (Wound-rotor Ind. Machine)

续表

模块	名称	模块	名称
	绕线型感应电机 （Wound-rotor Ind. Machine，线性/非线性）		直流电机 （DC Machine）
	无刷直流电机 （Brushless DC Machine）		永磁同步电机 （Permanent Mgnet Sync. Machine）
	永磁同步电机 （Permanent Mgnet Sync. Machine，电压型接口/非 线性）		同步电机 （Synchronous Machine）
	同步电机 （Synchronous Machine， 电流型接口）		开关磁阻电机 （Switched Reluctance Machine）
	开关磁阻电机 （Switched Reluctance Machine，非线性）		

表 3-7　机械负载和传感器模块

模块	名称	模块	名称
	普通负载 （Mechanical Loads）		机械负载 （Mechanical Loads，外部 控制）
	机械负载 （Mechanical Loads，恒功 率）		机械负载 （Mechanical Loads，恒转 矩）

续表

模块	名称	模块	名称
	机械负载 (Mechanical Loads,恒转速)	M|E	机电接口 (Mechanical-Electrical Interface)
	机械耦合模块 (Mechanical Coupling Block)		传动箱 (Gear Box)
n p	绝对式编码器 (Absolute Encoder)	A B Z	增量式编码器 (Incremental Encoder)
cos sin	旋转变压器 (Resolver)		霍尔传感器 (Hall Effect Sensor)
	速度传感器 (Speed Sensor)		转矩传感器 (Torque Sensor)

表 3-8   可再生能源模块

模块	名称	模块	名称
S + T −	太阳能模块 (Solar Module,物理模型)	+ −	太阳能模块 (Solar Module,功能模型)
W P	风力发电机组 (Wind Turbine)	+ −	锂离子电池 (Li-Ion Battery)
+ −	电池 (Battery,查表)	+|⊢	超级电容 (Ultracapacitor)

PSIM 元件库中 Control(控制电路)目录下包括 Digital Control Module(数字电路控制模块)、Filters(滤波器)、Computational Blocks(运算模块)等,常用元器件如表 3-9～表 3-14 所示。

表 3-9 数字电路控制模块

模块	名称	模块	名称
ZOH	零阶保持器 (Zero-Order Hold)	H(z)	z 域传递函数模块 (z-Domain Transfer Function Block)
∫ Z	积分器 (Integrator)	D Z	微分器 (Differentiator)
H(z)	数字滤波器 (Digital Filters)	1/Z	单位时间延时器 (Unit Delay)
	量化元件 (Quantization Blocks)		循环缓冲器 (Circular Buffers)
⊗	卷积块 (Convolution Block)	→[ ]	内存读取块 (Memory Read Block)
[--]	队列器 (Array)		堆栈器 (Stack)
∫ Z	积分器 (External Resetable Integrator,外部重置,z 域)	∫ Z M	积分器 (Internal Resetable Integrator,内部重置,z 域)
FIR	FIR 滤波器 (FIR Filter)	[--]	队列 (Array,文件)
S	循环缓冲器 (Circular Buffer,单输出)		量化元件 (Quantization Blocks,带偏移)
FIR	FIR 滤波器 (FIR Filter,文件)	H(z)	数字滤波器 (Digital Filter,文件)

表 3-10 滤波器

模块	名称	模块	名称
	一阶低通滤波器 (1nd-order Low-Pass Filter)		二阶高通滤波器 (2nd-order High-Pass Filter)
	二阶带通滤波器 (2nd-order Band-Pass Filter)		二阶低通滤波器 (2nd-order Low-Pass Filter)
	二阶带阻滤波器 (2nd-order Band-stop Filter)		

表 3-11　运算模块

模块	名称	模块	名称
$\times$	乘法器 (Multiplier)	$\div$	除法器 (Divider)
$\sqrt{}$	平方根 (Square-root)	sin	正弦函数 (Sine)
r sin	正弦函数 (Sine,按弧度)	$\sin^{-1}$	反正弦函数 (Arcsine)
cos	余弦函数 (Cosine)	r cos	余弦函数 (Cosine,按弧度)
$\cos^{-1}$	反余弦函数 (Arccosine)	tan	正切函数 (Tangent)
y $\tan^{-1}$ x	反正切函数 (Arctangent)	y atan2 x	反正切函数 2 (Arctangent 2,按弧度)
a^x	指数函数 (Exponential)	X^2	幂函数 (Power)
log	对数函数 (LOG,以 e 为底)	$\log_{10}$	对数函数 (LOG 10,以 10 为底)
rms	均方根 (RMS)	$\lvert x \rvert$	绝对值函数 (Absolute Value)
Sign	符号函数 (Sign Block)	Max	最大值函数 (Maximum Blocks)
Min	最小值函数 (Minimum Blocks)	n d mod	求模函数 (MOD)

表 3-12　其他功能模块

模块	名称	模块	名称
	梯度限制器 (dv/dt Limiter)		采样/保持模块 (Sample-and-hold)
	查表元件(梯形波) [Look Table (trapezoid)]		查表元件(方波) [Look Table (square)]
FFT	快速傅里叶变换 (FFT)	H (s)	s 域传递函数 (S-Domain Transfer Function)
H (s)	s 域传递函数(初始值) [S-Domain Transfer Function (initial value)]	Td	延时模块(模拟) [Time Delay (analog)]
	单位延时模块 (Unit Time Delay)	INT	舍入模块 (Round-Off Block)
	嵌入式软件模块 (Embedded Software)	THD	总谐波失真模块 (THD)
MUX	多路选择器(2 输入) [Multiplexer (2-input)]	MUX	多路选择器(4 输入) [Multiplexer (4-input)]
MUX	多路选择器(8 输入) [Multiplexer (8-input)]	SV PWM	空间矢量 PWM (Space Vector PWM)
SV PWM	空间矢量 PWM [Space Vector PWM (alpha/beta)]		

注:PWM 为脉冲宽度调制。

表 3-13 逻辑元件模块

模块	名称	模块	名称
	与门 (AND Gate)		与门(三输入端) [AND Gate(3-input)]
	或门 (OR Gate)		或门(三输入端) [OR Gate (3-input)]
	异或门 (XOR Gate)		非门 (NOT Gate)
	与非门 (NAND Gate)		或非门 (NOR Gate)
	SR 触发器 (Set-Reset Flip-Flop)		JK 触发器 (J-K Flip-Flop)
	带置位、复位的 JK 触发器 (J-K Flip-Flop with Set-Reset)		D 触发器 (D Flip-Flop)
	带置位、复位的 D 触发器 (D Flip-Flop with Set-Reset)		单稳态 (Monostable)
	可控单稳态 (Controlled Monostable)		延时(逻辑信号) [Time Delay(logic)]
	位移 (Bit shift)		脉冲计数器 (Pulse with Counter)
	加减计数器 (Up/Down Counter)		A/D 转换器(8 位) [A/D Converter (8-bit)]

续表

模块	名称	模块	名称
D0 A/D D9	A/D 转换器（10 位） ［A/D Converter（10-bit）］	D0 A/D D11	A/D 转换器（12 位） ［A/D Converter（12-bit）］
D0 A/D D13	A/D 转换器（14 位） ［A/D Converter（14-bit）］	D0 D/A D7	D/A 转换器（8 位） ［D/A Converter（8-bit）］
D0 D/A D9	D/A 转换器（10 位） ［D/A Converter（10-bit）］	D0 D/A D11	D/A 转换器（12 位） ［D/A Converter（12-bit）］
D0 D/A D13	D/A 转换器（14 位） ［D/A Converter（14-bit）］		

表 3-14　Control 根目录下的功能模块

模块	名称	模块	名称
K	比例控制器 （Proportional Controller）	∫	积分器 （Integrator）
sT	微分器 （Differentiator）	PI	比例积分控制器 （Proportional-Integral Controller）

续表

模块	名称	模块	名称
	单极点控制器 (Single-Pole Controller)		改进的比例积分控制器 （2 型） ［Modified PI Controller （Type 2）］
	积分器 (External Resetable Integrator,外部重置)		积分器 (Internal Resetable Integrator,内部重置)
	3 型控制器 (Type-3 Controller)		比较器 (Comparator)
	限幅器 (Limiters)		上限限幅器 (Upper Limiter)
	下限限幅器 (Lower Limiter)		范围限幅器 (Range Limiter)
	加法器（单输入） ［Summer (1-input)］		加法器（＋/－） ［Summer (＋/－)］
	加法器（＋/＋） ［Summer (＋/＋)］		加法器（3 输入） ［Summer (3-input)］

PSIM 还提供了几种独立的电源模块,电源模块如表 3-15 所示。

表 3-15　电源模块

模块	名称	模块	名称
	时间 (Time)		常数 (Constant)
	地 (Ground)		地（1） ［Ground (1)］
	地（2） ［Ground (2)］		直流电源 (DC Source)

续表

模块	名称	模块	名称
	三角波电源 [Triangular（Voltage/ Current）]		锯齿波电源 （Sawtooth）
	方波电源（电压/电流） [Square（Voltage/ Current）]		阶跃电源（电压/电流） [Step（Voltage/ Current）]
	二阶阶跃电源（电压/ 电流） [Step（2-level）（Voltage/ Current）]		分段线性电源 （电压/电流） [Piecewise Liner （Voltage/Current）]
	分段线性电源（成对）（电 压/电流） [Piecewise Liner（in pair）（Voltage/Current）]		电压控制电压源 （Voltage-controlled）
	电流控制电压源 （Current-controlled）		电流控制电压源 （电流直接通过） [Current-controlled （flowing through）]
	可变增益电压控制电 压源 （Variable-gain　Voltage- controlled）		非线性乘法电压控制源 [Nonlinear(multiplication)]
	非线性除法电压控制源 [Nonlinear（division）]		非线性开方电压控制源 [Nonlinear（square-root）]
	接地直流电压源（圆形） [Grounded DC（circle）]		接地直流电压源（T 形） [Grounded DC（T）]

续表

模块	名称	模块	名称
	功率函数非线性电压控制源 [Nonlinear Voltage Source (power function)]		数学函数电压源 (Math Function)
	随机电压源 (Random)		直流电流源 [DC (current)]
	电流控制电流源 [Current-controlled (current)]		电压控制电流源 [Voltage-controlled (current)]
	可变增益电压控制电流源 [Variable-gain Voltage-controlled (current)]		非线性乘法控制电压源 [Nonlinear (multiplication) (current)]
	非线性除法控制电压源（电流） [Nonlinear (division) (current)]		非线性开方控制电压源 [Nonlinear (square-root) (current)]
	随机电流源 [Random (current)]		用多项式表示的电流源 (Polynomial)
	用多项式表示的电流源（恒功率） [Polynomial (1)]		

3.2　PSIM 控制电路元件的典型应用

3.2.1　传递函数模块

传递函数可以表示为式(3-1)所示的多项式形式：

$$G(s) = k \cdot \frac{B_n \cdot s^n + \cdots + B_2 \cdot s^2 + B_1 \cdot s^1 + B_0}{A_n \cdot s^n + \cdots + A_2 \cdot s^2 + A_1 \cdot s^1 + A_0} \tag{3-1}$$

式中，k 为传递函数的增益；n 为传递函数的阶数；$A_1, A_2, \cdots, A_n$ 为传递函数分母的系数；$B_1, B_2, \cdots, B_n$ 为传递函数分子的系数。传递函数模块的图标及"参数属性"对话框如图 3-1 所示。

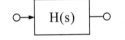

(a) 传递函数模块的图标

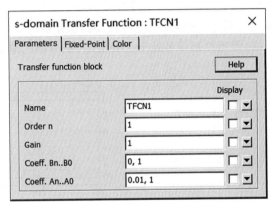

(b) "参数属性"对话框

图 3-1　传递函数模块的图标及"参数属性"对话框

例 3-1　已知一个二阶传递函数为

$$G(s) = 1.5 \cdot \frac{400 \cdot e^3}{s^2 + 1200 \cdot s + 400 \cdot e^3} \tag{3-2}$$

在 PSIM 中，对该传递函数的参数属性进行设置，具体如表 3-16 所示。

表 3-16　传递函数模块的参数属性

参数	取值
Order n	2
Gain	1.5
Coeff.Bn..B0	$0, 0, 400e^3$
Coeff.An..A0	$1, 1200, 400e^3$

3.2.2　积分器

积分器的传递函数为 $G(s) = \dfrac{1}{sT}$，其中 T 为积分时间常数。积分时间的大小表征积分控制作用的强弱。积分时间越小,控制作用越强;反之,控制作用越弱。

　　积分器有两种,分别为普通积分器和可复位积分器(又分为外部可复位积分器和内部可复位积分器)。积分器的图标如图 3-2 所示。

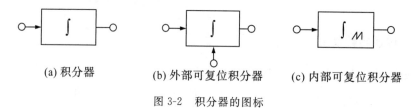

(a) 积分器　　　　　(b) 外部可复位积分器　　　(c) 内部可复位积分器

图 3-2　积分器的图标

　　可复位积分器的输出可以通过外部控制信号进行复位。对于边沿复位,当控制信号处于上升沿时,积分器的输出为 0。对于电平复位,当控制信号保持高电位时,积分器的输出为 0。

　　可复位积分器的应用电路及输出波形如图 3-3 所示,该应用电路说明了可复位积分器的作用。积分器的输入(V_d)是直流,积分器的控制信号(V_{ctr})为方波,可复位积分器为边沿复位,即当控制信号处于上升沿时,积分器的输出(V_o)为 0。

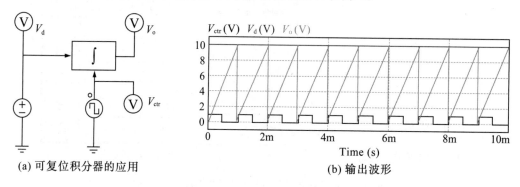

(a) 可复位积分器的应用　　　　　　　　　　(b) 输出波形

图 3-3　可复位积分器的应用电路及输出波形

3.2.3　改进的比例积分控制器

PSIM 中提供的改进的比例积分控制器的图标及"参数属性"对话框如图 3-4 所示。

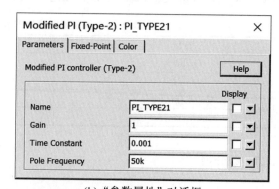

(a) 改进的比例积分控制器的图标　　　　　　(b) "参数属性"对话框

图 3-4　改进的比例积分控制器的图标及"参数属性"对话框

改进的比例积分控制器的传递函数为

$$G(s) = k \cdot \frac{1+sT}{sT} \cdot \frac{1}{1+sT_p} \tag{3-3}$$

式中，T 为时间常数；改进的比例积分控制器包含一个频率为 f_p 的极点，其中 $f_p = \dfrac{\omega_p}{2\pi}$，

$T_p = \dfrac{1}{\omega_p}$。改进的比例积分控制器的伯德图如图 3-5 所示。

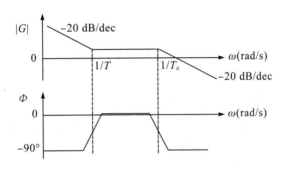

图 3-5　改进的比例积分控制器的伯德图

3.2.4　3 型 PI 控制器

PSIM 提供的 3 型比例积分(PI)控制器的图标及"参数属性"对话框如图 3-6 所示。

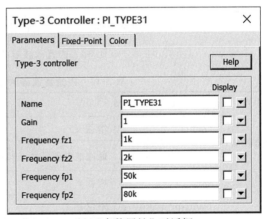

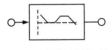

（a）3型PI控制器的图标　　　　　　　　（b）"参数属性"对话框

图 3-6　3 型 PI 控制器的图标及"参数属性"对话框

3 型 PI 控制器包括两个零点和两个极点，其传递函数为

$$G(s) = k \cdot \frac{1+sT_{Z1}}{sT_{Z1}} \cdot \frac{1+sT_{Z2}}{(1+sT_{P1}) \cdot (1+sT_{P2})} \tag{3-4}$$

式中，$T_{Z1} = \dfrac{1}{2\pi f_{Z1}}$，$T_{Z2} = \dfrac{1}{2\pi f_{Z2}}$，$T_{P1} = \dfrac{1}{2\pi f_{P1}}$，$T_{P2} = \dfrac{1}{2\pi f_{P2}}$。3 型 PI 控制器的伯德图如图 3-7 所示。

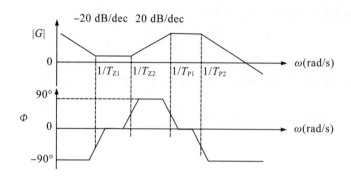

图 3-7　3 型 PI 控制器的伯德图

3.2.5　内置式滤波器

PSIM 中有一个一阶滤波器和四个二阶滤波器。内置滤波器的图标和参数属性分别如图 3-8 和表 3-17 所示。

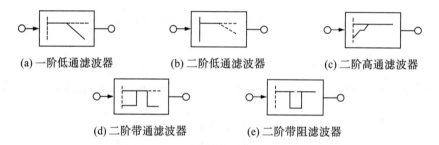

(a) 一阶低通滤波器　　　(b) 二阶低通滤波器　　　(c) 二阶高通滤波器

(d) 二阶带通滤波器　　　(e) 二阶带阻滤波器

图 3-8　内置滤波器的图标

表 3-17　内置滤波器的参数属性

滤波器	参数	描述
一阶滤波器	Gain	增益 k
	Cut-off Frequency	低通滤波器的截止频率 $f_c = \dfrac{w_c}{2\pi}$（w_c 为截止角频率），单位为 Hz
二阶滤波器	Gain	增益 k
	Damping Ratio	阻尼比 ξ
	Cut-off Frequency	低通和高通滤波器的截止频率 $f_c = \dfrac{w_c}{2\pi}$，单位为 Hz
	Center Frequency	带通和带阻滤波器的中心频率 $f_o = \dfrac{w_o}{2\pi}$（w_o 为中心角频率），单位为 Hz
	Passing Band	带通滤波器的导通或截止频率的宽度 $f_b = \dfrac{B}{2\pi}$（B 为带宽），单位为 Hz
	Stopping Band	带阻滤波器的导通或截止频率的宽度 $f_b = \dfrac{B}{2\pi}$，单位为 Hz

一阶低通滤波器的传递函数为

$$G(s) = k \cdot \frac{w_{\mathrm{c}}}{s + w_{\mathrm{c}}} \tag{3-5}$$

二阶低通滤波器的传递函数为

$$G(s) = k \cdot \frac{w_{\mathrm{c}}^2}{s^2 + 2\xi w_{\mathrm{c}} s + w_{\mathrm{c}}^2} \tag{3-6}$$

二阶高通滤波器的传递函数为

$$G(s) = k \cdot \frac{w_{\mathrm{c}}^2}{s^2 + 2\xi w_{\mathrm{c}} s + w_{\mathrm{c}}^2} \tag{3-7}$$

二阶带通滤波器的传递函数为

$$G(s) = k \cdot \frac{B \cdot s}{s^2 + B \cdot s + w_{\mathrm{o}}^2} \tag{3-8}$$

二阶带阻滤波器的传递函数为

$$G(s) = k \cdot \frac{s^2 + w_{\mathrm{o}}^2}{s^2 + B \cdot s + w_{\mathrm{o}}^2} \tag{3-9}$$

3.2.6　乘法器和除法器

乘法器和除法器的输出为两个输入值相乘或相除的结果。乘法器和除法器的图标如图 3-9 所示。

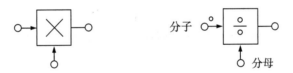

图 3-9　乘法器(左)和除法器(右)的图标

乘法器的输入可以是数值,也可以是向量。如果两个输入值都是向量,那它们的维数必须相等。设两个输入向量分别为

$$\boldsymbol{V}_1 = (a_1, a_2, \cdots, a_n), \quad \boldsymbol{V}_2 = (b_1, b_2, \cdots, b_n) \tag{3-10}$$

则输出将是数值,其值为

$$V_0 = \boldsymbol{V}_1 \cdot \boldsymbol{V}_2^{\mathrm{T}} = a_1 b_1 + a_2 b_2 + \cdots + a_n b_n \tag{3-11}$$

3.2.7　均方根模块

均方根模块的输出为输入的均方根,即

$$V_{\mathrm{rms}} = \sqrt{\frac{1}{T} \int_0^T V_{\mathrm{in}}^2(t) \, \mathrm{d}t} \tag{3-12}$$

式中,$V_{\mathrm{in}}(t)$ 为模块的输入;$T = \dfrac{1}{f_{\mathrm{b}}}$,其中频率 f_{b} 为基频。

均方根模块的图标及"参数属性"对话框如图 3-10 所示。

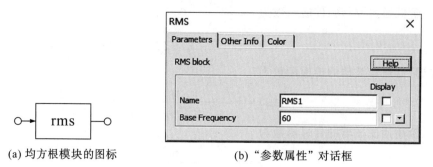

(a) 均方根模块的图标　　　　　(b) "参数属性"对话框

图 3-10　均方根模块的图标及"参数属性"对话框

3.2.8　快速傅里叶变换模块

快速傅里叶变换(FFT)模块用于计算输入信号的基波成分,采用的基数为 2 的 10 倍频的计算方法,在一个基波周期内采样点的个数应该是 2^N 个(N 为整数),取样点最多有 1024 个。

快速傅里叶变换模块的输出给出了输入基波信号的振幅和相位角,输出电压(复数形式)的定义形式为

$$V_0 = \frac{2}{N} \cdot \sum_{n=0}^{n=\frac{N}{2}-1} \left\{ \left[V_{in}(n) - V_{in}\left(n+\frac{N}{2}\right) \right] \cdot e^{-j\frac{2\pi n}{N}} \right\} \tag{3-13}$$

式中,V_{in} 为输入电压。

快速傅里叶变换模块的图标及"参数属性"对话框如图 3-11 所示。

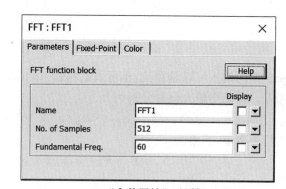

(a) 快速傅里叶变换模块的图标　　　　(b) "参数属性"对话框

图 3-11　快速傅里叶变换模块的图标及"参数属性"对话框

图 3-11(a)中带圆点的输出端输出的是振幅。因为相位角的输出已经在模块内部被调整过,所以正弦函数 $V_m \times \sin(t)$ 的输出相位角将为 0°。

FFT 的典型应用电路及其幅值、相位变化如图 3-12 所示。电压 V_{in} 包括了基波(100 V,60 Hz)、五次谐波(25 V,300 Hz)和七次谐波(25 V,420 Hz)。一个周期后 FFT 模块的输出达到了稳态,振幅为 100 V,相位角为 0°。

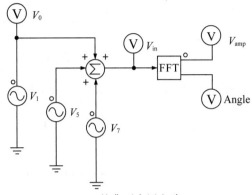

(a) FFT的典型应用电路

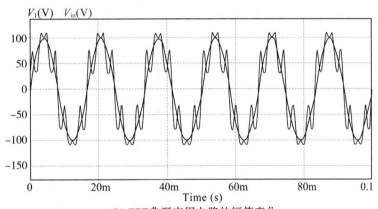

(b) FFT典型应用电路的幅值变化

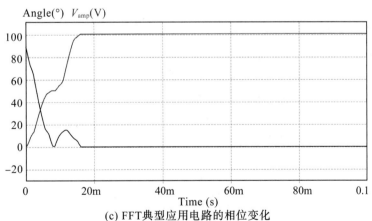

(c) FFT典型应用电路的相位变化

图 3-12 FFT 的典型应用电路及其幅值、相位变化

3.2.9 梯形波模块和方波模块

梯形波模块和方波模块是特殊的查表元件。梯形波模块和方波模块的图标和参数属性分别如图 3-13 和表 3-18 所示。

图 3-13　梯形波模块(左)和方波模块(右)的图标

表 3-18　梯形波模块和方波模块的参数属性

模块	参数	描述
梯形波模块	Rising Angle theta	上升角
	Peak Value	波形的幅值
方波模块	Pulse Width (deg.)	脉冲宽度(用角度表示)

　　两个模块的波形如图 3-14 所示,其中输入电平 V_{in} 用角度表示,范围为 $-360°\sim360°$。两个模块的输出和输入之间的关系分别为梯形波波形和方波波形,波形分别为半波和四分之一波对称。

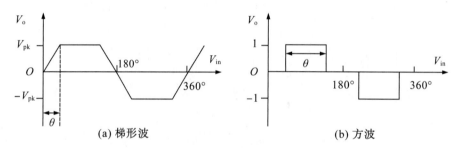

图 3-14　梯形波模块和方波模块的波形

3.2.10　取样/保持模块

　　当信号从低到高(0～1)时,取样/保持模块从输入的数值中取样,然后保持此值直到下一个取样点。取样/保持模块的图标以及"参数属性"对话框如图 3-15 所示。
　　取样/保持模块和零阶保持模块在数字控制模式下的区别为:取样/保持模块是连续的,而且取样时刻可以由外部控制;零阶保持模块是离散的,取样点固定且等距。在一个离散系统里,应该使用零阶保持模块。

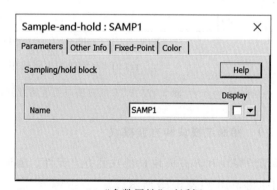

(a) 取样/保持模块的图标　　　　(b) "参数属性"对话框

图 3-15　取样/保持模块的图标及"参数属性"对话框

正弦曲线被取样的应用电路如图 3-16 所示,其中控制信号是幅值为 1 V 的方波电压。

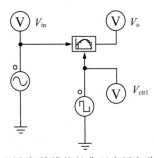

(a) 取样/保持模块的典型应用电路

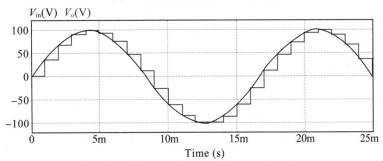

(b) 取样/保持模块典型应用电路的输入/输出信号波形

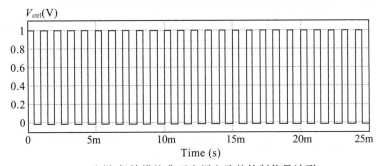

(c) 取样/保持模块典型应用电路的控制信号波形

图 3-16　取样/保持模块的典型应用电路及其输入/输出信号波形、控制信号波形

3.2.11　缩减模块

缩减模块的图标和参数属性分别如图 3-17 和表 3-19 所示。

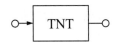

图 3-17　缩减模块的图标

表 3-19　　缩减模块的参数属性

参数	描述
No. of Digits	小数点后数字的个数
Truncation Flag	切断标记(1:切断;0:缩减)

当缩减模块的输入为 V_{in} 时,输入值首先转化为

$$V_{in,new} = V_{in} \cdot 10^N \tag{3-14}$$

如果切断标记为 1,那么输出为 $V_{in,new}$ 切断后再除以 10^N。否则,输出为 $V_{in,new}$ 进行截断或四舍五入后,再除以 10^N。例如:如果 $V_{in} = 34.5678$,$N = 0$,切断标记等于 0,那么输出为 35;如果 $V_{in} = 34.5678$,$N = 1$,切断标记等于 1,那么输出为 34.5;如果 $V_{in} = 34.5678$,$N = -1$,切断标记等于 1,那么输出为 30。

3.2.12　延时模块

延时模块可以把输入的波形向后延长一个指定的时间间隔,被用于逻辑元件中,用来模拟传播的延时等。延时模块的图标及"参数属性"对话框如图 3-18 所示。

延时模块和单位延时模块在数字控制模式下的区别为:延时模块是一个连续模块,它的延迟时间可以任意设定;单位延时模块是一个离散模块,它的延迟时间等于单位延迟时间。在离散系统中,应该使用单位延时元件。

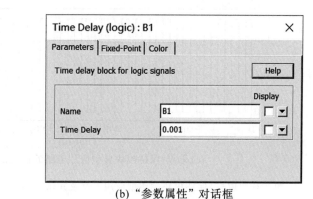

(a) 延时模块的图标　　　　　　(b) "参数属性"对话框

图 3-18　延时模块的图标及"参数属性"对话框

延时模块的典型应用电路及其仿真波形如图 3-19 所示。在此电路中,当输入信号为数字信号时,选择延时模块的延时为 1 ms;当输入信号为模拟信号时,选择延时模块的延时为 4 ms。此例说明延时模块的输入可以是数字信号,也可以是模拟信号。

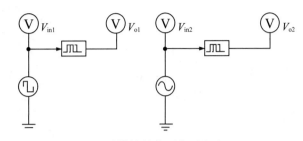

(a) 延时模块的典型应用电路

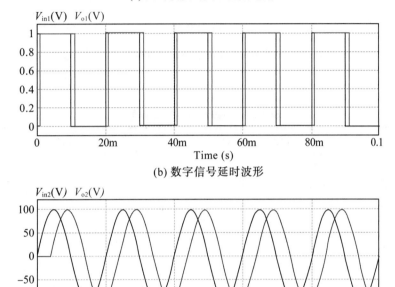

(b) 数字信号延时波形

(c) 模拟信号延时波形

图 3-19　延时模块的应用典型应用电路及其仿真波形

3.2.13　多路选择器

多路选择器(MUX)的输出由控制信号选定的输入值决定。PSIM 中提供了三种多路选择器,分别为二输入、四输入和八输入,其图标如图 3-20 所示。

图 3-20 中,d0～d7 是输入信号,既可以是模拟信号也可以是数字信号;s0～s2 是控制信号。多路选择器的真值表如表 3-20 所以。

多路选择器的典型应用电路以及其仿真波形如图 3-21 所示。当 $V_a > V_b$ 时,比较器的输出为 1,多路选择器的输出为 V_b,否则输出为 V_a。

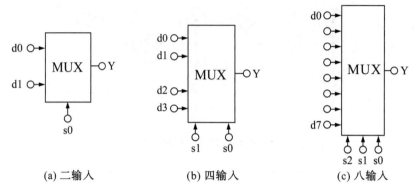

(a) 二输入　　　　　　(b) 四输入　　　　　　(c) 八输入

图 3-20　多路选择器的图标

表 3-20　多路选择器的真值表

二输入（MUX）		四输入（MUX）			八输入（MUX）			
s0	Y	s1	s0	Y	s2	s1	s0	Y
0	d0	0	0	d0	0	0	0	d0
1	d1	0	1	d1	0	0	1	d1
		1	0	d2	0	1	0	d2
		1	1	d3	0	1	1	d3
					1	0	0	d4
					1	0	1	d5
					1	1	0	d6
					1	1	1	d7

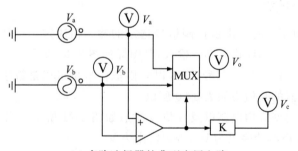

(a) 多路选择器的典型应用电路

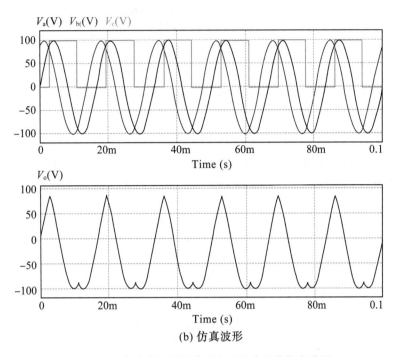

(b) 仿真波形

图 3-21　多路选择器的典型应用电路及其仿真波形

3.2.14　总谐波失真模块

交流波形的总谐波失真包括了基波和谐波,被定义为

$$THD = \frac{V_h}{V_1} = \frac{\sqrt{V_{rms}^2 - V_1^2}}{V_1} \tag{3-15}$$

式中,V_1 为基波的有效值;V_h 为谐波的有效值;V_{rms} 为波形的总有效值。

总谐波失真模块的图标及其典型应用电路如图 3-22 所示。

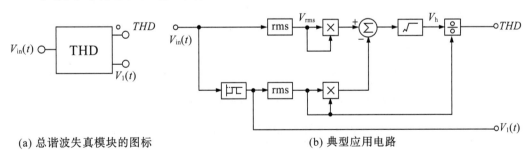

(a) 总谐波失真模块的图标　　　　　　　　　　　(b) 典型应用电路

图 3-22　总谐波失真模块的图标及其典型应用电路

总谐波失真模块的参数属性如表 3-21 所示。

表 3-21　总谐波失真模块的参数属性

参数	描述
Fundamental Frequency	输入的基本频率,单位为 Hz
Passing Band	带通滤波器的通频带,单位为 Hz

3.2.15　RS 触发器

PSIM 中有两种 RS 触发器:一种是边沿触发的 RS 触发器,另一种是电平触发的 RS 触发器。RS 触发器的图标和参数属性分别如图 3-23 和表 3-22 所示。

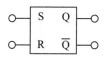

图 3-23　RS 触发器的图标

表 3-22　RS 触发器的参数属性

参数	描述
Trigger Flag	触发标志(0:边沿触发;1:低电平触发)

边沿触发的 RS 触发器只在 set/reset 输入端处于上升沿时才改变状态,其真值表如表 3-23 所示。

表 3-23　边沿触发的 RS 触发器的真值表

S	R	Q	$\overline{Q}$
0	0	不变	
0	↑	0	1
↑	0	1	0
↑	↑	不使用	

电平触发的 RS 触发器则在输入的电平变化时改变状态,其真值表如表 3-24 所示。

表 3-24　电平触发的 RS 触发器的真值表

S	R	Q	$\overline{Q}$
0	0	不变	
0	1	0	1
1	0	1	0
1	1	不使用	

3.2.16　JK 触发器

PSIM 中提供了两种 JK 触发器：一种是不带置位和复位的 JK 触发器，另一种是带置位和复位的 JK 触发器。两种 JK 触发器都是上升沿触发的，其中不带置位和复位的 JK 触发器的 set/reset 默认为 1。JK 触发器的图标如图 3-24 所示。

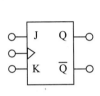
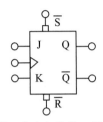

(a) 不带置位和复位的JK触发器　　　　(b) 带置位和复位的JK触发器

图 3-24　JK 触发器的图标

JK 触发器的真值表如表 3-25 所示。

表 3-25　JK 触发器的真值表

$\overline{S}$	$\overline{R}$	J	K	Clock	Q	$\overline{Q}$
0	1	×	×	×	1	0
1	0	×	×	×	0	1
0	0	×	×	×	0	0
1	1	0	0	↑	不变	
1	1	0	1	↑	0	1
1	1	1	0	↑	1	0
1	1	1	1	↑	Toggle	

3.2.17　D 触发器

PSIM 中提供了两种 D 触发器：一种是不带置位和复位的 D 触发器，另一种是带置位和复位的 D 触发器。两种 D 触发器都是上升沿触发的，其中不带置位和复位的 D 触发器的 set/reset 默认为 1。D 触发器的图标如图 3-25 所示。

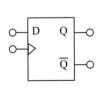
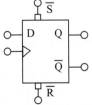

(a) 不带置位和复位的D触发器　　　　(b) 带置位和复位的D触发器

图 3-25　D 触发器的图标

D 触发器的真值表如表 3-26 所示。

表 3-26　D 触发器的真值表

$\overline{S}$	$\overline{R}$	D	Clock	Q	$\overline{Q}$
0	1	×	×	1	0
1	0	×	×	0	1
0	0	×	×	0	0
1	1	0	↑	0	1
1	1	1	↑	1	0

3.2.18　单稳态多频振荡器

在单稳态多频振荡器中,输入信号的上升沿(或下降沿)触发单稳态触发器,从而在输出端产生具有指定宽度的脉冲。脉冲宽度通过另一个输入量固定或调整。

另外,还有第二种形式的单稳态多频触发器,它相当于受控单稳态触发器(MONOC),其实时输出脉冲宽度(单位为 s)取决于输入。受控单稳态触发器底部的输入节点是用于控制输出脉冲宽度的。

单稳态多频振荡器的图标和参数属性分别如图 3-26 和表 3-27 所示。

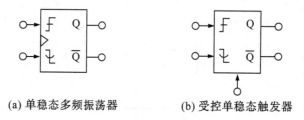

(a) 单稳态多频振荡器　　　　　　(b) 受控单稳态触发器

图 3-26　单稳态多频振荡器的图标

表 3-27　单稳态多频振荡器的参数属性

参数	描述
Pulse Width	脉冲宽度,单位为 s

3.2.19　脉冲宽度计算器

脉冲宽度计算器用来测量脉冲的宽度。输入的上升沿触发计数器,计数器开始计数;输入的下降沿到达后,计算器停止计数并输出脉冲宽度的数据。在两个下降沿的时间间隔内,输出保持不变。脉冲宽度计算器的图标及"参数属性"对话框如图 3-27 所示。

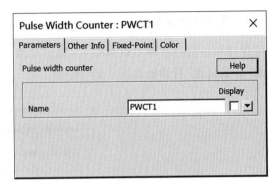

(a) 脉冲宽度计算器的图标　　　　　　(b) "参数属性"对话框

图 3-27　脉冲宽度计算器的图标及"参数属性"对话框

3.2.20　A/D 和 D/A 转换器

A/D 和 D/A 转换器能够实现数模转换和模数转换，都有 8 位转换器和 10 位转换器。A/D 和 D/A 转换器的图标如图 3-28 所示。

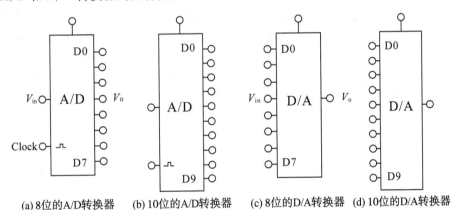

(a) 8位的A/D转换器　　(b) 10位的A/D转换器　　(c) 8位的D/A转换器　　(d) 10位的D/A转换器

图 3-28　A/D 和 D/A 转换器的图标

假设 N 为位数，则 A/D 转换器的输出为

$$V_o = \frac{2^N}{V_{ref}} \cdot V_{in} \tag{3-16}$$

式中，V_{ref} 为参考电压。若 $V_{ref} = 5\ V, V_{in} = 3.2\ V, N = 8$，则

$$V_o = \frac{2^8}{5} \times 3.2 = 163.84 = 1010\ 0011\,(\mathrm{binary})$$

D/A 转换器的输出为

$$V_o = \frac{V_{ref}}{2^N} \cdot V_{in} \tag{3-17}$$

若 $V_{ref} = 5\ V, V_{in} = 1010\ 0011\,(\mathrm{binary}), N = 8$，则

$$V_o = \frac{163}{256} \cdot 5 \approx 3.1836\ V$$

3.2.21　零阶保持模块

零阶保持模块只在取样点取样输入,输出在两个取样点间保持不变。零阶保持模块的图标及"参数属性"对话框如图 3-29 所示。

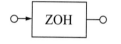

(a) 零阶保持模块的图标

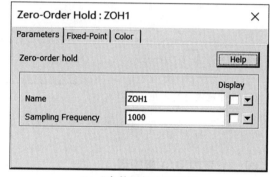

(b)"参数属性"对话框

图 3-29　零阶保持模块的图标及"参数属性"对话框

同其他离散元件一样,零阶保持模块用一个自动计时器来确定取样时刻,取样时刻和仿真时间是同步的。例如,零阶保持模块的取样频率是 1000 Hz,则输入将会在 0 ms,1 ms、2 ms 以及 3 ms 等时刻被取样。

零阶保持模块的典型应用电路及其仿真波形如图 3-30 所示。在下面的电路中,零阶保持模块的取样频率为 1000 Hz。

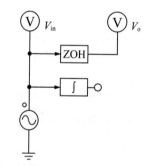

(a) 零阶保持模块的典型应用电路（带积分器）

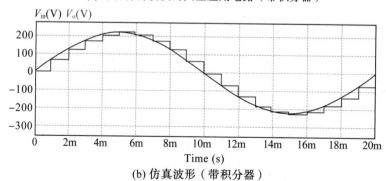

(b) 仿真波形（带积分器）

图 3-30　零阶保持模块的典型应用电路及其仿真波形(带积分器)

在图 3-30(a)所示的电路中,将一个连续的积分器与输入的正弦波相连,此时电路构成一个连续-离散混合电路。为连续电路选择一个仿真时阶,通过零阶保持模块的输出可以看到一个阶梯状的波形。

若没有连接积分器,图 3-30(a)中的电路就是一个离散电路,该离散电路如图 3-31(a)所示。由于只需在离散的取样点计算,所以仿真的时阶和取样周期相等,且只有取样点的结果才是可用的。仿真波形如图3-31(b)所示,图中波形看起来是连续的,但实际上它是离散的,只是由于是在两个取样点中连线,所以看起来波形是连续的。

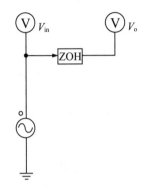

(a) 零阶保持模块的典型应用电路（不带积分器）

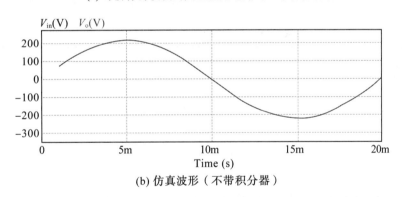

(b) 仿真波形（不带积分器）

图 3-31　零阶保持模块的典型应用电路及其仿真波形(不带积分器)

3.2.22　z 域转换函数模块

z 域转换函数模块可以表示为

$$H(z) = \frac{b_0 \cdot z^N + \cdots + b_1 \cdot z^{N-1} + b_{N-1} \cdot z + b_N}{a_0 \cdot z^N + \cdots + a_1 \cdot z^{N-1} + a_{N-1} \cdot z + a_N} \tag{3-18}$$

式中,$a_1,a_2,\cdots,a_N$ 为传递函数分母的系数;$b_1,b_2,\cdots,b_N$ 为传递函数分子的系数。

如果 $a_0 = 1$,表达式 $Y(z) = H(z) \cdot U(z)$ 的差分方程表示为

$$y(n) = b_0 \cdot u(n) + b_1 \cdot u(n-1) + \cdots + b_N \cdot u(n-N)$$
$$- [a_1 \cdot y(n-1) + a_2 \cdot y(n-2) + \cdots + a_N \cdot y(n-N)] \tag{3-19}$$

式中,$u(n)$ 为输入,$y(n)$ 为输出。

z 域转换函数模块的图标及"参数属性"对话框如图 3-32 所示。

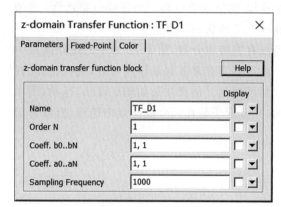

(a) z域转换函数模块的图标　　　　　　(b) "参数属性"对话框

图 3-32　z 域转换函数模块的图标及"参数属性"对话框

已知一个二阶转换方程为

$$H(z) = \frac{400 \cdot e^3}{z^2 + 1200 \cdot z + 400 \cdot e^3} \tag{3-20}$$

假如取样频率为 3 kHz,则 PSIM 中关于该传递函数的参数属性如表 3-28 所示。

表 3-28　z 域转换函数的参数属性

参数	取值
Order N	2
Coeff.b0..bN	$0, 0, 400e^3$
Coeff.a0..aN	$0, 0, 400e^3$
Sampling Frequency	3000

3.2.23　数字滤波器

PSIM 中有两种数字滤波器:一种是普通数字滤波器,另一种是有限冲激响应滤波器(FIR 滤波器)。滤波器的系数可以通过元素属性窗口直接设置或通过一个文本文件指定。普通数字滤波器的图标及"参数属性"对话框如图 3-33 所示。FIR 数字滤波器的图标及"参数属性"对话框如图 3-34 所示。

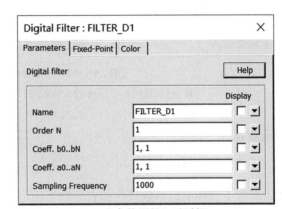

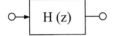

(a) 普通数字滤波器的图标　　　　　　　　(b) "参数属性"对话框

图 3-33　普通数字滤波器的图标及"参数属性"对话框

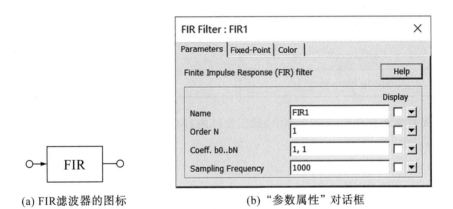

(a) FIR滤波器的图标　　　　　　　　　　(b) "参数属性"对话框

图 3-34　FIR 滤波器的图标及"参数属性"对话框

普通数字滤波器的传递方程可以表示为

$$H(z) = \frac{b_0 + b_1 \cdot z^{-1} + \cdots + b_{N-1} \cdot z^{-(N-1)} + b_N \cdot z^{-N}}{a_0 + a_1 \cdot z^{-1} + \cdots + a_{N-1} \cdot z^{N-1} + a_N \cdot z^{-N}} \qquad (3\text{-}21)$$

如果 $a_0 = 1$，那么输出 $y(n)$ 关于输入 $u(n)$ 的微分方程可以表示为

$$y(n) = b_0 \cdot u(n) + b_1 \cdot u(n-1) + \cdots + b_N \cdot u(n-N)$$
$$- [a_1 \cdot y(n-1) + a_2 \cdot y(n-2) + \cdots + a_N \cdot y(n-N)] \qquad (3\text{-}22)$$

如果分母系数 $a_0 \sim a_N$ 不为 0，那么这种滤波器叫作无限冲激响应滤波器（IIR 滤波器）。

FIR 滤波器的传递方程表示为

$$H(z) = b_0 + b_1 \cdot z^{-1} + \cdots + b_{N-1} \cdot z^{-(N-1)} + b_N \cdot z^{-N} \qquad (3\text{-}23)$$

如果 $a_0 = 1$，那么输出 $y(n)$ 关于输入 $u(n)$ 的微分方程可以表示为

$$y(n) = b_0 \cdot u(n) + b_1 \cdot u(n-1) + \cdots + b_N \cdot u(n-N) \qquad (3\text{-}24)$$

例 3-2　要求设计一个二阶低通巴特沃斯数字滤波器，其截止频率 $f_c = 1\ \text{kHz}$，假设取样频率 $f_s = 10\ \text{Hz}$，求滤波器的传递函数。

解：用 MATLAB 可得到

$$奈奎斯特频率\ f_n=\frac{f_s}{2}=5\ kHz,\quad 截止频率\ f_c^*=\frac{f_c}{f_n}=\frac{1}{5}\ Hz=0.2\ Hz$$

$$[\boldsymbol{B},\boldsymbol{A}]=butter(2,f_c^*)$$

$$\boldsymbol{B}=[0.0201\quad 0.0402\quad 0.0201]=[b_0\quad b_1\quad b_2]$$

$$\boldsymbol{A}=[1\quad -1.561\quad 0.6414]=[a_0\quad a_1\quad a_2]$$

则传递函数为

$$H(z)=\frac{0.0201+0.0402\cdot z^{-1}+0.0201\cdot z^{-2}}{1-1.561\cdot z^{-1}+0.6414\cdot z^{-2}}$$

滤波器在 PSIM 中的参数属性如表 3-29 所示。

表 3-29　数字滤波器的参数属性

参数	取值
Order N	2
Coeff.b0..bN	0.0201,0.0402,0.0201
Coeff.a0..aN	1,−1.561,0.6414
Sampling Frequency	1 0000

如果将系数存储在一个文件中，那么文件内容有以下两种形式：

(1)形式一：

$$2$$
$$0.0201$$
$$0.0402$$
$$0.0201$$
$$1$$
$$-1.561$$
$$0.6414$$

(2)形式二：

$$2$$
$$0.0201,1$$
$$0.0402,-1.561$$
$$0.0201,0.6414$$

3.2.24　量化元件

量化元件用于模拟 A/D 转换器的量化过程。PSIM 中提供了两种量化元件：第一种的量化误差最低有效位为 1 位；第二种带输入偏移，且量化误差为 0.5 位。量化元件的图标和参数属性分别如图 3-35 和表 3-30 所示。

(a) 量化元件　　　　　　　　　(b) 量化元件（带偏移）

图 3-35　量化元件的图标

表 3-30　量化元件的参数属性

参数	描述
No. of Bits	二进制位的个数
Vin_min	输入值的最小值
Vin_max	输入值的最大值
Vo_min	输出值的最小值
Vo_max	输出值的最大值
Sampling Frequency	采样频率

量化元件能够模拟 A/D 转换器的量化过程，具有从 $0 \sim 1$ LSB（最低有效位）的量化误差。

量化元件工作的方式：在输入范围 $V_{\text{in,min}} \sim V_{\text{in,max}}$ 内，输入信号被分成 2^N 个量级。如果输入落在第 k 量级，则输出为

$$V_{\text{o}} = V_{\text{o,min}} + (k-1) \times \Delta V \tag{3-25}$$

量级决定了输出的分辨率 ΔV，ΔV 的定义为

$$\Delta V = \frac{V_{\text{o,max}} - V_{\text{o,min}}}{2^N} \tag{3-26}$$

最大输出 $V_{\text{o,max}}$ 的值对应于输入为 $V_{\text{in,max}}$ 时的输出值。但由于进行了量化，故输出只能用 $0 \sim 2^N - 1$ 的 N 个级别来表示。因此，实际输出的上限不是 $V_{\text{o,max}}$，而是 $V_{\text{o,max}} - \Delta V$。

3.2.25　循环缓冲器

循环缓冲器是存储器，用于存储列数据。PSIM 中提供了三种循环缓冲器，分别为单输出循环缓冲器、矢量输出循环缓冲器和具有先进先出特性的矢量输出循环缓冲器。这里仅对常用的单输出循环缓冲器和矢量输出循环缓冲器进行介绍。两种循环缓冲器的图标及"参数属性"对话框分别如图 3-36、图 3-37 所示。

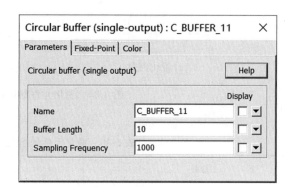

(a) 单输出循环缓冲器的图标　　　　　　　(b) "参数属性"对话框

图 3-36　单输出循环缓冲器的图标及"参数属性"对话框

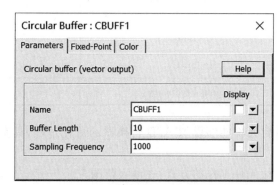

(a) 矢量输出循环缓冲器的图标　　　　　　(b) "参数属性"对话框

图 3-37　矢量输出循环缓冲器的图标及"参数属性"对话框

　　循环缓冲器将数据存储在缓冲器中,如果缓冲器存满,那么数据将从开始的位置覆盖存储。循环缓冲器的输出是一个矢量,可以使用存储阅读元件来访问存储器。

　　若缓冲器的缓冲长度为 4,取样频率为 10 Hz,那么缓冲器在不同时间中的状态如表3-31 所示。

表 3-31　缓冲器在不同时间中的状态

时间	输入	内存中的值				输出
		1	2	3	4	(单输出缓冲器)
0	0.11	0.11	0	0	0	0
0.1	0.22	0.11	0.22	0	0	0
0.2	0.33	0.11	0.22	0.33	0	0

续表

时间	输入	内存中的值				输出
		1	2	3	4	（单输出缓冲器）
0.3	0.44	0.11	0.22	0.33	0.44	0
0.4	0.55	0.55	0.22	0.33	0.44	0.11
0.5	0.66	0.55	0.66	0.33	0.44	0.22
…	…	…	…	…	…	…

3.2.26 卷积模块

卷积模块的作用是完成两个输入向量的卷积,其输出也是一个向量。PSIM 中的卷积模块图标和"参数属性"对话框如图 3-38 所示。

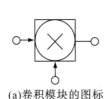

(a)卷积模块的图标

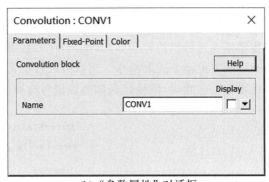

(b)"参数属性"对话框

图 3-38 卷积模块的图标及"参数属性"对话框

如果两个输入向量分别为

$$\boldsymbol{A} = (a_m, a_{m-1}, a_{m-2}, \cdots, a_1)$$
$$\boldsymbol{B} = (b_m, b_{m-1}, b_{m-2}, \cdots, b_1) \tag{3-27}$$

那么输出向量为

$$\boldsymbol{C} = \boldsymbol{A} \otimes \boldsymbol{B}$$
$$= (c_{m+n-1}, c_{m+n-2}, \cdots, c_1) \tag{3-28}$$

式中,$c_i = \sum (a_{k+1} \cdot b_{j-k}), k = 0, \cdots, m+n-1; j = 0, \cdots, m+n-1, i = 0, \cdots, m+n-1$。

3.2.27 存储读取元件

存储读取元件(即内存读取块)是用来读取存储向量的值的,其图标及"参数属性"对话框如图 3-39 所示。

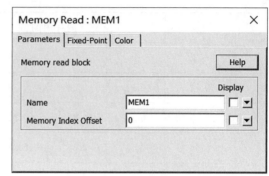

(a) 存储读取元件的图标　　　　　　(b) "参数属性"对话框

图 3-39　存储读取元件的图标及"参数属性"对话框

存储读取元件可以用来访问存储元件,例如卷积模块、向量数组、循环缓冲器等。存储读取元件从开始存储的位置定义坐标偏移。例如,已知 $A=(1,2,3,4)$,如果坐标偏移为 0,那么存储元件的输出将为 1;如果坐标偏移为 2,那么输出将为 3。

3.2.28　堆栈器一个

堆栈器是先进后出的寄存器,其图标及"参数属性"对话框如图3-40所示。

上升沿触发推指令或取指令。当执行取指令且堆栈器为空时,输出保持不变;当执行推指令而堆栈器已满时,堆栈器底部的数据将会被推出且丢失。

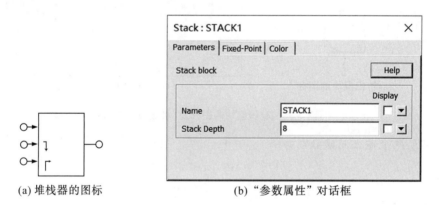

(a) 堆栈器的图标　　　　　　(b) "参数属性"对话框

图 3-40　堆栈器的图标及"参数属性"对话框

3.2.29　直流源

直流源的幅值恒定,直流电压源的参考电位是地。PSIM 中直流源的图标及"参数属性"对话框分别如图 3-41 和表 3-32 所示。

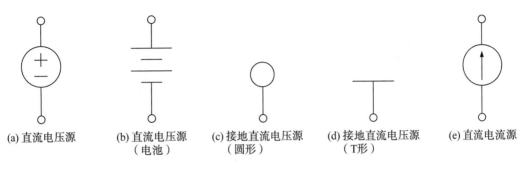

(a) 直流电压源
(b) 直流电压源（电池）
(c) 接地直流电压源（圆形）
(d) 接地直流电压源（T形）
(e) 直流电流源

图 3-41 直流源的图标

表 3-32 直流源的参数属性

参数	描述
Amplitude	电源的幅值

3.2.30 正弦电源

一个正弦电源的定义如下：

$$v_o = V_m \cdot \sin(2\pi \cdot f \cdot t + \theta) + V_{offset} \tag{3-29}$$

式中，V_m为峰值电压；θ为初始相位角；f为频率；V_{offset}为直流偏置电压。

正弦电源的图解说明如图 3-42 所示。

V
V_m
V_{offset}
O
θ
t
1/f

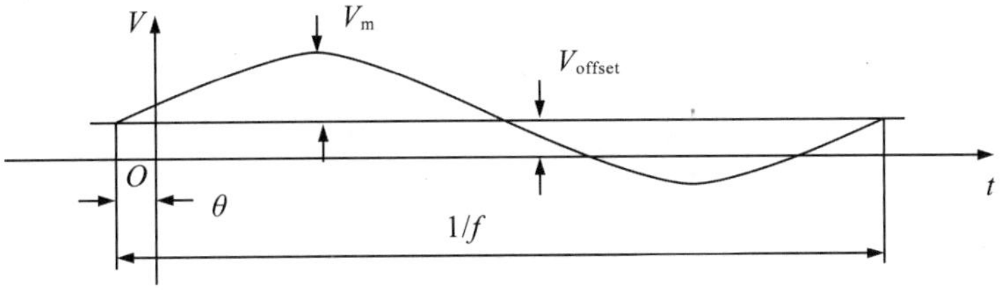

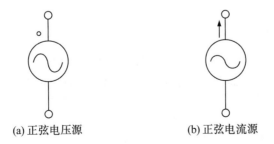

图 3-42 正弦电源的图解说明

正弦电源的图标和参数属性分别如图 3-43 和表 3-33 所示。

(a) 正弦电压源
(b) 正弦电流源

图 3-43 正弦电源的图标

表 3-33　　正弦电源的参数属性

参数	描述
Peak Amplitude	幅值 V_m
Frequency	频率,单位为 Hz
Phase Angle	初始相位
DC Offset	直流偏置
T start	开始时间

为了便于设置三相电路,PSIM 提供了一个星形正弦电源模型,模型中带点端为 A 相。星形电源模型的图标和参数属性分别如图 3-44 和表 3-34 所示。

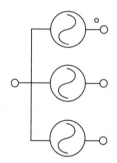

图 3-44　星形电源模型的图标

表 3-34　　星形电源模型的参数属性

参数	描述
V (line-line-rms)	线电压的有效值
Frequency	频率,单位为 Hz
Init. Angle (phase A)	A 相的初始相位

3.2.31　方波电源

方波电源分为方波电压源和方波电流源,其参数包括峰-峰值、频率、占空比以及直流偏置等,其中占空比为一个周期中高电平所占的比例。方波电源的图标和参数属性分别如图 3-45 和表3-35所示。

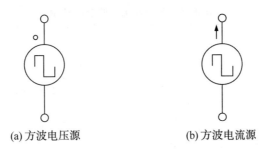

(a)方波电压源　　　　　　(b)方波电流源

图 3-45　方波电源的图标

表 3-35　方波电源的参数属性

参数	描述
V peak-peak	峰-峰值(V_{pp})
Frequency	频率(f)，单位为 Hz
Duty Cycle	占空比 D 的高电位区间
DC Offset	直流偏置
Phase Delay	相位延时(T)

方波电源的图解说明如图 3-46 所示。

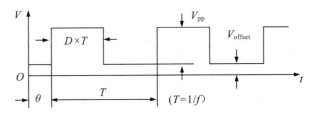

图 3-46　方波电源的图解说明

当延迟角 θ 为正时，波形沿时间轴向右移。

3.2.32　三角波电源

三角波电源分为三角波电压源和三角波电流源，其参数包括峰-峰值、频率、占空比以及直流偏置等，其中占空比为一个周期中上升段所占的比例。三角波电源的图标和参数属性分别如图 3-47 和表 3-36 所示。

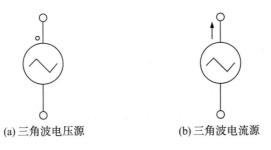

(a)三角波电压源　　　　　　(b)三角波电流源

图 3-47　三角波电源的图标

表 3-36　三角波电源的参数属性

参数	描述
V peak-peak	峰-峰值
Frequency	频率，单位为 Hz
Duty Cycle	占空比（D）的高电位区间
DC Offset	直流偏置
Phase Delay	相位延迟

三角波电源的图解说明如图 3-48 所示。

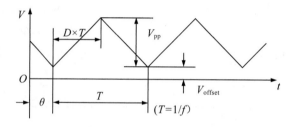

图 3-48　三角波电源图解说明

当延迟角为正时，波形沿时间轴向右移。

3.2.33　锯齿波电源

锯齿波电源是一种特殊的三角波电源，锯齿波电源的图标和参数属性分别如图 3-49 和表 3-37 所示。

图 3-49　锯齿波电源的图标

表 3-37　锯齿波电源的参数属性

参数	描述
V peak	峰值
Frequency	频率，单位为 Hz

3.2.34　阶跃电源

阶跃电源分为阶跃电压源和阶跃电流源，它能在给定的时间内从一个电平变化到另一个电平。阶跃电源的图标及参数设置分别如图 3-50、图 3-51 所示。

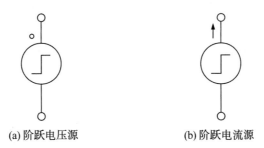

(a)阶跃电压源　　　　　　　　(b)阶跃电流源

图 3-50　阶跃电源的图标

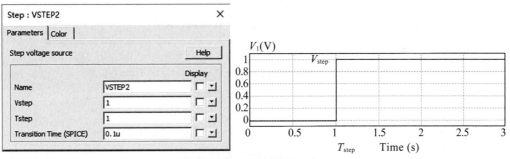

(a) 阶跃电源（不带转换时间）

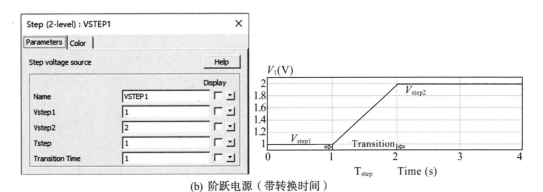

(b) 阶跃电源（带转换时间）

图 3-51　阶跃电源的参数设置及仿真波形

3.2.35　分段线性电源

分段线性电源的波形由许多线性段组成。PSIM 中的分段线性电源的图标和参数属性设置分别如图 3-52、图 3-53 所示。

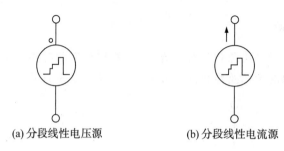

(a) 分段线性电压源　　　　(b) 分段线性电流源

图 3-52　分段线性电源的图标

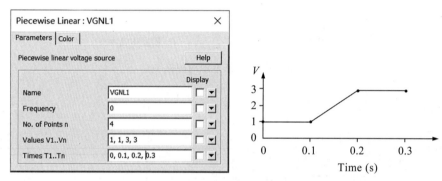

图 3-53　分段线性电源的参数设置

3.2.36　随机电源

随机电源分为随机电压源和随机电流源，其振幅在每一个仿真时间阶段都为任意值。随机电源的定义如下：

$$V_0 = V_m \cdot n + V_{offset} \tag{3-30}$$

式中，V_m 为电源的峰-峰值；n 为 0～1 之间任意的一个数字；V_{offset} 为直流偏置电压。随机电源的图标和参数属性分别如图 3-54 和表 3-38 所示。

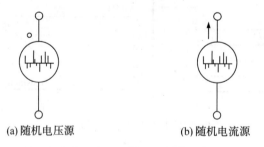

(a) 随机电压源　　　　(b) 随机电流源

图 3-54　随机电源的图标

表 3-38　随机电源的参数属性

参数	描述
Peak-peak Amplitude	峰-峰值
DC Offset	直流偏置电压

3.2.37　电压/电流控制源

PSIM 中提供了多种类型的控制电源,分别为电压控制电压源、电流控制电压源、电压控制电流源、电流控制电流源以及可变增益的电压控制电压源、可变增益的电流控制电压源。电流受控源的控制电流必须来自 RLC 支路。对于受控电流源,它的控制电压和电流不能是一个独立电源。电压/电流控制源的图标和参数属性分别如图 3-55 和表 3-39 所示。

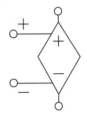 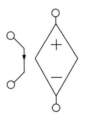 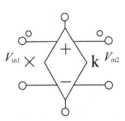

(a) 电压控制电压源　　(b) 电流控制电压源　　(c) 电流控制电压源　　(d) 可变增益电压
　　　　　　　　　　　　　　　　　　　　　　　　　（直流通过）　　　　控制电压源

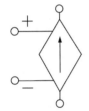 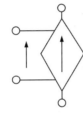 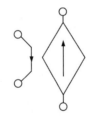 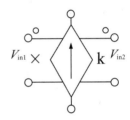

(e) 电压控制电流源　　(f) 电流控制电流源　　(g) 电流控制电流源　　(h) 可变增益电压
　　　　　　　　　　　　　　　　　　　　　　　　　（直流通过）　　　　控制电流源

图 3-55　电压/电流控制源的图标

表 3-39　电压/电流控制源的参数属性

参数	描述
Gain	电源的增益

3.2.38　非线性电压控制源

非线性电压控制源的输出$(v_{\mathrm{o}}, i_{\mathrm{o}})$是输入$(V_{\mathrm{in1}}, V_{\mathrm{in2}})$相乘、相除或者取平方根的结果。

非线性乘法:

$$v_{\mathrm{o}} = k \cdot V_{\mathrm{in1}} \cdot V_{\mathrm{in2}}, \quad i_{\mathrm{o}} = k \cdot V_{\mathrm{in1}} \cdot V_{\mathrm{in2}} \tag{3-31}$$

式中,k 为电源的增益。

非线性除法:

$$v_{\mathrm{o}} = k \cdot \frac{V_{\mathrm{in1}}}{V_{\mathrm{in2}}}, \quad i_{\mathrm{o}} = k \cdot \frac{V_{\mathrm{in1}}}{V_{\mathrm{in2}}} \tag{3-32}$$

非线性开方：

$$v_o = k \cdot \sqrt{V_{in1}}, \quad i_o = k \cdot \sqrt{V_{in1}} \tag{3-33}$$

非线性电源：

$$v_o = \text{sign}(V_{in1}) \cdot k \cdot (k_1 \cdot V_{in1})^{k_2} \tag{3-34}$$

式中，k_1，k_2 为系数。

非线性电压控制源的图标和参数属性分别如图 3-56 和表 3-40 所示。

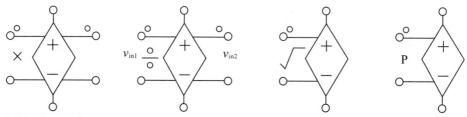

(a)非线性乘法电压控制源　(b)非线性除法电压控制源　(c)非线性开方电压控制源　(d)指数非线性电压控制源

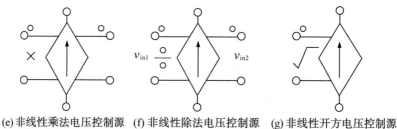

(e)非线性乘法电压控制源　(f)非线性除法电压控制源　(g)非线性开方电压控制源
　　（电流）　　　　　　　　　（电流）　　　　　　　　　（电流）

图 3-56　非线性电压控制源的图标

表 3-40　非线性电压控制源的参数属性

参数	描述
Gain	电源的增益
Coefficient k1	系数 k_1
Coefficient k2	系数 k_2

3.2.39　电阻器-电感器-电容器支路

电阻器-电感器-电容器支路（RLC branches）器件库中包含了电阻、电感、电容等基本的器件以及一些集成的 RLC 支路。下面主要介绍可变电阻器、饱和电感和非线性元件的参数设置和使用。

3.2.39.1　可变电阻器

可变电阻器（Rheostat）就是带分接头的电阻，可以通过改变接头的位置来改变串入电路中的阻抗大小。可变电阻器的图标及"参数属性"对话框如图 3-57 所示。

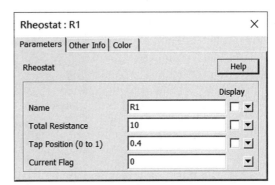

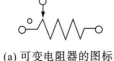

(a) 可变电阻器的图标　　　　　　(b) "参数属性"对话框

图 3-57　可变电阻器的图标及"参数属性"对话框

可变电阻器的参数设置主要有:

(1)Name:名称,可由仿真者自行修改,默认按器件放置顺序自动标号。

(2)Total Resistance:可变电阻器从 k 端到 m 端的全部阻值,单位是 Ω,根据电路中所需阻值进行修改。

(3)Tap Position(0 to 1):表示接头位置,方框内数值是相对于 k 端的值。

(4)Current Flag:电流的显示输出标志。标志设置为 1 时,输出电流储存在输出文档中在 SIMVIEW 中显示。

3.2.39.2　饱和电感

饱和电感(Saturable Inductor)考虑了电感磁芯的饱和状态。$B\text{-}H$ 非线性曲线可以用分段直线来近似描述。由于磁通密度 B 跟磁通 λ 成比例,而磁场强度 H 与通过的电流 i 成比例,所以 $B\text{-}H$ 曲线可以用 $\lambda\text{-}i$ 曲线来代替。$\lambda\text{-}i$ 曲线如图 3-58 所示。

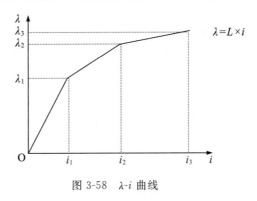

图 3-58　$\lambda\text{-}i$ 曲线

电感定义为 $L=\dfrac{\lambda}{i}$,即 $\lambda\text{-}i$ 曲线在不同点的斜率。饱和系数可以用一组组的数据点表示,如 (i_1,L_1),(i_2,L_2),(i_3,L_3) 等。

饱和电感的图标及"参数属性"对话框如图 3-59 所示。

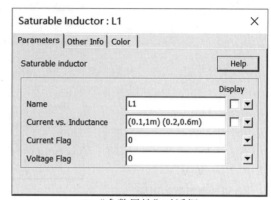

(a) 饱和电感的图标   (b) "参数属性"对话框

图 3-59   饱和电感的图标及"参数属性"对话框

"参数属性"对话框中的 Current vs.Inductance 可以定义电流-电感特性。

3.2.39.3 非 线 性 元 件

非线性元件(Nonlinear Elements)是指欧姆定律不适用的导体和器件,即电流和电压不成正比的电学元件。非线性元件的阻值随外界的变化而变化,其伏安特性曲线不是直线。

PSIM 中提供了四个拥有非线性电流-电压关系的元件。

(1)Resistance-type $[v = f(i)]$:电阻类型。

(2)Resistance-type with additional input x $[v = f(I,x)]$:带附加输入 x 的电阻类型。

(3)Conductance-type $[i = f(v)]$:电导类型。

(4)Conductance-type with additional input x $[i = f(v,x)]$:带附加输入 x 的电导类型。

注意:附加输入 x 必须是电压信号。

现对非线性元件 $v=f(i,x)$ 的元件参数设置进行说明,其图标及"参数属性"对话框如图 3-60 所示。

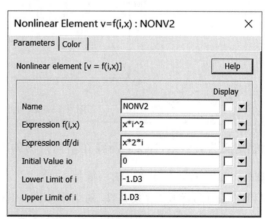

(a) 非线性元件的图标   (b) "参数属性"对话框

图 3-60   非线性元件的图标及"参数属性"对话框

非线性元件的参数设置主要有：

(1)Expression f(i,x)：设定 $v = f(i,x)$ 的表达式。

(2)Expression df/di：设定表达式 $v = f(i,x)$ 对 i 的微分式。

(3)Initial Value io：设定电流初始值。

(4)Lower Limit of i：设定电流下限值。

(5)Upper Limit of i：设定电流上限值。

正确的初始值和上/下限值的设定将有助于解的收敛性。

3.2.40 开关

PSIM 中的开关(Switches)有两种基本的工作模式：一种是开关模式，它运行于截止区域(关断状态)或者饱和区域(导通状态)；另一种是线性模式，可以工作于关断、线性或者饱和区域。

工作在开关模式的开关包括：

(1)Diode(DIODE)：二极管；

(2)DIAC(DIAC)：双向触发二极管；

(3)Thyristor(THY)：晶闸管；

(4)TRIAC(TRIAC)：双向晶闸管。

自关断开关有以下几种：

(1)Gate-Turn-Off switch(GTO)：可关断晶闸管。

(2)npn bipolar junction transistor(NPN)：双极型晶体管，即三极管(NPN 型)。

(3)pnp bipolar junction transistor(PNP)：双极型晶体管，即三极管(PNP 型)。

(4)Insulated-Gate Bipolar Transistor(IGBT)：绝缘栅双极型晶体管。

(5)n-channel MOSFET and p-channel MOSFET：N/P 沟道场效应晶体管。

(6)Bi-directional switch(SSWI)：双向开关。

PSIM 的开关模型是理想化的，导通或者关断瞬间可以忽略，开关不需要缓冲电路。

线性开关有以下几种：

(1)npn bipolar junction transistor(NPN_1)：NPN 型双极型晶体管。

(2)pnp bipolar junction transistor(PNP_1)：PNP 型双极型晶体管。

3.2.40.1 晶闸管和三端双向可控硅开关元件

晶闸管(Thyristor)是晶体闸流管的简称，当加正向电压且门极有触发电流时实现导通。晶闸管的图标和"参数属性"对话框如图 3-61 所示。

晶闸管的参数设置主要有：

(1)Voltage Drop：电压降，晶闸管导通压降。

(2)Holding Current：维持电流(即最小导通电流)，低于此值时器件停止导通并恢复到关断状态。

(3)Latching Current：闭锁电流(即最小接通状态电流)，触发脉冲撤销时仍能保持器件处于导通状态。

(4)Initial Position：初始位置，开关的初始位置标志(0 表示打开，1 表示关闭)。

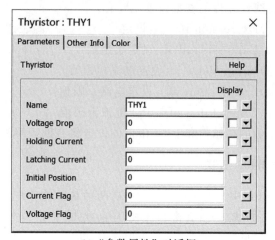

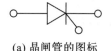

(a) 晶闸管的图标　　　　　　　　(b)"参数属性"对话框

图 3-61　晶闸管的图标及"参数属性"对话框

　　三端双向可控硅开关元件(TRIAC)是一个可以双向传导电流的器件，它相当于两个晶闸管反并联。三端双向可控硅开关元件的图标及"参数属性"对话框如图3-62所示。

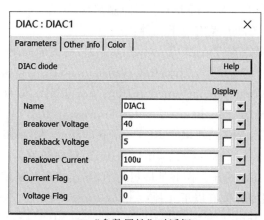

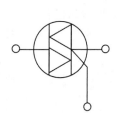

(a) 三端双向可控硅开关元件的图标　　　　　　(b)"参数属性"对话框

图 3-62　三端双向可控硅开关元件的图标及"参数属性"对话框

　　三端双向可控硅开关元件的维持电流和闭锁电流设为 0。

　　有两种方法可以用来控制晶闸管或者三端双向可控硅开关元件：一种是使用开关驱动模块，另一种是使用开关控制器。晶闸管或三端双向可控硅开关元件门极必须与门控模块和可控开关其中一种相连接。

　　图 3-63 是用开关驱动模块控制晶闸管的示例。

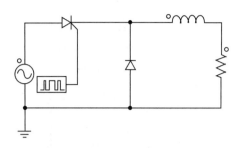

图 3-63　开关驱动模块控制晶闸管示例

开关驱动模块将在 3.2.40.3 中进行具体介绍。

3.2.40.2　线性开关

线性开关包括线性 BJT 开关[NPN/PNP Transistor(3-state)]和线性 MOSFET 开关[N/P channel MOSFET(3-state)]，它们可以工作在关断、线性或饱和状态。

线性 BJT 开关受基极电流 I_b 控制，可以运行在关断(断态)、线性、饱和(通态)三种状态下。NPN 型晶体管(三态)在这些状态下的特性为：

关断：$V_{be}<V_r$，$I_b=0$，$I_c=0$。

线性：$V_{be}=V_r$，$I_c=\beta\times I_b$，$V_{ce}>V_{ce,sat}$。

饱和：$V_{be}=V_r$，$I_c<\beta\times I_b$，$V_{ce}=V_{ce,sat}$。

其中，V_{be} 为基极-发射极电压，V_r 为偏置电压(默认值为 0.7 V)，I_b 为基极电流，V_{ce} 为集电极-发射极电压，β 为晶体管电流增益($\beta=\dfrac{I_c}{I_b}$)，I_c 为集电极电流，$V_{ce,sat}$ 为集电极和发射极间的饱和电压(默认值为 0.2 V)。

线性 MOSFET 开关受栅极-源极电压 V_{gs} 控制。它可以运行在关断(断态)、饱和区以及可变电阻区(通态)三种状态下。N 沟道场效应晶体管(三态)在这些状态下的特性为：

断态：$V_{gs}<V_{gs(th)}$，$I_d=0$。

饱和：$V_{gs}>V_{gs(th)}$，$V_{gs}-V_{gs(th)}<V_{ds}$，$I_d=g_m\times(V_{gs}-V_{gs(th)})$。

通态：$V_{gs}>V_{gs(th)}$，$V_{gs}-V_{gs(th)}>V_d$，$I_d=\dfrac{V_{ds}}{R_{ds(on)}}$。

其中，V_{gs} 为栅极-源极电压，V_{ds} 为漏极-源极电压，I_d 为漏极电流，$V_{gs(th)}$ 为 MOS 管的阈值电压，g_m 为 MOS 管的跨导，$R_{ds(on)}$ 为漏极和源极之间导通时的电阻。

注意：NPN/PNP 型晶体管(三态)和 N/P 沟道场效应晶体管(三态)的门极是功率节点，必须和电力电路部分连接(如电阻或电源)，不能和门控模块或控制开关连接。

NPN 型晶体管(三态)的图标及"参数属性"对话框如图 3-64 所示。

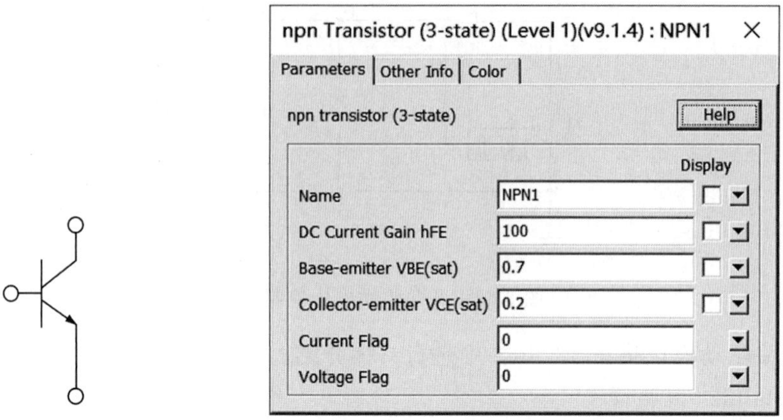

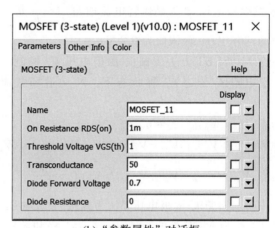

(a) NPN型晶体管（三态）的图标　　　　　(b)"参数属性"对话框

图 3-64　NPN 型晶体管(三态)的图标及"参数属性"对话框

NPN 型晶体管(三态)的参数设置主要有：

(1)DC Current Gain hFE：晶体管电流增益(β)，定义为 $\beta = \dfrac{I_c}{I_b}$。

(2)Base-emitter VBE(sat)：基极-发射极间正偏电压。

(3)Collector-emitter VCE(sat)：集电极和发射极间的饱和电压。

N 沟道场效应晶体管(三态)的图标及"参数属性"对话框如图 3-65 所示。

(a) N沟道场效应晶体管　　　　　(b)"参数属性"对话框
　　（三态）的图标

图 3-65　N 沟道场效应晶体管(三态)的图标及"参数属性"对话框

N 沟道场效应晶体管(三态)的参数设置主要有：

(1)On Resistance RDS(on)：MOS 管导通时的导通阻抗。

(2)Threshold Voltage VGS(th)：MOS 管的阈值电压。

(3)Transconductance：MOS 管的跨导。

(4)Diode Forward Voltage：反并联二极管的正向电压。

（5）Diode Resistance：反并联二极管的等效阻值。

NPN/PNP Transistor(3-state)和 N/P channel MOSFET(3-state)两种开关可通过将 NPN/PNP Transistor 和 N/P channel MOSFET"参数属性"对话框中的模型级别调整为 1 级得到。

3.2.40.3　开关驱动模块

开关驱动模块(Switch Gating Block)决定了开关的驱动模式，驱动模式可以直接指定或者放在一个文本文件里［Gating Block (file)］。开关驱动模块只能连接开关的门极，不能连接其他器件。

开关驱动模块的图标及"参数属性"对话框如图 3-66 所示。

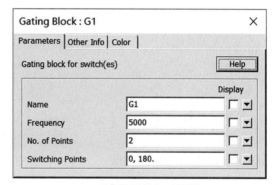

(a) 开关驱动模块的图标　　　　　　　　　(b) "参数属性"对话框

图 3-66　开关驱动模块的图标及"参数属性"对话框

开关驱动模块的参数设置主要有：

（1）Frequency：连接到开关驱动模块的开关模块或者开关的工作频率。

（2）No. of Points：开关点的数量。

（3）Switching Points：开关点（单位为度），频率为 0 时，开关点用秒表示。

开关点的数量为一个周期内开关的工作总次数，每次导通或关断动作都算作一个开关点。如果一个开关在一次循环中导通和关断一次，那么开关点的工作次数为 2。

假设开关工作在 2000 Hz，其在一个周期内的驱动波形如图 3-67 所示。

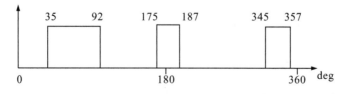

图 3-67　开关驱动模块的驱动波形

开关驱动模块的参数属性如表 3-41 所示。

表 3-41　开关驱动模块的参数属性

参数	取值
Frequency	2000
No. of Points	6
Switching Points	35°、92°、175°、187°、345°和 357°

从图 3-67 中可以得到该开关驱动模块有 6 个开关点(3 个脉冲),相应的开关角分别为 35°、92°、175°、187°、345°和 357°。

开关驱动模块(文件)的图标及"参数属性"对话框如图 3-68 所示。

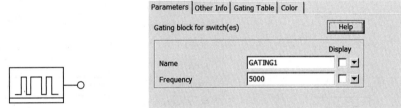

(a)开关驱动模块(文件)的图标　　　　　(b)"参数属性"对话框

图 3-68　开关驱动模块(文件)的图标及"参数属性"对话框

对于图 3-67 所示的驱动波形,开关驱动模块(文件)的参数如表 3-42 所示。

在文件保存目录下新建 gating.tbl 文件,文件形式如图 3-69 所示,其中 6 表示开关点的个数,开关角以点结束,换行设定下一个开关角。

表 3-42　开关驱动模块(文件)的参数属性

参数	取值
Frequency	5000
File for Gating Table	gating.tbl

图 3-69　gating.tbl 文件

3.2.40.4　三相开关模块

PSIM 提供了多种三相开关模块(Three-Phase Switch Modules),其图标如图 3-70 所示。三相电压源变换模块(VSI3)有两种类型:一种由 MOSFET 类型开关组成,一种由 IGBT 类型开关组成。电流源变换器模块(CSI3)由 GTO 类型开关组成,或者等效为与二极管串联的 IGBT。

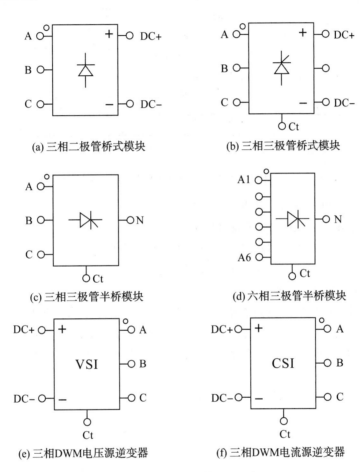

(a) 三相二极管桥式模块　　　　　(b) 三相三极管桥式模块

(c) 三相三极管半桥模块　　　　　(d) 六相三极管半桥模块

(e) 三相DWM电压源逆变器　　　　(f) 三相DWM电流源逆变器

图 3-70　三相开关模块的图标

三相模块中只有三相二极管桥式电路(3-ph Diode Bridge)的驱动需要指定,其他开关的门控可自动获得。对于三相半波晶闸管模块(THY3H),两个相邻开关的相移为 120°,其他桥式模块的相移为 60°。

现以三相电压源变换模块[VSI3(MOSFET)]为例介绍三相开关模块的参数设置。

VSI3(MOSFET)在 PSIM 中描述为三相电压源型 PWM 逆变器(3-phase PWM Voltage Source Inverter),其图标及"参数属性"对话框如图 3-71 所示。

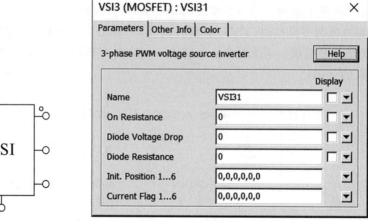

(a) 三相电压源变换模块的图标　　　　　　(b) "参数属性"对话框

图 3-71　三相电压源变换模块的图标及"参数属性"对话框

三相电压源变换模块的参数设置主要有：

(1)On Resistance：MOS 管导通时的阻抗。

(2)Diode Voltage Drop：反并联二极管的导通电压降。

(3)Diode Resistance：反并联二极管的等效阻值。

(4)Init.Position 1…6：开关的初始状态。

三相电压源变换模块的控制电路如图 3-72 所示，其中控制节点连接一个 PWM 查表控制器来进行控制。PWM 模式储存于一个文本文件的表格中，其中的门控模块是基于调制指数选择的。PWM 查表控制器的其他输入包括延迟角、同步器以及使能或失能信号。

PWM 查表控制器的详细描述会在后续章节给出。

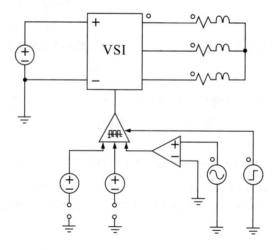

图 3-72　三相电压源变换模块的控制电路

3.2.41 变压器

PSIM 中提供了理想变压器、多绕组单相变压器以及两绕组和三绕组的三相变压器。

3.2.41.1 理想变压器

PSIM 中提供的理想变压器(Ideal Transformer)没有漏磁和损耗,其图标和"参数属性"对话框如图 3-73 所示。

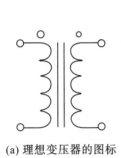

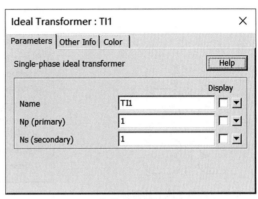

(a) 理想变压器的图标 　　　　(b) "参数属性"对话框

图 3-73 理想变压器的图标及"参数属性"对话框

在图标中,带点端圆圈较大的绕组是初级绕组,其他为次级绕组。

理想变压器的参数设置主要有:

(1)Np (primary):初级绕组的匝数。

(2)Ns (secondary):次级绕组的匝数。

理想变压器的匝数比等于额定电压之比,每侧的绕组数可以用额定电压代替。

3.2.41.2 单相变压器

PSIM 提供了多种单相变压器(Single-Phase Transformers)模型:有 1 个初级绕组和 1 个次级绕组的变压器、有 1 个初级绕组和 2 个次级绕组的变压器、有 2 个初级绕组和 2 个次级绕组的变压器、有 1 个初级绕组和 4 个次级绕组的变压器、有 1 个初级绕组和 6 个次级绕组的变压器以及有 2 个初级绕组和 6 个次级绕组的变压器。

单相两绕组变压器的等效电路如图 3-74 所示。

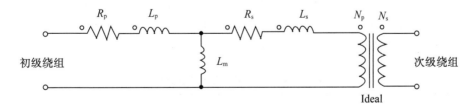

图 3-74 单相两绕组变压器的等效电路模型

图中,R_p 和 R_s 分别为初级和次级绕组电阻,L_p 和 L_s 分别为初级和次级绕组的电感系数,L_m 为磁化感应系数,其中所有数值均参考初级绕组。如果变压器有多重初级绕组,则所有的值均参考第一个初级绕组。

以单相三绕组的变压器为例,其图标及"参数属性"对话框如图 3-75 所示。

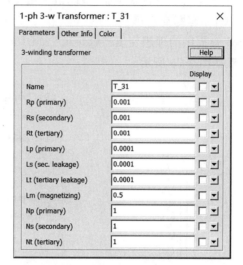

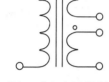

(a) 单相三绕组变压器的图标　　　　　　　(b)"参数属性"对话框

图 3-75　单相三绕组变压器的图标及"参数属性"对话框

单相三绕组变压器的参数设置主要有:

(1)Rp (primary):初级绕组电阻。

(2)Rs (secondary):次级绕组折算到原边绕组的电阻。

(3)Rt (tertiary):第三级绕组折算到原边绕组的电阻。

(4)Lp (primary):初级绕组漏感。

(5)Ls (sec. leakage):次级绕组折算到原边绕组的漏感。

(6)Lt (tertiary leakage):第三级绕组折算到原边绕组的漏感。

(7)Lm (magnetizing):磁化电感。

(8)Np (primary):初级绕组线圈匝数。

(9)Ns (secondary):次级绕组线圈匝数。

(10)Nt (tertiary):第三级绕组线圈匝数。

若一个单相两绕组的变压器在初级和次级侧都有一个 0.005 Ω 的电阻和 2 mH 的漏感(所有值均为初级绕组的值),磁化电感为 200 mH,匝数比为 $N_p : N_s = 110 : 220$,则在 PSIM 中,该单相两绕组变压器的参数属性如表 3-43 所示。

表 3-43　单相两绕组变压器的参数属性

参数	取值
Rp (primary)	5 mΩ
Rs (secondary)	$5 \times (110/220)^2 \, \text{m}\Omega$
Lp (primary)	2 mH

续表

参数	取值
Ls（secondary）	$2\times(110/220)^2\,\mathrm{mH}$
Lm（magnetizing）	200 mH
Np（primary）	110
Ns（secondary）	220

3.2.41.3　三相变压器

PSIM 提供了多种三相变压器（Three-Phase Transformers）：三相变压器（绕组不相连）、三相 Y/Y 和 Y/D 连接变压器、三相三绕组变压器（绕组不相连）、三相三绕组 Y/Y/D 和 Y/D/D 连接变压器、三相四绕组变压器（绕组不相连）以及三相六绕组变压器（绕组不相连）。

以三相 Y/Y 连接变压器为例，其图标及"参数属性"对话框如图 3-76 所示。三相变压器与单相变压器的参数设置一致，并采用相同的建模方式。

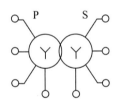

(a) 三相Y/Y连接变压器的图标

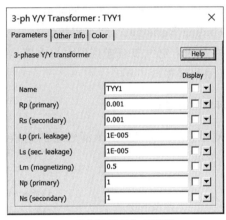

(b) "参数属性"对话框

图 3-76　三相 Y/Y 连接变压器的图标及"参数属性"对话框

3.2.42　磁性元件

磁性元件（Magnetic Elements）通常由绕组和磁芯构成，它是储能、能量转换及电气隔离所必备的电力电子器件。几乎所有的电源电路都离不开磁性元器件，磁性元件是电力电子技术最重要的组成部分之一。

PSIM 为磁性设备的建模提供了一系列磁性元件，包括线圈、漏磁路径、气隙、线性磁芯以及饱和磁芯等，这些元件是磁性等效电路的基本构建模块。PSIM 也提供了一个非常强大、方便的建模方法，可用于构建任何类型的磁性设备。

3.2.43　绕组

绕组（Winding）可以提供电路和磁等效电路之间的接口，其图标和"参数属性"对话框如图 3-77 所示。

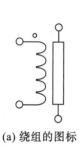

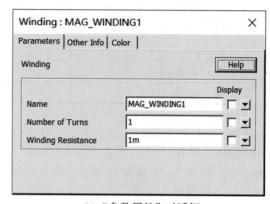

（a）绕组的图标　　　　　　　　（b）"参数属性"对话框

图 3-77　绕组的图标及"参数属性"对话框

绕组的参数设置主要有：

（1）Number of Turns：绕组线圈匝数。

（2）Winding Resistance：绕组阻抗。

绕组左边两个电气节点连接到电力电路，右边两个磁性节点连接其他磁性元件（如漏磁路径、气隙和磁芯）。

3.2.44　漏磁通道

漏磁通道（Leakage Path）为漏磁通的路径提供了模型，其图标及"参数属性"对话框如图 3-78 所示。

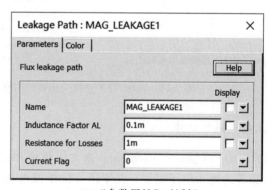

（a）漏磁通道的图标　　　　　　　（b）"参数属性"对话框

图 3-78　漏磁通道的图标及"参数属性"对话框

漏磁通道的参数设置主要有：

（1）Inductance Factor AL：电感因数，具有一定形状和尺寸的磁芯上每一匝线圈产生的电感量。

（2）Resistance for Losses：损耗电阻，与漏磁通相对应。

假设漏磁通道上的磁通势(MMF)为 F,则漏磁通道的等效电气电路如图 3-79 所示。

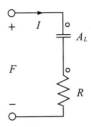

图 3-79　漏磁通道的等效电气电路

磁通势以电压源的形式施加到电容 A_L 和电阻 R 上,流经该电路的电流为

$$I = \frac{F}{\sqrt{R^2 + \dfrac{1}{(\omega - A_L)^2}}} \tag{3-35}$$

式中,ω 为磁通势的交流频率。假设电流 I 的有效值为 I_{rms},则漏磁通 P_{loss} 和损耗电阻 R 之间的关系为 $P_{\mathrm{loss}} = I_{\mathrm{rms}}^2 \cdot R$。

3.2.45　气隙

气隙(Air Gap)是指磁路与磁路之间的空气间隔。以电动机为例,定转子之间的空隙就是气隙,它是磁场的通路,是能量转换的通路。气隙的图标及"参数属性"对话框如图 3-80 所示。

气隙的参数设置主要有:

(1)Air Gap Length:气隙的长度。

(2)Cross Section Area:气隙横截面面积。

(3)Resistance for Losses:由于气隙边缘效应而造成的电阻损失。

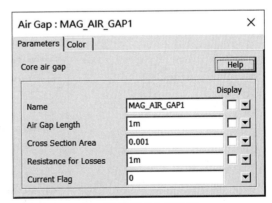

(a) 气隙的图标　　　　　　　　(b) "参数属性"对话框

图 3-80　气隙的图标及"参数属性"对话框

3.2.46 线性磁芯

线性磁芯(Linear Core)表示一个线性无损磁芯,其图标及"参数属性"对话框如图 3-81所示。

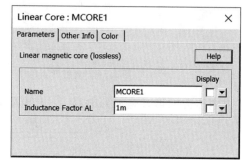

(a) 线性磁芯的图标   (b) "参数属性"对话框

图 3-81 线性磁芯的图标及"参数属性"对话框

线性磁芯的参数设置主要有:

Inductance Factor AL:电感因数,指具有一定形状和尺寸的磁芯上每一匝线圈产生的电感量。

假定磁芯的长度为 L,横截面积为 A_c,那么电感因数 A_L 可以表示为

$$A_L = \frac{\mu_0 \cdot \mu_r \cdot A_c}{L} \tag{3-36}$$

式中,μ_0 为真空磁导率,$\mu_0 = 4\pi \times 10^{-7}$;$\mu_r$ 是磁芯材料的磁导率。

3.2.47 饱和磁芯

饱和磁芯(Saturable Core)提供了一个具有饱和特性和滞后特性的磁芯,其图标及"参数属性"对话框如图 3-82 所示。

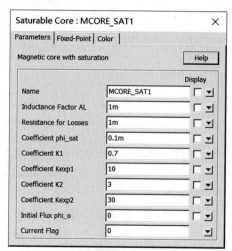

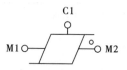

(a) 饱和磁芯的图标   (b) "参数属性"对话框

图 3-82 饱和磁芯的图标及"参数属性"对话框

饱和磁芯的参数设置主要有：

（1）Inductance Factor AL：电感因数，指具有一定形状和尺寸的磁芯上每一匝线圈产生的电感量。

（2）Resistance for Losses：损耗电阻，表示磁芯的损耗。

（3）Coefficient phi_sat：磁芯的磁化曲线系数，饱和磁通 Φ_{sat}。

（4）Coefficient K1：磁芯的磁化曲线系数 K_1。

（5）Coefficient Kexp1：磁芯的磁化曲线系数 K_{exp1}。

（6）Coefficient K2：磁芯的磁化曲线系数 K_2。

（7）Coefficient Kexp2：磁芯的磁化曲线系数 K_{exp2}。

（8）Initial Flux phi_o：磁芯的磁化曲线系数，初始磁通 Φ_o。

在饱和磁芯的图标中，M1 和 M2 是连接磁芯和其他磁性元件的两个节点；节点 C1 是输出控制节点，表示从 M2 到 M1 流经磁芯的磁通量。

磁芯的初始磁通为 Φ_o，此时磁场强度为 $H=0$。初始磁感应强度为 $B_o=\Phi_o/A_c$（A_c 为磁芯的横截面积），初始磁通势为 $F_o=\Phi_o/A_c$。

磁化曲线系数 Φ_{sat}、K_1、K_{exp1}、K_2 和 K_{exp2} 用来拟合实际磁性材料的磁化曲线（B-H 曲线），Φ_{sat} 的一个较好的初始值为深度饱和时 B-H 曲线的最大磁通量，用此磁通对应的磁感应强度乘以磁芯的横截面积便可得到。K_1 根据磁芯材料的不同在 $0.7\sim1$ 之间取值。K_{exp1} 主要影响磁芯饱和率，在 $10\sim100$ 之间取值（对低磁导率铁氧体取 10，对金属玻璃取 100）。K_2 和 K_{exp2} 用于比较少见的场合，例如铁磁谐振稳压器。为了防止影响磁化曲线，K_2 和 K_{exp2} 一般遵循如下要求：$K_2>2$，$K_{exp2}>20$。

PSIM 安装目录下的 Doc 文件夹里提供了如何定义磁芯系数的教程（Tutorial-Saturable Core.pdf）。另外，PSIM 还提供了相关程序来帮助读者绘制 B-H 曲线，要启动此程序可在 PSIM 界面"Utilities"目录下打开"B-H Curve"。B-H 曲线绘制工具如图 3-83 所示。

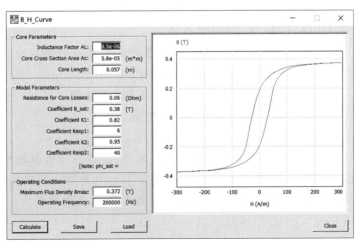

图 3-83　B-H 曲线绘制工具

3.2.48　其他器件

3.2.48.1　运算放大器

运算放大器(Operational Amplifier)简称"运放",是具有很高的放大倍数的电路单元。在实际电路中,运算放大器通常结合反馈网络共同组成具有某种功能的模块。一般可将运放简单地视为具有一个信号输出端口(Out)和同相、反相两个高阻抗输入端的高增益直接耦合电压放大单元,因此可用运放制作同相、反相及差分放大器。

PSIM 提供了理想和非理想运算放大器两种,现就非理想运算放大器进行介绍。非理想运算放大器的电压增益和输入阻抗均为有限值,其图标及"参数属性"对话框如图 3-84 所示。

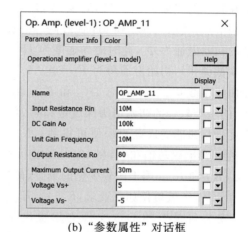

(a)非理想运算放大器的图标　　　　　(b)"参数属性"对话框

图 3-84　非理想运算放大器的图标及"参数属性"对话框

运算放大器的参数设置主要有:

(1)Input Resistance Rin:输入端电阻 R_{in}。

(2)DC Gain Ao:直流增益 A_o。

(3)Unit Gain Frequency:单位增益频率,当运放增益为 1 时的频率。

(4)Output Resistance Ro:输出端电阻 R_o。

(5)Maximum Output Current:最大输出电流。

(6)Voltage Vs+:同相端输入电压。

(7)Voltage Vs−:反相端输入电压。

图 3-84 所示的运放元件带有接地点,接地点与电源地相连。与理想运算放大器相比,非理想运算放大器的图标上方标有"1"。非理想运算放大器的开环增益频率响应如图 3-85 所示,其中 A_v 为开环增益,A_o 为直流增益,f 为频率。

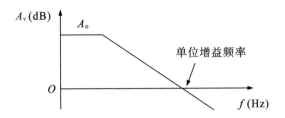

图 3-85　非理想运算放大器的开环增益频率响应

3.2.48.2　光耦合器

光耦合器(Optical Coupler)又称为"光电隔离器"或"光电耦合器",简称"光耦"。它是以光为媒介来传输电信号的器件,通常把发光器与受光器封装在同一管壳内。当输入端加电信号时,发光器发出光线,受光器接受光线之后就会产生光电流,并从输出端流出,从而实现了"电—光—电"转换。光耦合器的图标及"参数属性"对话框如图 3-86 所示。

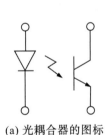

(a) 光耦合器的图标　　　　　　　　(b) "参数属性"对话框

图 3-86　光耦合器的图标及"参数属性"对话框

光耦合器的参数设置主要有:

(1)Current Transfer Ratio:电流传导率。

(2)Diode Resistance:二极管电阻。

(3)Diode Threshold Voltage:二极管阈值电压。

(4)TransistorVce_sat:晶体管饱和电压。

(5)Transistor-side Capacitance:晶体管侧电容。

3.2.49　电机驱动模块

电机驱动模块(Motor Drive Module)是 PSIM 基础程序的附加模块,能为电机驱动系统研究提供电机模块。

3.2.49.1　直流电机

直流电机(Direct Current Machine)是指能将直流电能转换成机械能(直流电动机)

或将机械能转换成直流电能(直流发电机)的电机。直流电动机具有优良的启动、调速和制动性能,在工业领域中被广泛应用。从供电的质量和可靠性来看,直流发电机仍然具有一定的优势。直流电机的图标及"参数属性"对话框如图 3-87 所示。

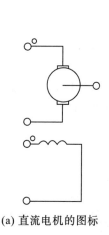

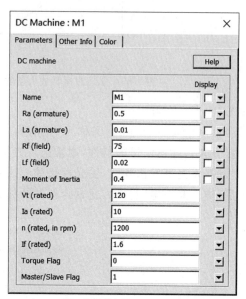

(a) 直流电机的图标　　　　　　　　(b) "参数属性"对话框

图 3-87　直流电机的图标及"参数属性"对话框

直流电机的参数设置主要有:

(1)Ra (armature):电枢绕组阻抗。

(2)La (armature):电枢绕组感应系数。

(3)Rf (field):励磁绕组阻抗。

(4)Lf (field):励磁绕组感应系数。

(5)Moment of Inertia:电机的瞬时惯量。

(6)Vt (rated):额定电枢终端电压。

(7)Ia (rated):额定电枢电流。

(8)n (rated, in rmp):额定机械转速。

(9)If (rated):额定励磁电流。

(10)Torque Flag:内转矩的输出标记。

(11)Master/Slave Flag:主/从方式标记(1 为主,0 为从)。

电机可以被设置为主模式或者从模式。当机械系统中只有一个电机时,电机要被设置为主模式;当有两个或者两个以上电机时,只有一个电机必须设置为主模式,其他电机均设置为从模式。主模式下的电机定义了机械系统的参考方向,参考方向定义为从主机械的轴节点沿轴传动到其他机器系统的方向。机械系统的参考方向如图 3-88 所示。

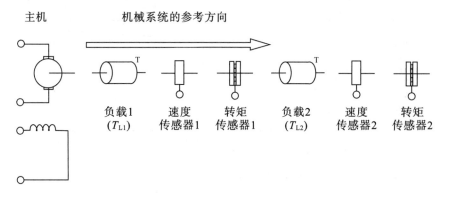

图 3-88　机械系统的参考方向

　　图 3-88 中,机械系统的左边是主电机,右边是从电机。机械系统的参考方向沿从左到右的方向定义。如果沿参考方向进入元件带点的一边,则元件与参考方向相同,否则与参考方向相反。负载 1、速度传感器 1 和转矩传感器 1 按箭头方向连接是沿参考方向的,否则为逆参考方向的。所以如果图中的主电机的速度方向是正的,那么速度传感器 1 的读数将是正的,速度传感器 2 的读数为负的。

　　图 3-89 所示的电路显示了带恒定转矩负载的直流电动机,其电枢电流和速度的仿真波形分别如图 3-90、图 3-91 所示。

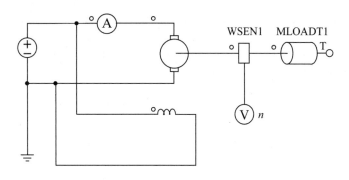

图 3-89　带恒定转矩负载的直流电动机

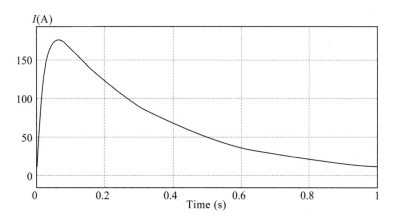

图 3-90　电枢电流的波形

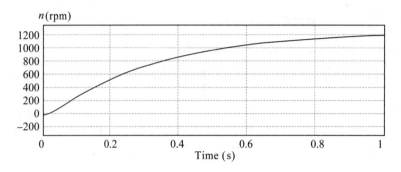

图 3-91　电动机转速的波形

图 3-89 中，WSEN1 是速度传感器，增益值设为 1；MLOADT1 是恒转矩负载，此模块将在后面章节中介绍。

直流电动机-发电机组电路如图 3-92 所示，其中左侧的电动机设置为主模式，右侧的发电机设置为从模式。电动机电枢电流和发电机电压的仿真波形分别如图 3-93、图 3-94所示，它们分别显示了启动瞬间的情况。

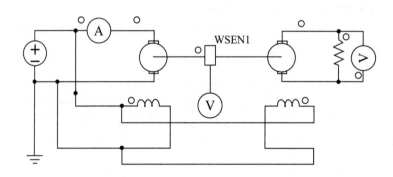

图 3-92　直流电动机-发电机组电路

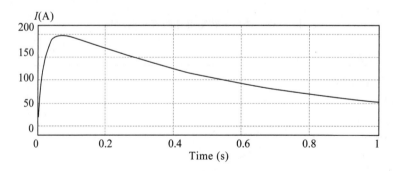

图 3-93　电动机电枢电流的波形

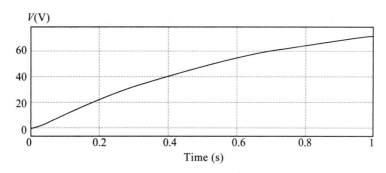

图 3-94　发电机电压的波形

3.2.49.2　无刷直流电机

无刷直流电机(Brushless DC Machine)是指无电刷和换向器(或集电环)的电机,又称为"无换向器电机"。三相无刷直流电机是一种带梯形波电动势的永磁同步电机,它的三相绕组分布在定子上,永磁体安装在转子上。无刷直流电机的图标及"参数属性"对话框如图 3-95 所示。

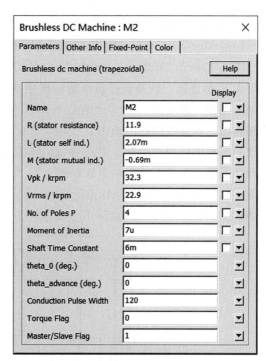

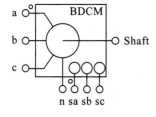

(a) 无刷直流电机的图标　　　　　　　　　(b) "参数属性"对话框

图 3-95　无刷直流电机的图标及"参数属性"对话框

无刷直流电机的参数设置主要有:

(1)R (stator resistance):定子阻抗 R。

(2)L (stator self ind.):定子自感 L。

(3) M (stator mutual ind.):定子互感 L 的互感系数 M 是负的。根据绕组结构,M

和定子自感 L 的比例通常为 $-\frac{1}{3}$ 或 $-\frac{1}{2}$。如果 M 未知,可以使用 $M=-0.4\times L$ 的合理值作为默认值。

（4）Vpk/krpm：峰值线间的反电动势常数。

（5）No. of Poles P：极对数 P。

（6）Moment of Inertia：电机的瞬时惯量。

（7）Shraft. Time Constant：机械时间常数。

（8）theta_0 (deg.)：初始转子角度 θ_r（电角度）。初始转子角度是转子在 $t=0$ 时的角度。零转子角度位置的定义：在正的旋转速度之下，A 相反电动势过零的位置（从负到正）。

（9）theta_advance (deg.)：位置传感器的超前角（电角度）。对于具有 120°梯形反电动势波形的无刷直流电机，如果超前角为 0°，则 A 相霍尔效应传感器信号的前沿将与反电动势梯形波形的上升斜坡和平顶的交点对齐。

（10）Conduction Pulse Width：位置传感器的导通脉冲宽度（电角度）。在全桥变换器中，正脉冲可以导通上开关，负脉冲可以导通下开关。120°导通模式时，导通脉冲宽度为 120 个电角度。

（11）Torque Flag：电磁转矩的输出标志（1 为输出，0 为无输出）。

（12）Master/Slave Flag：电机运行的主从标志（1 为主，0 为从）。

如图 3-95 所示，节点 a、b、c 分别为 A、B、C 相的定子绕组端子，节点 n 是中性点，定子绕组为 Y 形连接。轴节点是机械轴的连接端子，节点 a、b、c、n 都是电源节点，应该连接到电源电路。节点 sa、sb、sc 分别是 A、B、C 相内置六脉冲霍尔效应位置传感器的 A、B、C 相输出。位置传感器的输出信号是一个双极换向脉冲（1、0 和-1），可用于以六步模式操作的三相电压源逆变器。节点 sa、sb、sc 都是控制节点，应该连接到控制电路上。

开环无刷直流电机的驱动系统如图 3-96 所示。电动机使用三相电压源逆变器驱动。霍尔效应位置传感器的输出用作逆变器的门信号，并产生一个六脉冲。机械速度 n_m、电磁转矩 T_{em} 和三相输入电流启动瞬间的仿真波形分别如图 3-97、图 3-98 和图 3-99 所示。

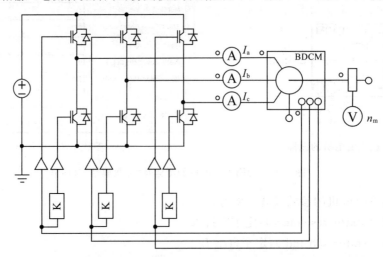

图 3-96　开环无刷直流电机的驱动系统

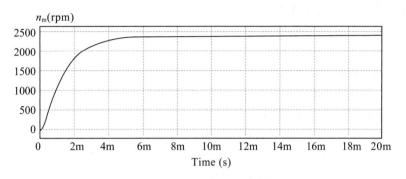

图 3-97　机械速度的波形

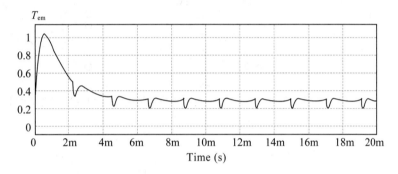

图 3-98　电磁转矩的波形

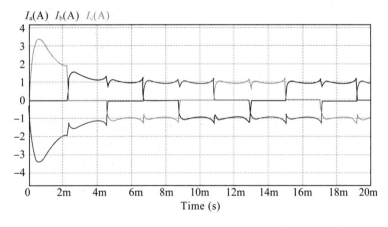

图 3-99　三相输入电流启动瞬间的波形

3.2.49.3　感应电动机

感应电动机(Induction Machine)又称为"异步电动机",即将转子置于旋转磁场中,在旋转磁场的作用下,转子获得一个转动力矩,从而转动。PSIM 提供了笼型感应电机和绕线型感应电机的两种模型:线性模型和非线性模型。线性模型可进一步分为普通类型和对称类型。感应电机的图标如图 3-100 所示。

感应电机的参数设置主要有：

(1)Rs (stator)：定子绕组电阻。

(2)Ls (stator)：定子绕组漏感。

(3)Rr (rotor)：转子绕组电阻。

(4)Lr (rotor)：转子绕组漏感。

(5)Lm (magnetizing)：磁化电感。

(6)Ns/Nr Turns Ratio：定子和转子绕组的转速比。

(7)No.of Poles：电机极对数。

(8)Moment of Inertia：电机的瞬时惯量。

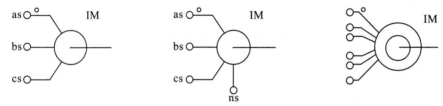

(a) 三相鼠笼式感应电机　(b) 带中性点的三相鼠笼式感应电机　(c) 三相鼠笼式感应电机（未连接）

(d) 三相绕线转子感应电机　　　　(e) 三相绕线转子感应电机（未连接）

图 3-100　感应电机的图标

3.2.49.4　开关磁阻电机

开关磁阻电机(Switched Reluctance Machine)是一种新型调速电机,其调速系统兼具直流、交流两类调速系统的优点,是继变频调速系统、无刷直流电动机调速系统之后的最新一代无极调速系统。开关磁阻电机的结构简单坚固,调速范围宽,调速性能优异,且在整个调速范围内都具有较高效率,系统可靠性高。开关磁阻电机的图标及"参数属性"对话框如图 3-101 所示。

开关磁阻电机的参数设置主要有：

(1)Resistance：定子相阻抗。

(2)Inductance Lmin：最小相电感。

(3)Inductance Lmax：最大相电感。

(4)Theta_min(deg.)：电感在最小值的持续时间。

(5)Theta_max(deg.)：电感在最大值的持续时间。

(6)Stator Pole Number：定子的极数。

(7)Rotor Pole Number：转子的极数。

(8)Moment of Inertia：电机的瞬时惯量。

图 3-101(a)中 a＋、a－、b＋、b－、c＋、c－分别是 a、b、c 相的绕组端子,它们都是电源节点,应该连接电源电路。

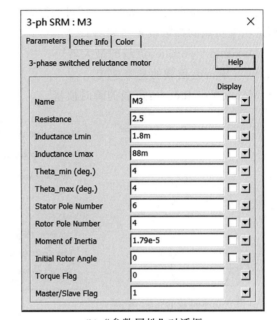

(a) 开关磁阻电机的图标   (b) "参数属性"对话框

图 3-101 开关磁阻电机的图标及"参数属性"对话框

3.2.50 机械负载和传感器

PSIM 中提供的机械负载(Mechanical Loads)模型有恒定转矩负载、恒定功率负载、恒定速度负载和普通负载。传感器(Sensors)模型有速度传感器、转矩传感器和位置传感器。此外,还有传动箱、机械耦合块和机电接口模块。

3.2.50.1 恒定转矩负载

恒定转矩负载的图标及"参数属性"对话框如图 3-102 所示。

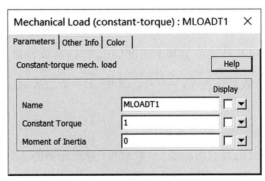

(a) 恒定转矩负载的图标   (b) "参数属性"对话框

图 3-102 恒定转矩负载的图标及"参数属性"对话框

恒定转矩负载的参数设置主要有：

Constant Torque:转矩常量 T。转矩与速度方向无关。

3.2.50.2 恒定功率负载

恒定功率负载的图标及"参数属性"对话框如图 3-103 所示。

恒定功率负载的参数设置主要有：

(1)Maximum Torque:负载的最大转矩。

(2)Base Speed:负载的基本速度。

(3)Moment of Inertia:负载的瞬时惯量。

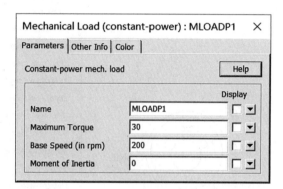

(a) 恒定功率负载的图标   (b) "参数属性"对话框

图 3-103   恒定功率负载的图标及"参数属性"对话框

恒定功率负载的转矩-速度曲线如图 3-104 所示。

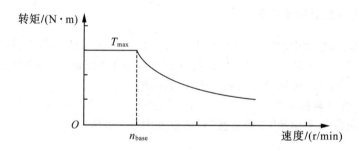

图 3-104   恒定功率负载的转矩-速度曲线

当电机转速小于基本速度(n_{base})时,负载转矩为 $T_{\text{L}} = T_{\text{max}}$;当电机转速高于基本速度时,负载转矩为 $T_{\text{L}} = \dfrac{P}{|\omega|}$。其中,$P = T_{\text{max}} \times \omega_{\text{base}}$,$\omega_{\text{base}} = \dfrac{2\pi n_{\text{base}}}{60}$。电机转速 ω 的单位为 rad/s。

3.2.50.3 普通负载

普通负载的图标及"参数属性"对话框如图 3-105 所示。

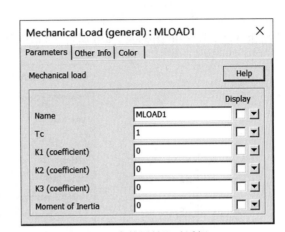

(a) 普通负载的图标　　　　　　　　(b) "参数属性"对话框

图 3-105　普通负载的图标及"参数属性"对话框

普通负载的参数设置主要有：

(1) Tc：恒定转矩值。

(2) K1(coefficient)：线性项的系数。

(3) K2(coefficient)：二次项的系数。

(4) K3(coefficient)：立方项的系数。

(5) Moment of Inertia：负载的瞬时惯量。

根据以上参数，普通负载可表示为

$$T_L = \mathrm{sign}(\omega) \times (T_c + k_1 \times |\omega| + k_2 \times \omega^2 + k_3 \times |\omega|^3) \tag{3-37}$$

式中，ω 是机械速度。

3.2.50.4　外部控制负载

外部控制负载模型可以定义任意大小的负载。外部控制负载的图标及"参数属性"对话框如图 3-106 所示。

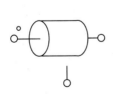

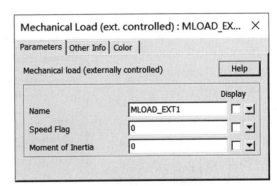

(a) 外部控制负载的图标　　　　　　　　(b) "参数属性"对话框

图 3-106　外部控制负载的图标及"参数属性"对话框

机械负载的大小由控制节点定义，1 V 的电压值对应转矩为 1 N · m。

3.2.50.5　传动箱

传动箱(Gear Box)的图标及"参数属性"对话框如图 3-107 所示。

(a) 传动箱的图标　　　　　　　　(b) "参数属性"对话框

图 3-107　传动箱的图标及"参数属性"对话框

传动箱的参数设置主要有：

(1)Gear Ratio：传动比。

(2)Shaft 1 master/slave flag：定义轴 1 的主从模式。

(3)Shaft 2 master/slave flag：定义轴 2 的主从模式。

传动箱中有两个轴，传动箱的图标中带点端中圆圈较大的为轴 1。

如果第一个传动箱和第二个传动箱的齿轮的数目分别为 n_1 和 n_2，则传动比为 $a=\dfrac{n_1}{n_2}$。若这两个传动箱的半径、转矩和速度分别为 r_1、r_2、T_1、T_2、ω_1、ω_2，则有 $\dfrac{T_1}{T_2}=\dfrac{r_1}{r_2}$ $=\dfrac{\omega_1}{\omega_2}=a$。

3.2.50.6　机电接口模块

机电接口模块(Mechanical-Electrical Interface)的图标及"参数属性"对话框如图 3-108所示。

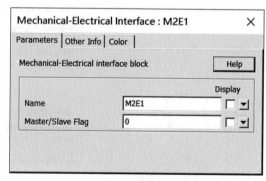

(a) 机电接口模块的图标　　　　　　(b) "参数属性"对话框

图 3-108　机电接口模块的图标及"参数属性"对话框

在 PSIM 中,电动机和机械负载的等效电路全部使用基于电容的电路模型。机电接口模块提供了进入内电机等效电路的通路。如果接口模块的机械侧("M"端)连接于机械轴,电机侧("E"端)将是机械等效电路的速度节点,所以可以将任何电路连接到这个节点上。通过机电接口模块,用户可以将内置电机或机械负载与定制负载或电机模型连接起来。

3.2.50.7　速度传感器

速度传感器(Speed Sensors)用于测量电机速度,其图标及"参数属性"对话框如图 3-109 所示。

速度传感器的参数设置主要有:

Gain:速度传感器的增益。速度值可通过连接下方节点的电压表读出。

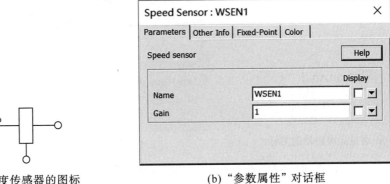

(a) 速度传感器的图标　　　　　　(b) "参数属性"对话框

图 3-109　速度传感器的图标及"参数属性"对话框

3.2.50.8　位置传感器

PSIM 提供了四种位置传感器(Position Sensors):绝对式编码器、增量式编码器、旋转变压器和霍尔传感器。位置传感器与速度传感器相似,与机械轴相连,输出信号为控制信号。

1)绝对式编码器

绝对式编码器能够确定机械轴 360°范围内的机械角度,其图标及"参数属性"对话框如图 3-110 所示。

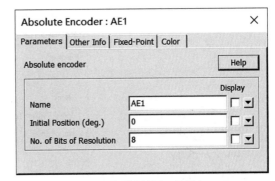

(a) 绝对式编码器的图标　　　　　　(b) "参数属性"对话框

图 3-110　绝对式编码器的图标及"参数属性"对话框

绝对式编码器的参数设置主要有：

（1）Initial Position（deg.）：机械轴的初始位置。

（2）No. of Bits of Resolution：编码器的分辨率。

绝对式编码器有两个输出：①n 为编码器的计数值，范围为 $0 \sim 2^N - 1$；②p 为机械轴的机械角度，范围为 $0° \sim 360°$。

2）增量式编码器

增量式编码器将位移转换成周期性的电信号，再把这个电信号转变成计数脉冲，用脉冲的个数表示位移的大小。增量式编码器产生的正交输出可以用来表示机械轴的速度、角度和方向。其图标及"参数属性"对话框如图 3-111 所示。

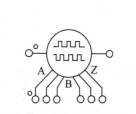
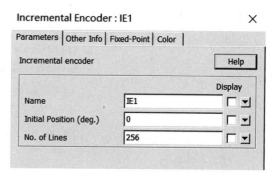

(a) 增量式编码器的图标　　　　　　　(b) "参数属性"对话框

图 3-111　增量式编码器的图标及"参数属性"对话框

增量式编码器的参数设置主要有：

（1）Initial Position（deg.）：机械轴的初始位置。

（2）No. of Lines：光栅的线数。

3）旋转变压器

旋转变压器是一种电磁式传感器，又称为"同步分解器"。它是一种用来测量角度的小型交流电动机，可以测量旋转物体的转轴角位移和角速度，主要由定子和转子组成。PSIM 提供的旋转变压器有一个转子绕组和两个定子绕组，其中两个定子绕组称为 cos 绕组和 sin 绕组。其图标及"参数属性"对话框如图 3-112 所示。

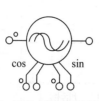
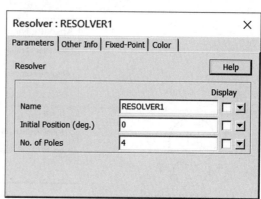

(a) 旋转变压器的图标　　　　　　　(b) "参数属性"对话框

图 3-112　旋转变压器的图标及"参数设置"对话框

旋转变压器的参数设置主要有：

（1）Initial Position（deg.）：机械轴的初始位置。

（2）No. of Poles：旋转变压器的极对数。

3.2.50.9　可再生能源模块

1）太阳能模块

PSIM 中的太阳能模块（Solar Module）有两种：物理型和功能型。物理型和功能型不同的是，物理型可以更准确地描述太阳能电池的性能，并能考虑光照强度和温度的变化，而功能型可以不考虑光照强度和温度的变化，因此需要的参数输入量小，更容易定义和使用。

（1）物理型太阳能模块

物理型太阳能模块的图标及"参数属性"对话框如图 3-113 所示。

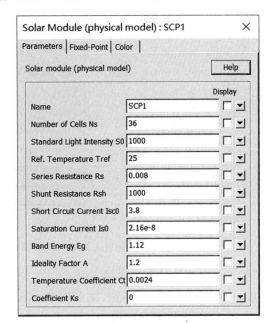

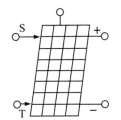

(a) 物理型太阳能模块的图标　　　　(b) "参数属性"对话框

图 3-113　物理型太阳能模块的图标及"参数属性"对话框

物理型太阳能模块的参数设置主要有：

①Number of Cells Ns：太阳能电池的数量，一个太阳能模块由多个太阳能电池串联组成。

②Standard Light Intensity S0：标准光照强度，在标准测试条件下为 1000 W/m^2。

③Ref. Temperature Tref：标准测试条件下的参考温度。

④Series Resistance Rs：每个太阳能电池的串联电阻阻值。

⑤Shunt Resistance Rsh：每个太阳能电池的分流电阻阻值。

⑥Short Circuit Current Isc0：标准测试条件下每个太阳能电池的短路电流。

⑦Saturation Current Is0：标准测试条件下，二极管的饱和电流。

⑧Band Energy Eg：每个太阳能电池的能带，晶体硅的能带约为 1.12，非晶体硅的能带约为 1.75。

⑨Ideality Factor A：理想因子，也称为"发射系数"。晶体硅的理想因子约为 2，非晶体硅的理想因子小于 2。

⑩Temperature Coefficient Ct：温度系数。

⑪Coefficient Ks：光照强度对太阳能电池温度的影响系数。

物理型太阳能模块的图标中，标有"S"的节点是光照强度输入节点，标有"T"的节点是环境温度输入节点，最上方的节点是在给定操作条件下理论上的最大功率输出。正、负极节点连接电力电路，其他节点连接控制电路。

（2）功能型太阳能模块

功能型太阳能模块的图标及"参数属性"对话框如图 3-114 所示。

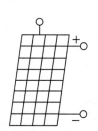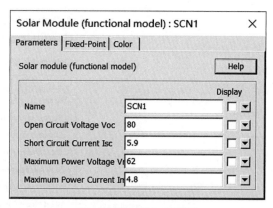

（a）功能型太阳能模块的图标　　　　（b）"参数属性"对话框

图 3-114　功能型太阳能模块的图标及"参数属性"对话框

功能型太阳能模块的参数设置主要有：

（1）Open Circuit Voltage Voc：太阳能电池端子开路时的电压。

（2）Short Circuit Current Isc：太阳能电池端子短路时的电流。

（3）Maximum Power Voltage Vm：最大功率输出时，太阳能电池端子的电压。

（4）Maximum Power Current Im：最大功率输出时，太阳能电池端子的电流。

功能型太阳能模块的图标中，上方的节点为给定操作条件下的理论最大功率输出。正、负极节点连接电力电路，最大功率输出节点连接控制电路。

2）风力发电机组模块

风力发电机组（Wind Turbine）模块的图标及"参数属性"对话框如图 3-115 所示。

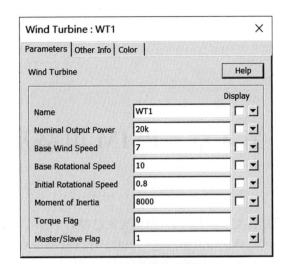

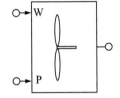

(a) 风力发电机组模块的图标   (b) "参数属性"对话框

图 3-115   风力发电机组模块的图标及"参数属性"对话框

风力发电机组模块的参数设置主要有：

(1)Nominal Output Power：额定输出功率，不应超过发电机的额定功率。

(2)Base Wind Speed：额定功率输出下的风速。

(3)Base Rotational Speed：额定功率输出下的电机转速。

(4)Initial Rotational Speed：电机的初始转速。

(5)Moment of Inertia：瞬时惯量。

(6)Torque Flag：转矩的显示标志。

风力发电机组模块的图标中，标有"W"的节点是风速输入节点，标有"P"的节点是叶片桨距角输入节点。

第4章　PSIM 电路及电力电子仿真

通过前面三章的介绍,相信大家已经对 PSIM 有了一个系统的认识,那么 PSIM 在各个领域的具体应用有哪些呢? PSIM 可以帮助分析控制系统、电路系统、电力电子系统、模拟电路系统、数字电路系统等。用户可以通过 PSIM 仿真得出经典电路的输出曲线,也可以通过观察电路的输出曲线来对所设计的电路进行改进。总而言之,PSIM 仿真的应用是非常广泛的。本章将从电路系统和电力电子系统展开,对一些经典电路进行仿真,帮助读者更全面地认识 PSIM。

4.1　电路仿真

4.1.1　一阶电路的时域分析

电容元件和电感元件的电压和电流的约束关系是通过导数(或积分)来表达的,所以称为动态元件,又称"储能元件"。通常,当电路中仅有一个动态元件时,动态元件以外的线性电阻电路可用戴维宁定理或诺顿定理变换为电压源和电阻的串联或电流源和电阻的并联。对于这样的电路,建立的电路方程是一阶线性常微分方程,相应的电路称为一阶电路。

含有动态元件的电路称为动态电路。动态电路的一个特征是当电路的结构或元件的参数发生变化时(例如电路中电源断开或接入),电路将改变原来的工作状态,并慢慢转变到另一个工作状态。这种转变往往需要一个过程,在工程上称这个过程为过渡过程。

动态电路中无外施激励电源,仅有动态元件初始储能所产生的响应,这个响应又称为动态电路的零输入响应。零状态响应就是电路在零初始状态下(动态元件初始储能为零)由外施激励引起的响应。

当一个非零初始状态的一阶电路受到激励时,电路的响应称为一阶电路的全响应。

一阶电路的时域分析主要是对一阶电路的零状态响应、零输入响应、全响应进行分析。相对于全响应,零输入响应和零状态响应是基础。

对于零输入响应,下面以 RC 电路为例进行介绍。RC 电路的结构如图 4-1 所示,开关 S 闭合前,电容已经充电,其电压 $U_c = U_0$(U_0 为初始电压,即 $t = 0$ 时的电压);开关闭合后,电容储存的能量将以电流的形式通过电阻释放出来。现在把开关闭合时刻记为计时起点($t=0$)。开关闭合后,即 $t \geqslant 0$ 时,根据基尔霍夫电压定律(KVL)可得

$$U_c = U_r \tag{4-1}$$

将 $U_r = Ri$,$i = -C\dfrac{\mathrm{d}U_c}{\mathrm{d}t}$代入式(4-1)得

$$RC\frac{\mathrm{d}U_c}{\mathrm{d}t} + U_c = 0 \tag{4-2}$$

根据初始条件 $U_c(0) = U_0$ 解式(4-2)得

$$U_c = U_0\,\mathrm{e}^{-\frac{1}{RC}t} \tag{4-3}$$

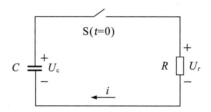

图 4-1　RC 电路的零输入响应原理

由此可知,RC 电路电容的零输入响应是从初始值以指数形式衰减的。现在在 PSIM 上进行仿真,搭建仿真电路的内容已在第一、二章介绍,本章不再赘述,仅以 RC 电路的零输入响应详细介绍仿真步骤。本章其余的仿真仅对重要步骤做出说明。

首先打开 PSIM 软件,单击"File"菜单栏,选择"New"选项新建一个电路,然后单击"Save"选项,重命名并保存电路,如图 4-2 所示。

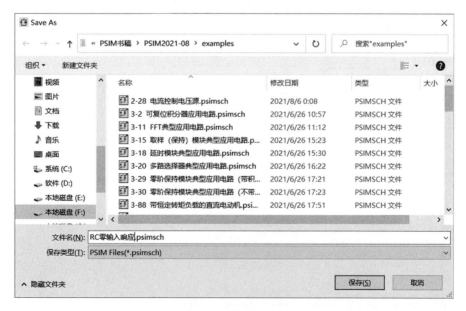

图 4-2　保存命名电路

下面进行仿真电路的搭建。RC 电路需要一个电容和一个电阻,为了观察电压变化还需要一个电压表。

首先单击"Element"菜单栏中的"Power"选项,选择"Resistor"和"Capacitor",然后单击"Element"菜单栏中的"Other"选项,在下拉菜单"Probes"中选择"Voltage Probe(node-to-node",如图 4-3 和图 4-4 所示。

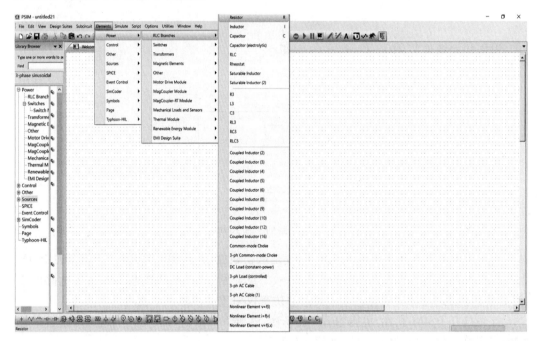

图 4-3　电阻、电容的选择路径

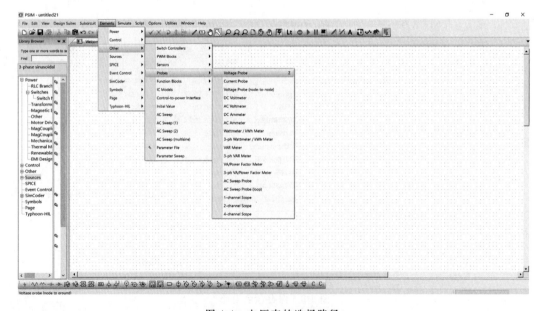

图 4-4　电压表的选择路径

　　按照原理图连接器件,在连接时需要注意器件的正确连接方向。双击电容器件弹出"电容参数设置"对话框,如图 4-5 所示。在此对话框中对电容参数做如下设置:将电容设置为 0.1 F,初始电容电压为 10 V,即开始仿真前电容已带有 10 V 电压。

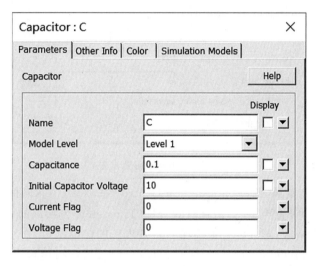

图 4-5　电容参数设置

以同样的方法对电阻参数进行设置,将电阻设置为 10 Ω,如图 4-6 所示。

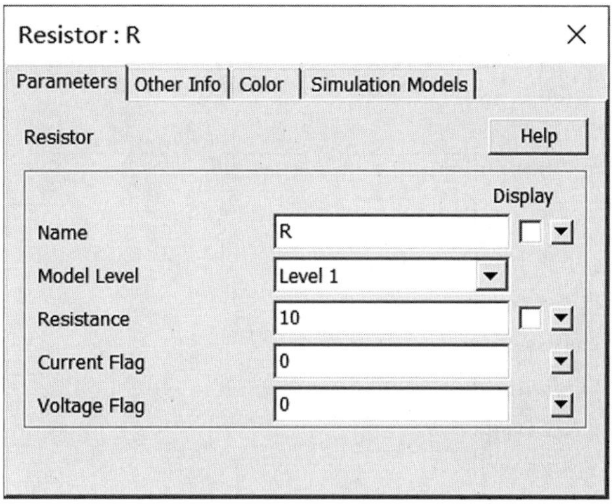

图 4-6　电阻参数设置

　　对于电压表而言,如果仿真时间较长,想要观察电压表的实时示数,可以在"电压表参数设置"对话框内勾选"Show probe's value during simulation"。"电压表参数设置"对话框如图 4-7 所示。

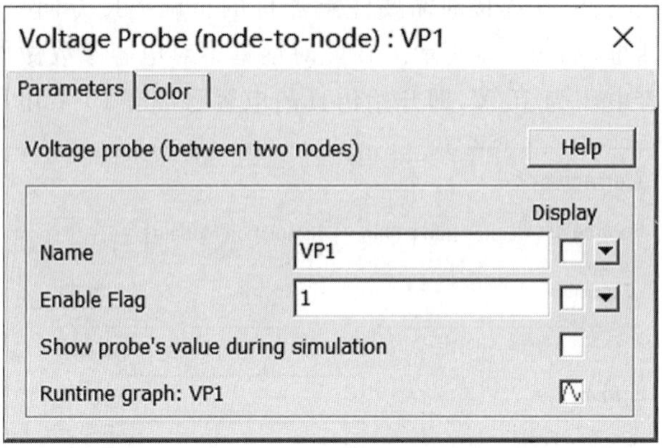

图 4-7　电压表参数设置

　　单击"Simulate"菜单,选择"Simulation Control"选项,对仿真时间进行设置:将仿真总时间(Total time)设置为 10 s,仿真时间步长(Time step)为默认的 0.000 01 s。仿真时间步长会影响仿真精度,所以要合理选择。如果步长选择得过短,会加大处理负担,且最短步长会受到软件和硬件的限制。若步长选择得过长,仿真结果将出现错误。一般情况下,选择默认步长即可满足仿真要求。"仿真步长设置"对话框如图 4-8 所示。

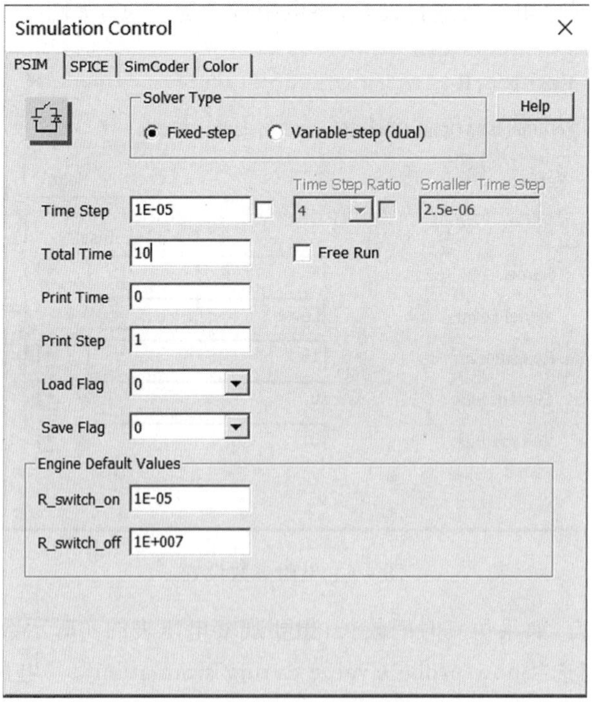

图 4-8　仿真步长设置

设置完成后,RC 电路的零输入响应仿真图如图 4-9 所示。

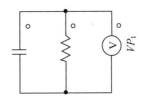

图 4-9　RC 电路的零输入响应仿真图

接下来就可以进行仿真了。单击"Simulate"菜单中的"Run Simulation"选项开始仿真,当仿真结束后,会自动弹出电压表的波形(即电容两端电压 VP_1 的波形),如图 4-10 所示。在仿真过程中,可以单击"Pause Simulation"选项来暂停仿真。

由图 4-10 可以看出,仿真初始时刻电容所带电压为 10 V,与设定值相符。仿真开始后,根据式(4-1)可知 $U_c=10e^{-t}$,令 $\tau=RC=10\times0.1=1(\text{s})$,工程上一般认为经过 $3\tau\sim 5\tau$ 的时间即可结束仿真,因此图 4-10 所示曲线是符合理论上的规律的。

如果将电容的值改为 1 F,其余参数不变,仿真后会得到图 4-11 所示的结果。从图 4-11 中可发现,将电容的值改为 1 F,RC 电路得不到比较完整的过渡过程。若想观察到完整的过程,需延长仿真时间,这时可以将仿真时间改为 50 s,从而得到完整的过渡过程,如图 4-12 所示。

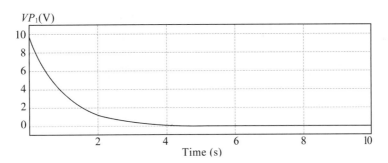

图 4-10　RC 电路零输入响应的仿真结果($C=0.1$ F,仿真时间为 10 s)

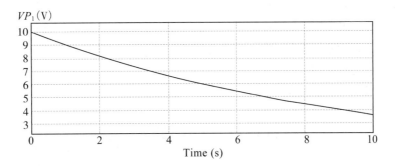

图 4-11　RC 电路零输入响应的仿真结果($C=1$ F,仿真时间为 10 s)

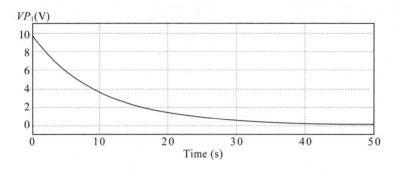

图 4-12　RC 电路零输入响应的仿真结果（$C=1$ F，仿真时间为 50 s）

RC 电路的零状态响应原理如图 4-13 所示。开关 S 闭合前电容没有充电，即处于零初始状态；在 $t=0$ 时刻，开关 S 闭合，直流电源给电容充电。根据 KVL 可知

$$U_r + U_c = U_s \tag{4-4}$$

将 $U_r = Ri$，$i = C \dfrac{\mathrm{d}U_c}{\mathrm{d}t}$ 代入式（4-4），可得到电路的微分方程：

$$RC \frac{\mathrm{d}U_c}{\mathrm{d}t} + U_c = U_s \tag{4-5}$$

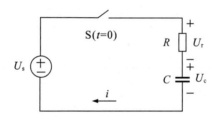

图 4-13　RC 电路的零状态响应原理

式（4-5）为一阶线性非齐次方程，解这个微分方程可得

$$U_c = U_s \left(1 - \mathrm{e}^{-\frac{t}{RC}}\right) \tag{4-6}$$

$$i = \frac{U_s}{R} \mathrm{e}^{-\frac{t}{\tau}} \tag{4-7}$$

由式（4-6）可知，U_c 以指数规律趋近于它的最终恒定值 U_s，到达该值后，电压和电流不再变化，电容相当于开路，电流为零。在 PSIM 中搭建仿真电路，得到的仿真电路图如图4-14所示，设置直流电源 V_{DC1} 为 10 V，电阻 R_1 为 2 Ω，电容 C_1 为 0.5 F，仿真总时间为10 s，仿真步长为默认值。

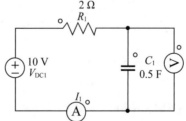

图 4-14　RC 电路的零状态响应

仿真结束将弹出"仿真曲线设置"对话框（见图 4-15），选中 I1 和 VP1 单击"Add"按钮，然后单击"OK"按钮，就可以在仿真结果中得到在同一坐标系下显示的电压曲线和电流曲线，如图 4-16 所示。

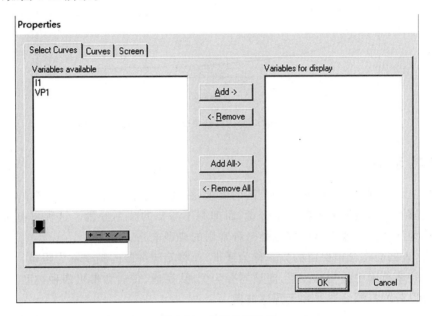

图 4-15　仿真曲线设置

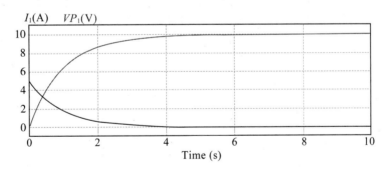

图 4-16　RC 电路零状态响应的仿真结果（$U_s = 10$ V，$R_1 = 2$ Ω，$C_1 = 0.5$ F）

由式(4-6)、式(4-7)可知，初始时刻电容相当于短路，所以此时电路中的电流值 $I_1 = \dfrac{VDC_1}{R_1} = \dfrac{10}{2} = 5$（A）。电容不断充电，直到充满电时将电路断开，此时电容相当于断路，$I_1 = 0$。电流的变化规律遵循指数规律变化。而电容 C_1 初始时刻没有电压，所以电压 $VP_1 = 0$，之后电容不断充电，直到 VP_1 等于直流电源电压值，即 $VP_1 = 10$ V。仿真结果与理论相符，这样就得到了 RC 电路的零状态响应曲线。

U_c 的最终值应与 U_s 相同，I_1 的初始值为 $\dfrac{U_s}{R_1}$，指数规律与 $\tau = RC$ 相关，设置 $V_{DC1} = 20$ V，$R_1 = 2$ Ω，$C_1 = 1$ F，得到的仿真曲线如图 4-17 所示。

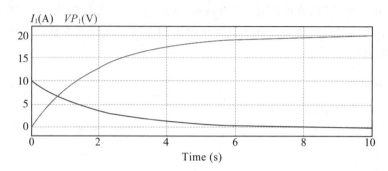

图 4-17　RC 电路零状态响应的仿真结果($U_s=20$ V,$R_1=2$ Ω,$C_1=1$ F)

4.1.2　无源滤波器

工程上会根据输出对信号频率范围的要求,在输入与输出间置入一个滤波电路,使输出端口能够顺利通过所需要的频率分量,而抑制不需要的频率分量。这种具有选频功能的电路称为滤波器。滤波器电路也是一种常用的典型电路。

通常,人们会将希望保留的频率称为通带,而将希望抑制的频率称为阻带。根据通带和阻带在频率范围中的相对位置,滤波器分为低通、高通、带通和带阻四种类型。另外,滤波器还可以分为有源滤波器和无源滤波器。

本节主要介绍无源滤波器,有源滤波器读者可以参考第五章的内容。因为无源滤波器的滤波原理都是根据电容"阻直流,通交流"、电感"通直流,阻交流"的特性来设计的,所以在此仅以 LC 低通滤波器为例对无源滤波器进行介绍。LC 低频滤波器的原理图如图4-18所示。

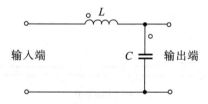

图 4-18　LC 低通滤波器的原理图

由于电容具有"阻直流,通交流"的特性,电感具有"通直流,阻交流"的特性,所以大部分交流干扰信号将被电感阻止吸收,变成磁感和热能,而剩下的大部分被电容旁路到地,这样就可以起到抑制高频干扰信号的作用,从而在输出端得到比较纯净的低频信号。

电容与输出并联或者电感与输出串联可以起到"平波"的作用,这是因为电容和电感均可以储存能量。并联的电容在输入电压升高时,给电容充电,可把部分能量储存在电容中。当电压下降时,电容两端电压以指数规律放电,这时可以把储存的能量释放出来,并经过滤波电路向负载放电,负载上得到的输出电压比较平滑,因此电容可以起到"平波"的作用。当电感与负载串联时,当电路中的电流增大时,电感将储存能量。当电路中的电流减小时,电感将能量释放,使负载电流变得平滑。因而,电感也具有"平波"的作用。

　　在此仿真中,因为需要观察频率响应,所以需要用到交流分析元件。为了观察滤波效果,还需要多次改变负载的电阻值,因此可以使用参数扫描器,并在这个电路中使用电流传感器来同时观察电流的频率响应。

　　对 *LC* 低通滤波器进行交流分析的原理:输入一个小的交流激励信号作为干扰,并在输出端提取相同频率的信号,为了获得精确的交流分析结果,激励源的振幅必须选择得适当。一方面,振幅必须足够小,使干扰停留在线性阶段;另一方面,激励源振幅必须足够大,以保证输出不受数字错误影响。

　　若一个物理系统在低频区域有低衰减,在高频区域有高衰减。如果激励源振幅选得恰当,则该物理系统在低频区域内将会有一个相对小的振幅,而在高频区域内将会有一个相对较大的振幅。

　　所以交流分析元件 AC Sweep 的作用是通过指定电源产生一个小的变频干扰信号,而 AC Sweep_Out(即图 4-19 中的 ac 元件)可以专门观察干扰信号频率的电压。

　　由于 AC Sweep 产生的是干扰信号,所以电路里需要一个稳定的电源,因此选用一个直流电压源。由于电流传感器输出的是单相电压信号,因此需要将地接在直流电源的负极。*LC* 低通滤波器的仿真图如图 4-19 所示。

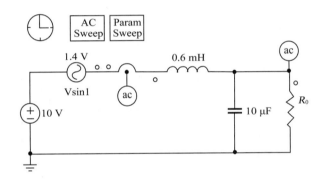

图 4-19　LC 低通滤波器的仿真图

　　仿真时间和仿真步长选择默认值,需设置 Vsin1 作为干扰源,把"AC Sweep:ACSWEEP1"对话框中的"Source Name"设置为 Vsin1,并把"Sine:Vsin1"对话框中的"Name"也设置为 Vsin1。为了使干扰源振幅小,同时将"Peak Amplitude"设置为 1.4 V,这样干扰源就设置好了。交流分析参数的设置如图 4-20 所示。

　　为了改变负载,可使用参数扫描器,使之作用在负载电阻上。首先把"Parameter Sweep:PARAMSWEEP1"对话框中的"Parameter to be swept"设置为 R_0,然后把"Resistor:R2"对话框中的"Resistance"改为 R_0,如图 4-21 所示。

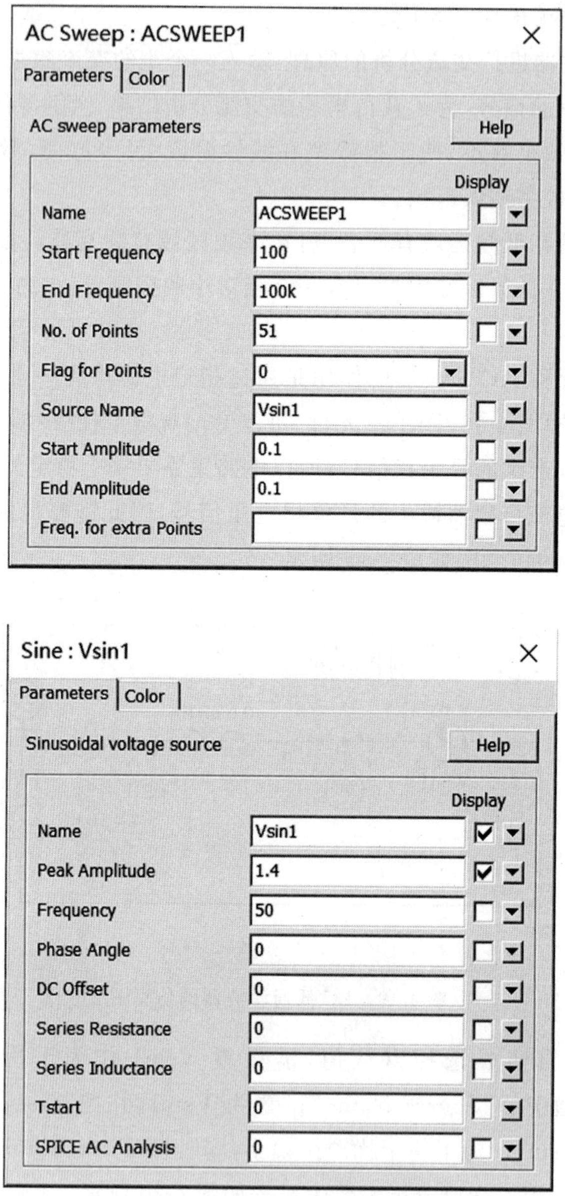

图 4-20　交流分析参数的设置

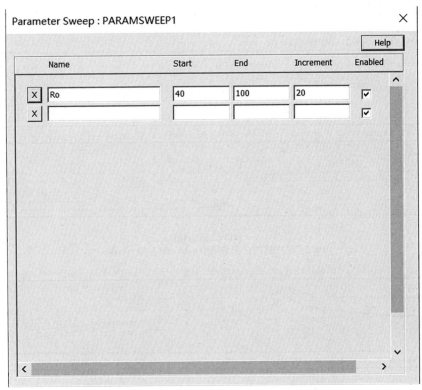

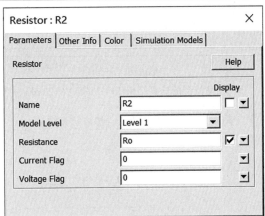

图 4-21　参数扫描器的设置

　　设置完成后,开始仿真便可得到仿真曲线。不同负载时的电压频率响应和电流频率响应如图 4-22(a)所示。通过观察曲线可发现,该电路对高频干扰信号衰减很大,在低频段,电路对低频干扰信号基本无衰减。

　　对于不同的负载,滤波效果相似。观察电流频率响应曲线可知,电路在低频段开始时对电流抑制很大。随着频率的增加,电流缓慢上升,到达一个临界频率后又开始下降。在 RLC 电路中会有谐振现象,图 4-22(a)中的波形现象是谐振的一种体现。但将电感值修改为 1.2 mH、电容值修改为 20 μF 后再进行仿真,得到的仿真曲线如图 4-22(b)所示,从图中可以发现转折频率变小了。

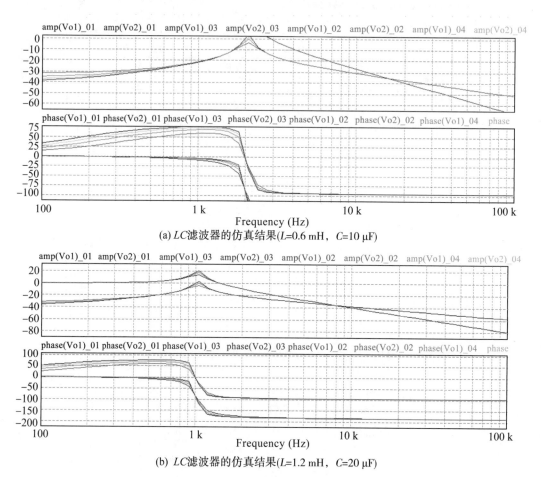

(a) LC滤波器的仿真结果(L=0.6 mH，C=10 μF)

(b) LC滤波器的仿真结果(L=1.2 mH，C=20 μF)

图 4-22　不同参数下 LC 滤波仿真结果

4.2　电力电子仿真

4.2.1　整流电路仿真

　　整流电路是能够将交流电能转换为直流电能的电路。整流电路中的主要电力电子器件是半控型晶闸管，与其对应的主要变换电路是相控整流电路。晶闸管又称"可控硅"，它有阳极 A、阴极 K 和门极(控制端)G 三个连接端。晶闸管的图标如图 4-23 所示。

　　晶闸管导通的条件：阳极加正向电压，同时门极加合适的正向触发电压。晶闸管关断的条件：使流过晶闸管的阳极电流小于维持电流或突加反向电压。晶闸管具有单向导电性，是半控型半导体器

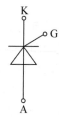

图 4-23　晶闸管的图标

件。所以,当 AK 间具有正向电压后,只需控制门极电压就可控制晶闸管的导通。随着门极导通时刻的不同,整流后的波形也不同。门极的导通时刻反映到交流正弦波上就变为相角,所以这种整流电路又称为"相控整流电路"。

相控整流电路利用晶闸管的单向导电性,通过控制晶闸管的导通时刻来完成整流。根据交流电的相数不同,相控整流电路可以分为单相相控整流和三相相控整流。三相半波相控整流电路是相控整流电路中的一个经典电路,本节以三相半波相控整流电路带阻性负载为例进行仿真。三相半波相控整流电路带阻性负载时的原理图如图 4-24 所示。

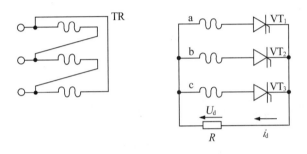

图 4-24　三相半波相控整流电路带阻性负载时的原理图

图 4-24 中,TR 为变压器,整流变压器的二次绕组一般接成星形,而一次绕组一般接成三角形,这是因为三角形接法可以抑制谐波影响。三个晶闸管采用共阴极接法,其阳极分别接至 a、b、c 三相电源。若将晶闸管换为二极管,由于二极管不可控,所以这种整流也称作不可控整流。这时二极管采用共阴极接法,所以任何时刻均是阳极电位高的二极管导通,即最高相电压所对应的二极管导通,其余两相二极管将因承受反压而关断,整流电压为导通二极管所在相的相电压。所以,一个周期中三个二极管轮流导通,各导通 120°。

在不可控整流情况下,二极管换相发生在相电压的交点处,这些交点称为自然换相点。对三相半波可控整流电路而言,自然换相点是各相晶闸管能触发导通的最早时刻,将自然换相点作为计算各晶闸管触发角 α 的起点,即定义该点 $\alpha=0°$。下面将就晶闸管触发角 $\alpha=0°$,$\alpha=30°$,$\alpha=60°$三种情况进行仿真。

首先搭建仿真电路。变压器除了有变压作用外,还有滤波功能,这里主要是利用变压器的滤波功能,所以选择三相 D/Y 变压器。单击"Elements"菜单,选中下拉菜单中"Power"选项下的"Transformers"选项,然后选择"3-ph D/Y Transformer",如图 4-25 所示。变压器的参数采用默认值,因为不需要电压的变换,所以一次侧和二次侧的匝数比为 $N_p:N_s=1:1$。三相 D/Y 变压器的参数设置如图 4-26 所示。

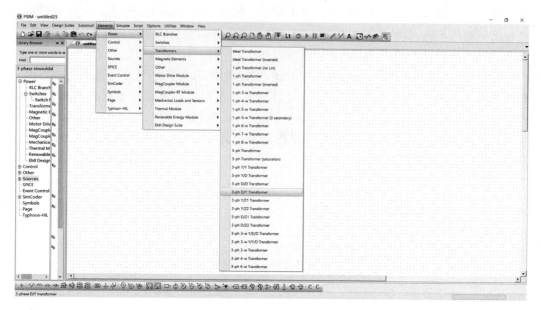

图 4-25　三相 D/Y 变压器的选择路径

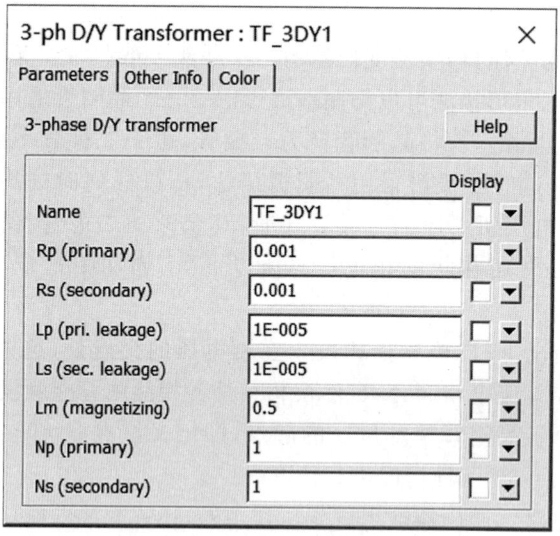

图 4-26　三相 D/Y 变压器的参数设置

　　电源选择三相正弦交流电源。选择"Elements"菜单下的"Sources"选项,在其下拉菜单中选择"Voltage"选项,然后选择"3-ph Sine",如图 4-27 所示。设置电源线电压有效值参数 V(line-line rms)为 220 V,电源频率 Frequency 为 50 Hz,如图 4-28 所示。需要注意的是:由于变压器是 D/Y 型接法,所以变压器一次侧的电源线电压到二次侧就变为相电压,且由于 V(line-line rms)指的是线电压有效值,所以将 220 V 折算到二次侧相电压后峰值变为 311 V。

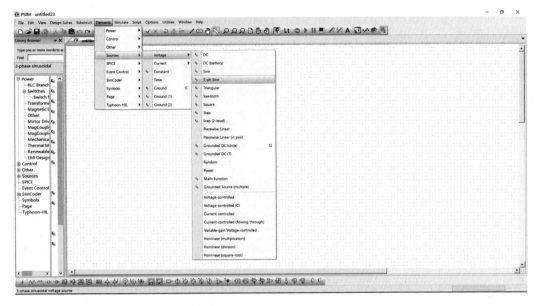

图 4-27　三相电源的选择路径

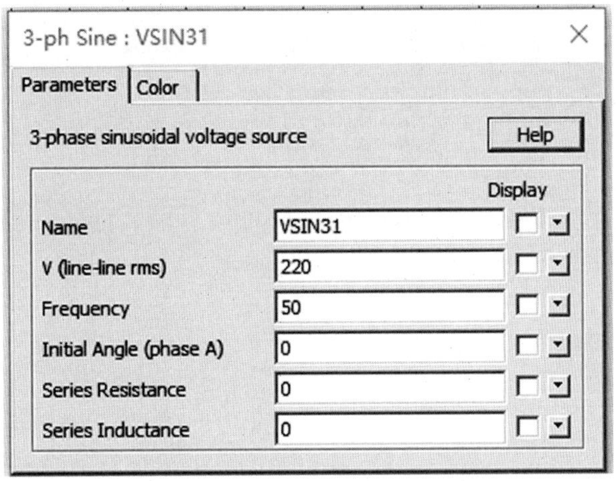

图 4-28　三相电源参数的设置

　　晶闸管的选择路径如图 4-29 所示,参数设置可以采取默认值。

　　PSIM 提供了专门的触发元件——控制晶闸管触发角,这里可以选择 Gating Block 元件,选择路径如图 4-30 所示。

　　在对 Gating Block 元件设置参数前,先要确定触发角 α 的实际相位。由前面触发角的定义知自然换相点是各晶闸管触发角 α 的起点,所以需要知道自然换相点的实际相位。

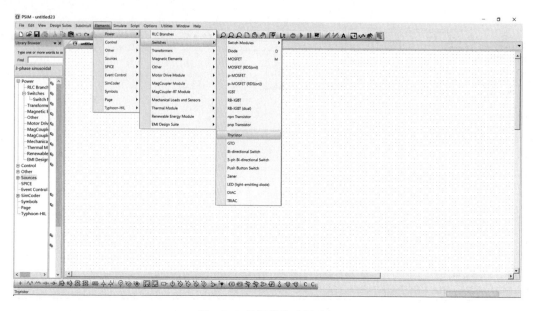

图 4-29　晶闸管的选择路径

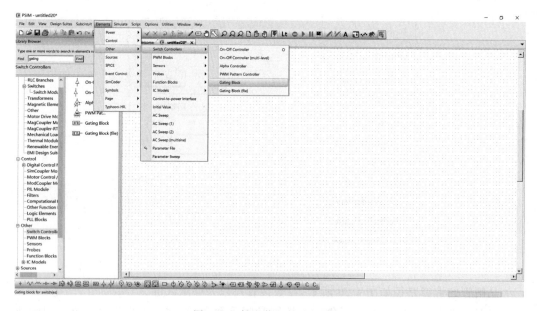

图 4-30　触发装置的选择路径

　　首先搭建好仿真电路,通过观察电源波形的相位然后设置 Gating Block 元件的参数。仿真步长选择默认值。为了得到完整的图像,需要合理设置仿真总时间,这里可以设置为0.05 s,仿真电路如图 4-31 所示。

　　需要特别说明的是:VP_2 为 c 相晶闸管两端的电压,VP_3 为 b 相晶闸管两端的电压,VP_4 为 a 相晶闸管两端的电压,VP_5 为输出电压,VP_6 为 a 相电源电压,VP_7 为 b 相电源电压,VP_8 为 c 相电源电压。可以通过 VP_6、VP_7、VP_8 的仿真曲线观察电源波形的相位。变压器二次侧三相交流电源的仿真曲线如图 4-32 所示。显然仿真开始时的两相交点即为自然换相点，所以 $\alpha=0°$ 时，G_1 的触发相位是 $0°$，G_2 的触发相位是 $120°$，G_3 的触发相位是 $240°$，设置触发持续 $1°$。

由于电源频率设置为 50 Hz，所以将"Gating Block"对话框中的"Frequency"设置为 50，且由于一个 Gating Block 模块在一个周期内仅触发一次，所以将"No. of Points"设置为 2（起始相位和终止相位），如图 4-33 所示。

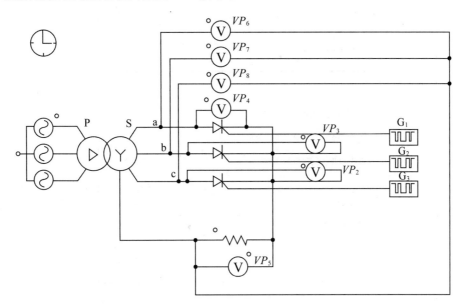

图 4-31　三相半波相控整流电路的仿真电路图

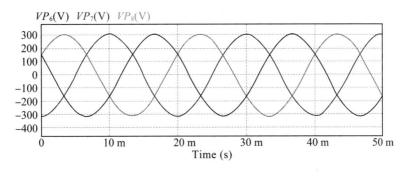

图 4-32　变压器二次侧三相交流电源的仿真曲线

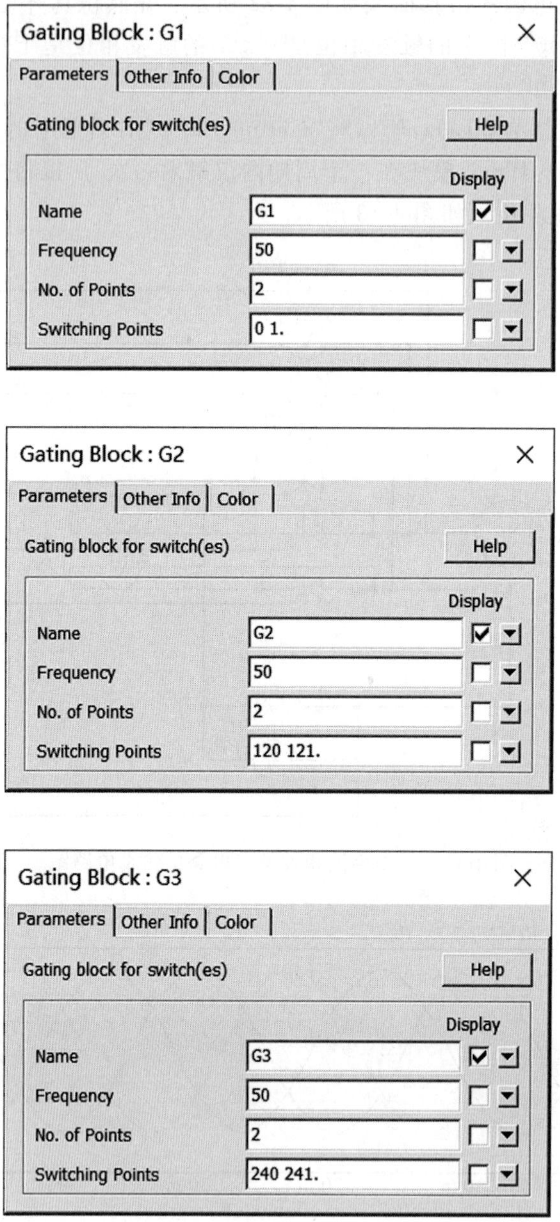

图 4-33　$\alpha = 0°$ 时触发装置的参数设置

　　设置完成后,进行仿真便可得到 $\alpha = 0°$ 时的整流波形(见图 4-34),晶闸管两端电压的波形如图 4-35 所示。

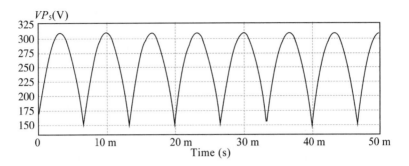

图 4-34　$\alpha=0°$ 时的整流波形

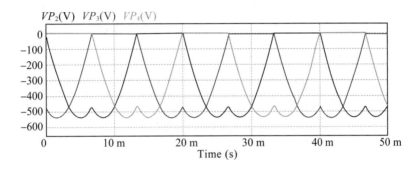

图 4-35　$\alpha=0°$ 时晶闸管两端电压的波形

$\alpha=30°$ 时，G_1 的触发相位是 $30°$，G_2 的触发相位是 $150°$，G_3 的触发相位是 $270°$，设置触发持续 $1°$。仿真波形如图 4-36 所示，晶闸管两端电压的波形如图 4-37 所示。

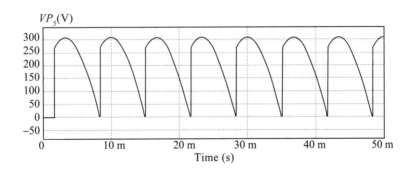

图 4-36　$\alpha=30°$ 时的整流波形

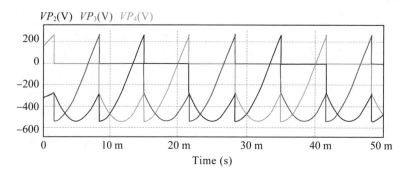

图 4-37 $\alpha = 30°$ 时晶闸管两端电压的波形

$\alpha = 60°$ 时,G_1 的触发相位是 $60°$,G_2 的触发相位是 $180°$,G_3 的触发相位是 $300°$,设置触发持续 $1°$。仿真波形如图 4-38 所示,晶闸管两端电压的波形如图 4-39 所示。

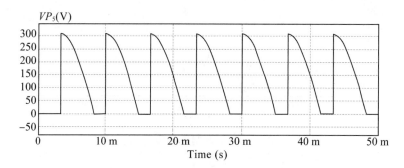

图 4-38 $\alpha = 60°$ 时的整流波形

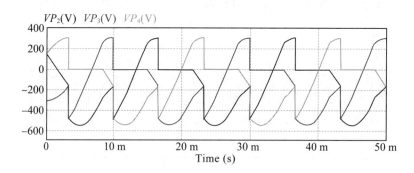

图 4-39 $\alpha = 60°$ 时晶闸管两端电压的波形

根据电力电子知识可知,晶闸管承受的最大正向电压 $U_{pm} = \sqrt{2}\,U_{ph}$,晶闸管承受的最大反向电压为变压器二次线电压峰值,即 $U'_{pm} = \sqrt{3} \times \sqrt{2}\,U_{ph} = \sqrt{6}\,U_{ph} \approx 2.45 U_{ph}$,其中 U_{ph} 为变压器二次侧相电压的有效值,在此电路中等于所设置的三相交流电源参数的 V(line-line rms) 的值。由于 V(line-line rms) 为 220 V,所以这里晶闸管承受的最大正向电压 $U_{pm} = 311$ V,晶闸管承受的最大反向电压 $U'_{pm} = 539$ V。

4.2.2　直流斩波电路仿真

通过电力电子器件的开关作用,将恒定直流电压变为可调直流电压或将变化的直流电压变换为恒定的直流电压的电力电子电路,称为直流斩波电路,相应的装置称为斩波器。斩波电路一般分为降压斩波电路,升压斩波电路,升、降压斩波电路,Sepic 斩波电路和 Zeta 斩波电路等。这里以降压斩波电路为例,分别对带电阻负载和带电机负载的斩波电路进行仿真。

4.2.2.1　降压斩波电路仿真

降压斩波电路是一种输出电压的平均值低于直流输入电压的变换电路,又称为"Buck 电路"。Buck 电路的原理图如图 4-40 所示。

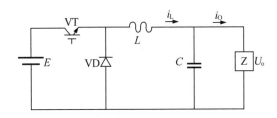

图 4-40　Buck 电路的原理图

图 4-40 中,VT 为电力电子开关器件,VD 是续流二极管,L、C 分别为滤波电感和电容,Z 为负载。假设 VT、VD 均为理想开关元件,并设 VT 的一个控制周期为 T。在 $t=0$ 时刻驱动 VT 导通,在开关导通期间,电感 L 中有电流通过,电流按指数曲线形式缓慢上升。$t=t_1$ 时刻,VT 关断,负载电流流经 VD 形成回路。输出电压与开关的导通时间和开关周期之比密切相关,即与斩波电路的占空比相关。假设电源电压为 E,开关导通时间为 t_{on},开关周期为 T,则稳定后的输出电压为

$$U_o = E \times \frac{t_{on}}{T} \tag{4-8}$$

仿真电路负载采用电阻元件,开关元件选择"MOSFET",控制开关元件选择"Gating Block"。为使开关占空比为 1∶2,可以将"Gating Block"对话框中的"Switching Points"设置为 $0° \sim 180°$ $(360° \times \frac{1}{2} = 180°)$,如图 4-41 所示。为了方便观察流经电感 L 的电流,可以将电感参数"Current Flag"设置为 1,如图 4-42 所示。仿真总时间"Total time"设置为 100 s,仿真电路如图 4-43 所示。

Gating Block : G1			×
Parameters	Other Info	Color	

Gating block for switch(es)　　　　　　　Help

		Display
Name	G1	☐ ▼
Frequency	50	☐ ▼
No. of Points	2	☐ ▼
Switching Points	0 180.	☐ ▼

图 4-41　Gating Block 设置(占空比为 1∶2)

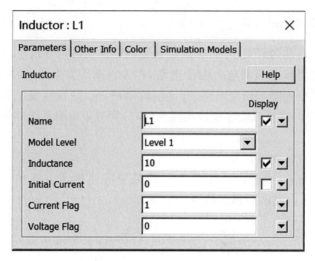

图 4-42　电感参数设置

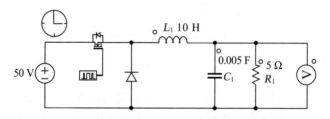

图 4-43　直流斩波带电阻负载仿真电路图

　　输出的仿真曲线如图 4-44 所示。由式(4-8)知,当占空比为 1∶2,电源电压为 50 V 时,输出电压 $U_。=50×\dfrac{1}{2}=25(\mathrm{V})$。由于负载电阻为 5 Ω,所以流经 L_1 的电流 $I(L_1)=\dfrac{U_。}{R_1}=\dfrac{25}{5}=5(\mathrm{A})$。如果将占空比设置为 1∶5,其余参数不变,那么输出电压 $U_。=50×\dfrac{1}{5}=10(\mathrm{V})$,$I(L_1)=\dfrac{U_。}{R_1}=\dfrac{10}{5}=2(\mathrm{A})$。为此修改"Gating Block"对话框中的"Gating Block"参数为 0°~72°$(360°×\dfrac{1}{5}=72°)$,如图 4-45 所示,得到的新仿真曲线如图 4-46 所示。

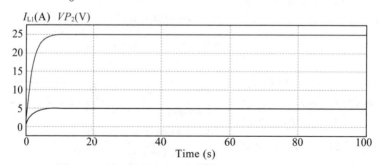

图 4-44　直流斩波电路带负载电阻输出的仿真曲线
(开关频率 $f=50$ Hz,占空比为 1∶2,电源电压 $E=50$ V,负载电阻 $R=5$ Ω)

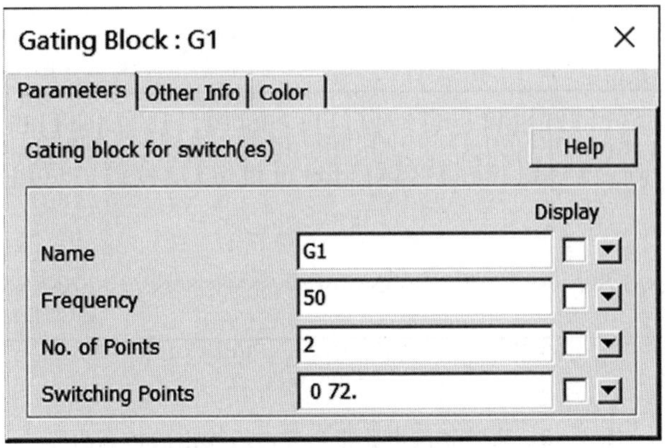

图 4-45　Gating Block 设置(占空比为 1 ∶ 5)

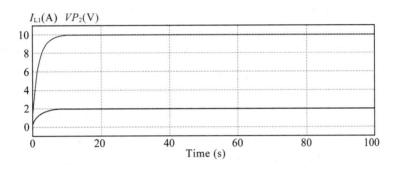

图 4-46　直流斩波电路带负载电阻输出的仿真曲线

(开关频率 f＝50 Hz,占空比为 1 ∶ 5,电源电压 E＝50 V,负载电阻 R＝5 Ω)

　　斩波电路的占空比会影响输出电压值,而开关频率 f 会影响输出电压的波形。如果开关频率过低,输出电压波形的波动会很明显。因此可以设置开关频率为 10 Hz,并将"Gating Block"对话框中的"Frequency"改为 1,其余参数不变,如图 4-47 所示,仿真曲线如图 4-48 所示。

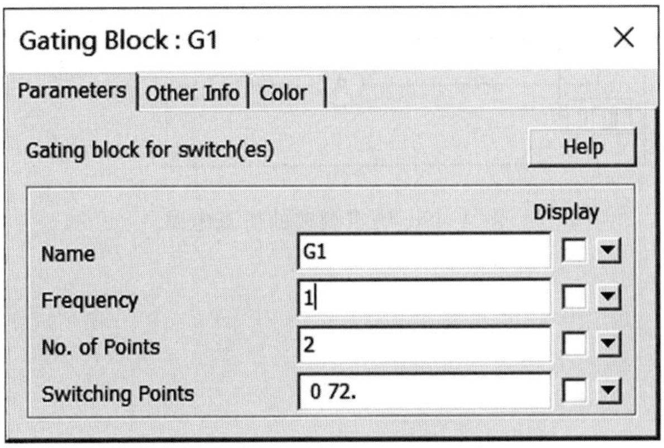

图 4-47　Gating Block 中的频率设置

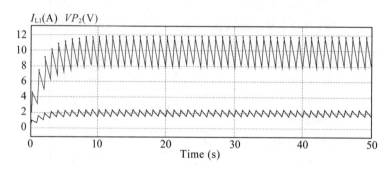

图 4-48　直流斩波电路带负载电阻输出的仿真曲线

(开关频率 $f=1$ Hz,占空比为 $1:5$,电源电压 $E=50$ V,负载电阻 $R=5$ Ω)

开关频率的选择十分重要,它将影响输出电压波形的质量。

4.2.2.2　直流他励电机调速仿真

他励式直流电动机有三种调速方式,分别为改变电枢电阻调速、改变电枢电压调速和改变励磁电流调速。这里介绍改变电枢电压调速方式。由于直流电机中的直流斩波电路可以通过改变占空比来改变输出电压,且随着电枢电压的升高或降低,直流电机的转速也随之上升或下降,因此可以运用这一点来实现电枢电压调速。搭建电机调速的仿真电路如图 4-49 所示。

"电机参数设置"对话框如图 4-50 所示。具体设置如下:额定电压Vt(rated)为 50 V,额定电枢电流 Ia(rated)为 10 A,额定励磁电流 If(rated)为 1.4 A,额定转速 n(rated,in rpm)为 1200 r/min,"Torque Flag"标志为 1。设置完后就可以观察电机所带负载的力矩,电机所带负载为恒转矩负载。

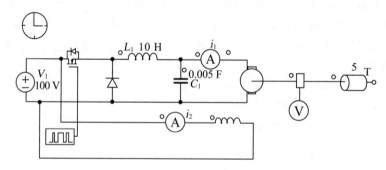

图 4-49　电机调速的仿真电路

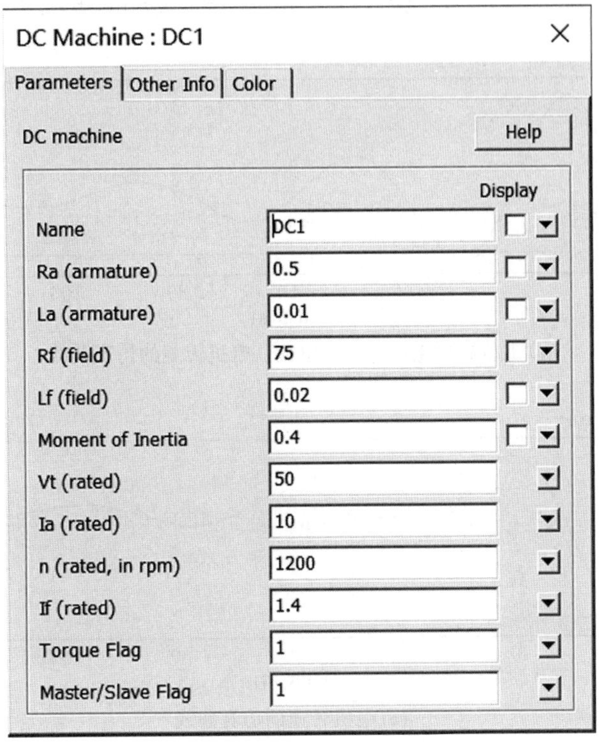

图 4-50　电机参数设置

由图 4-49 可知,电源电压为 100 V。为使电机达到额定电压,需调节斩波电路的占空比为 1∶2,需把"Gating Block"对话框中的"Switching Points"设置为 0°～180°,频率设置为 50 Hz,如图 4-51 所示。

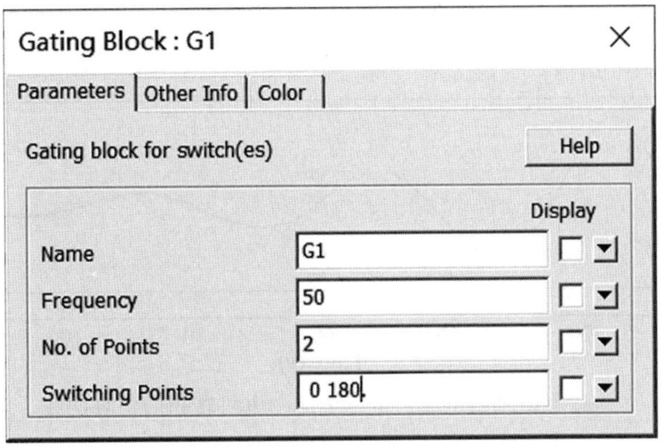

图 4-51　Gating Block 中开关点的设置

　　进行仿真后得到的仿真曲线如图 4-52 所示,由仿真曲线可知稳定后,电机励磁电流 $I_2 \approx 1.33$ A,电枢电流 $I_1 \approx 15$ A,电机转矩 $Torque \approx 5$ N·m,电机转速 $n \approx 1200$ r/min。

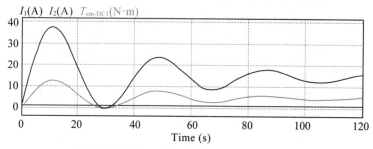

(a) 电机励磁电流、电枢电流、电机转矩的仿真曲线

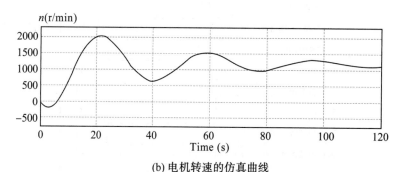

(b) 电机转速的仿真曲线

图 4-52　直流他励电机调速的仿真曲线

($I_1 \approx 10$ A,$I_2 \approx 1.33$ A,$Torque \approx 5$ N·m,$V_t \approx 50$ V)

　　改变斩波电路的占空比可以改变电机的电枢电压,从而可以在电机所带负载不变的情况下改变电机转速。为使斩波后的电压变为 25 V,将"Gating Block"对话框中的"Switching Points"改为 0°～90°,然后进行仿真,可得到图 4-53 所示的仿真曲线。

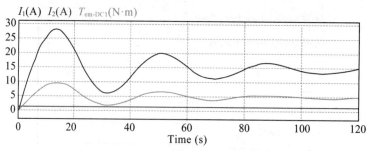

(a) 电机励磁电流、电枢电流、电机转矩的仿真曲线

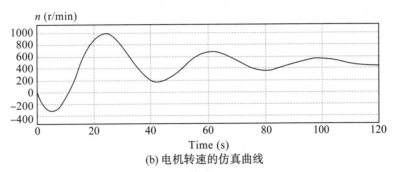

(b) 电机转速的仿真曲线

图 4-53　直流他励电机调速的仿真曲线

$(I_1 \approx 15 \text{ A}, I_2 \approx 1.33 \text{ A}, Torque \approx 5 \text{ N} \cdot \text{M}, V_t \approx 25 \text{ V})$

4.2.3　交流变换电路仿真

将一种形式的交流电转换成另一种形式的交流电,称为交流电能变换。这里的"形式"指的是交流电的电压幅值、频率、相数以及相位等参数。根据变换参数的不同,可将交流变换电路分为交流调压电路和交-交变频电路两大类。只改变输出电压的幅值而不改变频率的交流变换电路,称为交流电压控制电路,简称为"交流调压电路"。把工频交流电直接变换成频率可调的交流电变换电路,称为交-交变频电路。当正弦信号通过交-交变频电路变换成新的正弦信号时,在交-交变频电路中也已涉及交流调压的知识,所以这里以交-交变频电路为例进行仿真。

由于交-交变频电路中用到了三相全波整流的知识,因此首先对三相桥式全控整流进行介绍。三相桥式全控整流电路的原理图如图 4-54 所示。

当触发角 $\alpha = 0°$ 时,可以采用与分析三相半波相控整流电路类似的方法进行分析。假设将电路中的晶闸管均换作二极管。此时,对于共阴极组的三个晶闸管,阳极所接交流电压值最高的一个晶闸管导通;对于共阳极组的三个晶闸管,阴极所接交流电压最低的一个晶闸管导通。这样,任意时刻共阳极组和共阴极组各有一个晶闸管处于导通状态,构成导电回路。

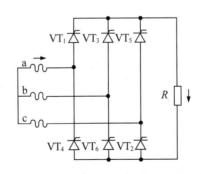

图 4-54　三相桥式全控整流电路的原理图

在整流电路中,换流是一个重要概念。换流也称为"换相",是指电流从一个导电支路转移到另一个导电支路。换流过程就是使原来处于阻断状态的某个支路转变为导通状态,而使原来处于导通状态的某个支路转变为阻断状态的过程。

在三相桥式全控整流电路中,共阴极组晶闸管 VT_1、VT_3、VT_5 的触发脉冲相位相差 $120°$,共阳极组晶闸管 VT_4、VT_6、VT_2 的触发脉冲也相差 $120°$,接在同一相的两个元件的触发脉冲相位相差 $180°$,共阴极组和共阳极组换流点相隔 $60°$,每隔 $60°$ 有一个器件换流。触发脉冲的顺序为 $VT_1 \rightarrow VT_2 \rightarrow VT_3 \rightarrow VT_4 \rightarrow VT_5 \rightarrow VT_6$。

为了保证任何时刻共阴极组和共阳极组中各有一个晶闸管导通,需对两组中应导通的一对晶闸管同时加触发脉冲。可以采用宽脉冲(脉冲宽度大于 $60°$,一般取 $80° \sim 100°$)或双窄脉冲(即一个周期内对一个晶闸管连续触发两次,两次脉冲间隔 $60°$)来实现。

三相桥式全控整流电路输出电压是线电压的一部分,一个周期内脉动 6 次,脉动频率为 300 Hz,比三相半波电路提高一倍。

当电流连续时($\alpha \leqslant 60°$),整流输出电压的平均值为

$$U_T = 2.34 U_{ph} \cos \alpha \tag{4-9}$$

式中,U_{ph} 为电源相电压的有效值。

交-交变频电路可以分为单相交-交变频电路和三相交-交变频电路。由于单相交-交变频电路是基础,所以本节主要介绍单相交-交变频电路的原理,并在 PSIM 中对其进行仿真,单相交-交变频电路的原理如图 4-55 所示。其中,a、b、c 接三相交流电,VTG_1、VTG_2 为图 4-54 中的三相桥式全控整流电路,它们分别与负载并联、反并联。在此电路中,两组变流电路按一定频率交替工作,就可以给负载输出该频率的交流电。改变两组变流电路的切换频率,就可以改变输出频率。改变变流电路工作时的控制角 α,就可以改变交流输出电压的幅值。

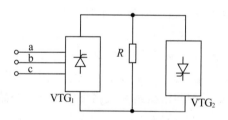

图 4-55　单相交-交变频电路的原理

如果 VTG_1 的控制角 α 不是固定值,而是在半个周期内按正弦规律从 $90°$ 逐渐减小到 $0°$,然后再逐渐增大到 $90°$,那么 VTG_1 整流电路在每个控制间隔内的平均输出电压就按正弦规律从零逐渐增至最大,再逐渐减小到零。在另外半个周期内,对 VTG_2 的额定控制角进行类似控制,就可以得到接近正弦波的输出电压。

交-交变频电路的输出电压并不是平滑的正弦波,而是由若干段电源电压拼接而成的。在输出电压的一个周期内,所包含的电源电压段数越多,其波形越接近正弦波。

对于交-交变频电路,每次控制时的 α 是不同的,可以用 PSIM 自带的 α 控制器模块来给定 VTG_1、VTG_2 的触发角。那么如何得到变化的角呢?

晶闸管变流电路的输出电压为

$$U_0 = U_{T0} \cos \alpha \tag{4-10}$$

式中,U_{To}为 $\alpha = 0°$ 时的理想空载整流电压。

设要得到的正弦波输出电压为

$$U_0 = U_{out} \sin \tau \tag{4-11}$$

式中,U_{out}为要得到的正弦波输出电压的峰值;τ 为正弦波的相位。由此可得

$$\alpha = \arccos\left(\frac{U_{out}}{U_{To}} \sin \tau\right) \tag{4-12}$$

需要注意的是,由于交-交变频电路的输出电压是由若干段电源电压拼接而成的,当输出频率升高时,一个周期内输出电压的电源电压段数会减少,所含的谐波分量会增加。所以,当交流电路采用三相桥式电路时,最高输出频率不高于电网频率的 $1/3 \sim 1/2$。

单相交-交变频电路的仿真电路如图 4-56 所示。此电路可以将 60 Hz 的交流电变换为 10 Hz 的交流电,负载与整流桥间的电感可以起到"平波"的作用。图中,$VSEN_1$是电压传感器,BP_3是可以通过 60 Hz 的带通滤波器,$ACTPL_1$ 和 $ACTRL_2$ 是 α 控制器。$ACTPL_1$ 和 $ACTPL_2$ 用来给桥式整流电路的 VT_1 提供触发角,整流桥根据 VT_1 的触发角把晶闸管 $VT_2 \sim VT_6$ 的控制角依次延迟 $60°$,这样就可以用 α 控制器控制整流电路的触发角。$VSEN_1$ 和 BP_3 可以把 a 相和 c 相的电压 U_{ac} 经滤波后通过比较器 $COMP_1$ 与 0 比较,如果 $U_{ac} > 0$,则 $COMP_1$ 输出高电平。由于 $ACTPL_1$ 直接向 VT_1 提供触发角,所以比较器的输出信号可以给 $ACTPL_1$ 提供同步信号。

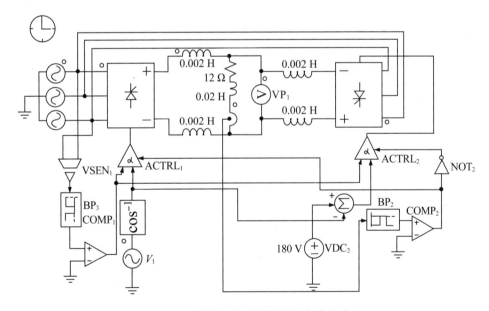

图 4-56　单相交-交变频电路的仿真电路

正弦电源模块与反余弦模块结合可以给 $ACTRL_1$ 提供变化的触发角。由式(4-10)~式(4-12)可知,变换后的交流电电压幅值和频率与正弦电源 V_1 的电压幅值和频率相关。用 $180°$ 减去正组的触发角即可得到反组的触发角,可以用直流电源 VDC_2 和一个求和器得到反组的触发角。通过电流传感器与一个带通滤波器可以控制 $ACTRL_1$ 和 $ACTRL_2$ 的使能端,通过取反模块可以错开两组的工作区间。

设置三相电源的线电压有效值为 110 V,频率为 60 Hz;电感为 0.002 H;负载采用常见的 RL 形式,电阻为 12 Ω,电感为 0.02 H。为了观察负载电流的情况,设置 RL 的"Current Flag"参数为 1。

电压传感器 $VSEN_1$ 的参数可采用默认值;带通滤波器 BP_3 设置为可通过 60 Hz 的频率信号、通带宽度为 20 Hz 的滤波器,如图 4-57(a)所示;带通滤波器 BP_2 设置为可通过 10 Hz 的频率信号、带通宽度为 10 Hz 的滤波器,如图 4-57(b)所示。

比较器 $COMP_1$ 和 $COMP_2$ 可采用默认值;交流电源 V_1 的幅值设置为 0.95 V,频率设置为 10 Hz,初始相位设置为 90°,如图 4-58 所示。VDC_2 为直流电压源,电压幅值设置为 180 V,直流电压源 VDC_2 与变化的触发角 α 的和可作为反组桥式整流电路的触发角。

α 控制器的触发方式设置成宽脉冲触发方式,脉冲宽度设置为 90°。由于电源频率为 60 Hz,所以设置 α 控制器的频率为 60 Hz。α 控制器的参数设置如图 4-59 所示。

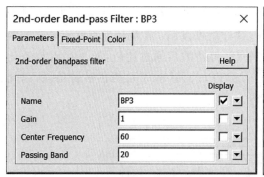
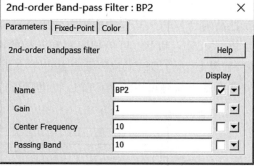

(a) 二阶滤波器 BP_3 的参数设置　　　　　　　(b) 二阶滤波器 BP_2 的参数设置

图 4-57　滤波器的参数设置

图 4-58　交流电源 V_1 的参数设置

(V_1 的峰值 $V_{max}=0.95$ V,V_1 的频率 $f=10$ Hz)

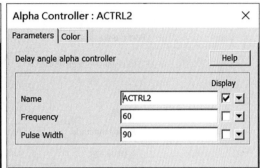

图 4-59　α 控制器的参数设置

由于变换后的交流电频率为 10 Hz,一个周期需要 0.1 s,所以可以设置仿真总时间为 0.4 s。仿真曲线如图 4-60 所示。

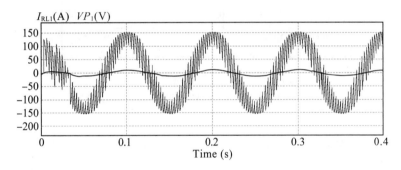

图 4-60　单相交-交变频变换后的仿真曲线

(V_1 的峰值 $V_{max} = 0.95$ V,V_1 的频率 $f = 10$ Hz)

由 SIMVIEW 自带的 Measure 功能结合图 4-60 可知,经单相交-交变频后的电流略微滞后于电压变化,这是由负载中的电感造成的。变换后的电压峰值约为 148 V,电流峰值约为 12 A,电压和电流的周期都为 0.1 s。

由于设置的电源线电压的有效值为 110 V,所以相电压的有效值为 $U_{ph} = 110/\sqrt{3} \approx 63.5$(V)。由式(4-9)可得,整流平均电压 $U_{To} = 2.34 \times U_{ph} = 2.34 \times 63.5 = 148.59$(V)。由于交流电源 V_1 的幅值被设置为 0.95 V,由式(4-12)可得,输出交流电压的幅值 $U_{out} = 0.95 \times U_{To} = 0.95 \times 148.59 = 141.161$(V)。理论值与仿真值有一定差异,部分原因是电源 V_1 的幅值会影响交流输出波形。

现将电源 V_1 的电压幅值改为 0.5 V,如图 4-61 所示。由式(4-12)可得,输出交流电压的幅值 $U_{out} = 0.5 \times U_{To} = 0.5 \times 148.59 = 74.295$(V)。与图 4-60 比较可发现,虽然仿真后输出电压的幅值有一定下降,但与理论值的偏差比 V_1 的幅值设置成 0.95 V 时更大,且输出波形变差。仿真曲线如图 4-62 所示。

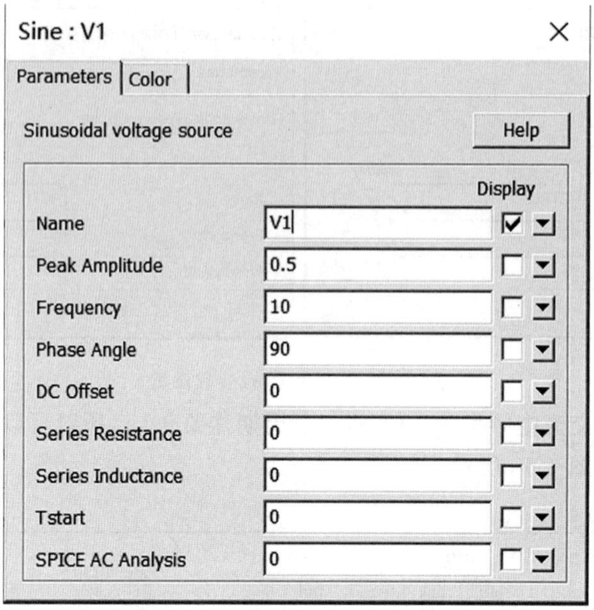

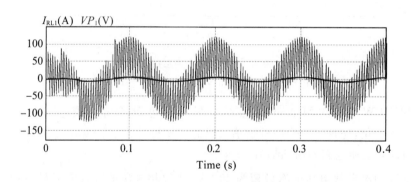

图 4-61 交流电源 V_1 的参数设置

(V_1 的峰值 $V_{max}=0.5$ V，V_1 的频率 $f=10$ Hz)

图 4-62 单相交-交变频变换后的仿真曲线

(V_1 的峰值 $V_{max}=0.5$ V，V_1 的频率 $f=10$ Hz)

接下来讨论 V_1 的频率对输出波形的影响。V_1 的频率即电路输出电压的频率，根据理论可得出，一般交流电路采用三相桥式电路时，最高输出频率不高于电源频率的 $1/3\sim1/2$。现将交流电源 V_1 的幅值设置为 0.95 V，频率设置为 20 Hz，如图 4-63 所示。同时，还需把带通滤波器 BP_2 的带通频率改为 20 Hz，带宽不变，如图 4-64 所示。仿真后得到的仿真曲线如图 4-65 所示。

与图 4-60 比较可发现，当频率增大高于输入电压频率的 $1/3$ 时，电路输出电压的波形变差。

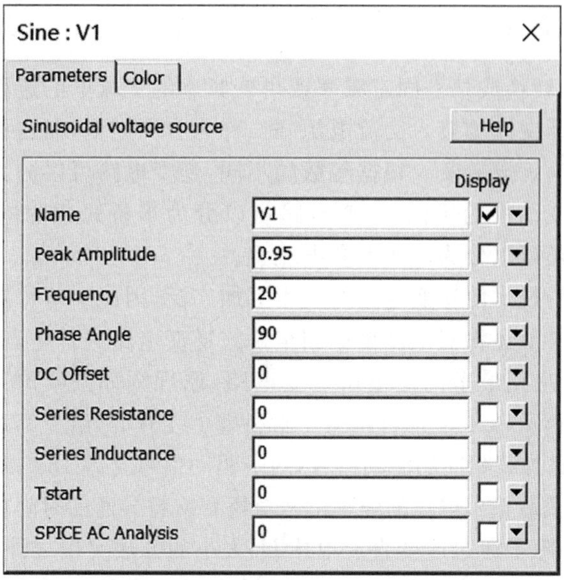

Sine : V1
Parameters
Color
Sinusoidal voltage source
Help
Display
Name
V1
Peak Amplitude
0.95
Frequency
20
Phase Angle
90
DC Offset
0
Series Resistance
0
Series Inductance
0
Tstart
0
SPICE AC Analysis
0

图 4-63　交流电源 V_1 的参数设置

（V_1 的峰值 $V_{max}=0.95$ V，V_1 的频率 $f=20$ Hz）

2nd-order Band-pass Filter : BP2
Parameters
Fixed-Point
Color
2nd-order bandpass filter
Help
Display
Name
BP2
Gain
1
Center Frequency
20
Passing Band
10

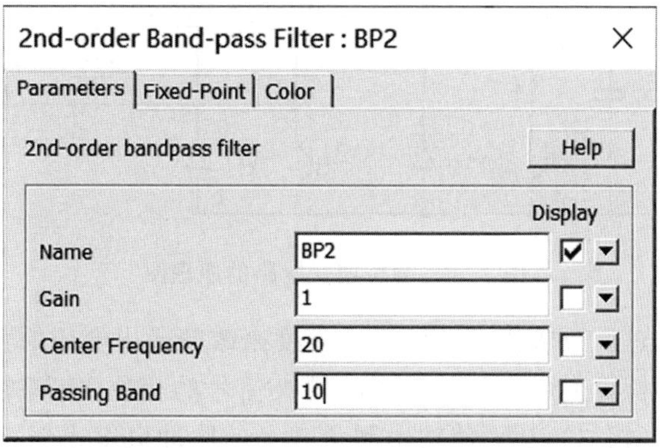

图 4-64　二阶滤波器 BP_2 的参数设置

I_{RL1}(A)　VP_1(V)
150
100
50
0
−50
−100
−150
−200
0
0.1
0.2
0.3
0.4
Time (s)

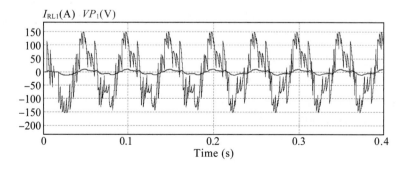

图 4-65　单相交-交变频变换后的仿真曲线

（V_1 的峰值 $V_{max}=0.95$ V，V_1 的频率 $f=20$ Hz）

4.2.4　逆变电路仿真

逆变指将直流电转换成某一固定频率或可变频率的交流电的过程。当把转换后的交流电直接回送电网(即交流侧接入交流电源)时,称为有源逆变;而当把转换后的交流电直接供给负载时,则称为无源逆变。根据相数的不同,逆变电路可以分为单相逆变电路和三相逆变电路;根据逆变结构的不同,逆变电路可以分为半桥式逆变电路和全桥式逆变电路,全桥式逆变电路还可以分为电压型和电流型。

脉宽调制(PWM)技术使逆变电路的应用更加广泛,因此本节将对一种 PWM 逆变电路进行介绍。此外,本节还将对电压型单相全桥式逆变电路进行仿真。

单相逆变电路中应用最多的是全桥逆变电路,原理图如图 4-66 所示。工作时,VT_1 和 VT_4 看作一对桥臂,VT_2 和 VT_3 看作另一对桥臂。工作时,给 VT_1 和 VT_4 加载相同的驱动信号,给 VT_2 和 VT_3 加载相同的驱动信号,两个驱动信号互差 $180°$,负载输出电压的大小与输入电压 U_d 相关,负载输出电压的频率由两对桥臂交替导通的时间长短进行控制。

输出电压的大小除了通过改变直流电压 U_d 大小的方法实现之外,还可以采用改变负载两端得到的正负脉冲电压宽度的方法实现。常见的改变脉冲宽度的方法有脉冲调制和移相调压两种方式,这里采用移相调压。

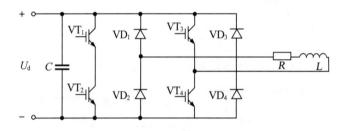

图 4-66　全桥逆变电路的原理图

移相调压是指通过调节输出电压的脉冲宽度来改变输出电压的大小。移相调压的思想是通过控制同一对桥臂上两个开关器件的栅极信号的相位,使两个开关器件的导通与关断相隔一定的时间(相位),从而使输出到负载上的脉冲宽度小于 $180°$。为实现移相调压,各开关器件的栅极信号仍为宽度为 $180°$ 的正负相间矩形波,且 VT_1 和 VT_2 以及 VT_3 和 VT_4 的栅极信号互补,但是 VT_1 和 VT_2 分别落后 VT_4 和 VT_3 的栅极信号 $\theta(0<\theta<180°)$,这样就会输出正负宽度均为 θ 的矩形波电压。但是,由于电感和二极管可以续流,所以电流将呈现正弦形式。

单相电压型逆变电路的仿真电路如图 4-67 所示。对 G_1、G_2、G_3、G_4 进行参数设置,设 $\theta=90°$,开关频率 $f=50\ Hz$,"Gating Block"对话框的参数设置如图 4-68 所示。为方便观察输出电流的波形,设置 RL_1 的"Current Flag"为 1。因为 $f=50\ Hz$,所以仿真总时间设为 0.04 s。仿真结果如图 4-69 所示。

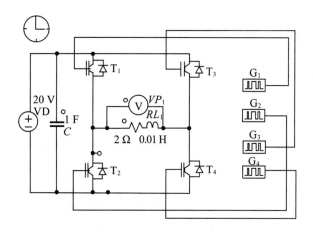

图 4-67　单相电压型逆变电路的仿真电路

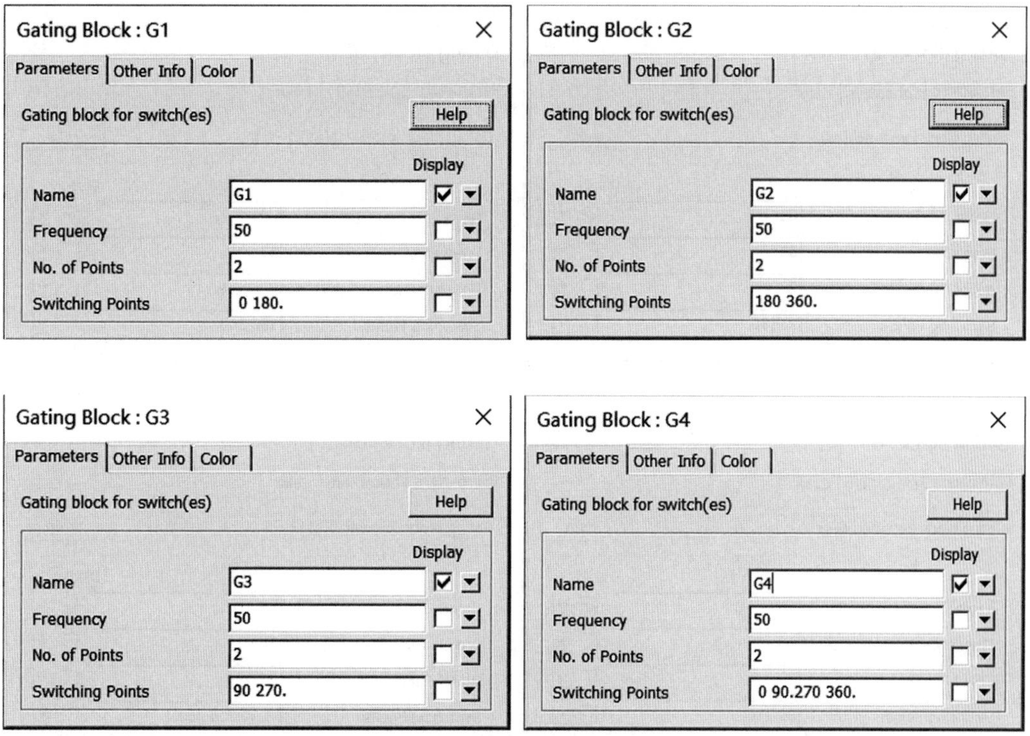

Gating Block : G1 ✕

Parameters | Other Info | Color

Gating block for switch(es)　　　　　　Help

　　　　　　　　　　　　　　　　Display

Name　　　　　　G1　　　　　☑ ▾

Frequency　　　　50　　　　　☐ ▾

No. of Points　　　2　　　　　☐ ▾

Switching Points　　0 180.　　　☐ ▾

Gating Block : G2 ✕

Parameters | Other Info | Color

Gating block for switch(es)　　　　　　Help

　　　　　　　　　　　　　　　　Display

Name　　　　　　G2　　　　　☑ ▾

Frequency　　　　50　　　　　☐ ▾

No. of Points　　　2　　　　　☐ ▾

Switching Points　　180 360.　　☐ ▾

Gating Block : G3 ✕

Parameters | Other Info | Color

Gating block for switch(es)　　　　　　Help

　　　　　　　　　　　　　　　　Display

Name　　　　　　G3　　　　　☑ ▾

Frequency　　　　50　　　　　☐ ▾

No. of Points　　　2　　　　　☐ ▾

Switching Points　　90 270.　　☐ ▾

Gating Block : G4 ✕

Parameters | Other Info | Color

Gating block for switch(es)　　　　　　Help

　　　　　　　　　　　　　　　　Display

Name　　　　　　G4　　　　　☑ ▾

Frequency　　　　50　　　　　☐ ▾

No. of Points　　　2　　　　　☐ ▾

Switching Points　　0 90.270 360.　☐ ▾

图 4-68　Gating Block 模块的参数设置($\theta = 90°$, $f = 50$ Hz)

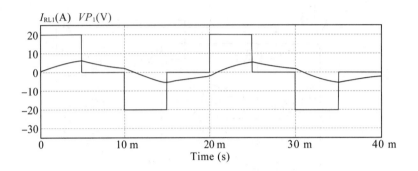

图 4-69　单相电压型逆变电路的仿真曲线($\theta=90°,f=50$ Hz)

由图 4-69 可得,输出电压和电流的频率为 50 Hz,电流峰值近似为 6.28 A。

改变参数值,令 $\theta=30°$, $f=50$ Hz,"Gating Block"对话框的参数设置如图 4-70 所示,其余参数不变。仿真结果如图 4-71 所示。

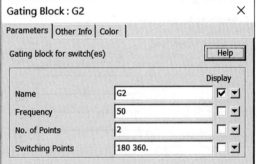

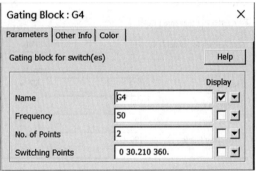

图 4-70　Gating Block 模块的参数设置($\theta=30°,f=50$ Hz)

观察图 4-71,用 SIMVIEW 的 Measure 功能可知电流峰值约为 2.4 A。比较图 4-69 和图 4-71 可知,减小 θ 可以使输出电流的峰值减小。但与图 4-69 相比,当 θ 减小时,图 4-71 的输出电流的波形变差,这是由于 θ 减小造成输出端导通时间变短,从而使得电感储存能量的时间变少,影响输出电流的波形。

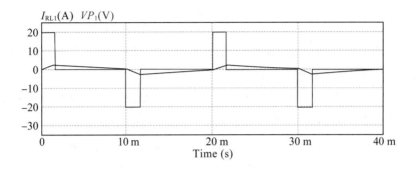

图 4-71　单相电压型逆变电路的仿真曲线($\theta=30°,f=50$ Hz)

无论是电压型逆变电路还是电流型逆变电路,输出电压或电流的波形都近似于矩形波,且其中含有大量谐波。一般来说,人们都希望输出电压的波形为正弦波,谐波含量越少越好。PWM 控制技术是通过对输出电压或输出电流的一系列脉冲宽度进行调制来获得所需电压或电流的大小和形状的一项技术。

PWM 控制中有一个重要理论,就是当在一个惯性环节的输入端施加面积相同但形状不同的脉冲信号时,该环节的输出响应的中低频段特性非常接近,仅在高频段略有差异,而且输入信号的脉冲越窄,输出响应的差别越小。

常见的 PWM 波获取方法有两种:一种是计算法,另一种是调制法。计算法的限制较大,一般采用调制法。在调制法中,把所希望输出的波形称为调制波 U_r,把接收调制的信号称为载波 U_c,通过对载波的调制可以得到所希望的脉冲宽度调制波形。常用的载波信号有等腰三角波和锯齿波。当要求逆变器的输出为正弦波时,其调制波也应采用正弦波。通过在电压比较器的两输入端分别输入正弦调制信号 U_r 和三角波载波信号 U_c,可在电压比较器的输出端得到 PWM 调制电压脉冲。这是因为当 $U_c<U_r$ 时,比较器输出高电平,反之则输出低电平。改变 U_r 的大小即可改变调制波与载波的交点及交点之间的距离,而交点之间的距离决定了电压比较器输出电压脉冲的宽度,即 PWM 波的宽度。降低 U_r 的幅值时,各段脉冲的宽度将变窄,输出电压的基波幅值也随之降低;改变 U_r 的频率时,输出电压的基波频率也随之改变。

在 PWM 控制技术中有两个重要参数,分别为调制比 M 和载波比 K。设正弦调制波电压的峰值为 U_{rm},三角形载波电压的峰值为 U_{cm},则调制比 M 为

$$M=\frac{U_{rm}}{U_{cm}} \tag{4-13}$$

当三角形载波 U_c 的幅值不变,正弦调制波 U_r 增大时,M 增大,输出电压的脉冲宽度增大,输出基波的电压幅值增大。同理,当 M 减小时,输出基波的电压幅值减小,所以改变调制比 M 可以改变输出电压基波的幅值。

设正弦调制波的频率为 f_r,三角波的频率为 f_c,则载波比 K 为

$$K = \frac{f_c}{f_r} \tag{4-14}$$

载波比将决定每个调制波周期中输出正弦 PWM(SPWM)脉冲的个数。K 值越高，SPWM 脉冲个数越多，越接近理想正弦波。

PWM 逆变电路的仿真电路如图 4-72 所示。其中，$T_1 \sim T_6$ 为绝缘栅双极型晶体管(IGBT)，$COMP_1 \sim COMP_3$ 是电压比较器，与 IGBT 控制端直接相连的是开关控制器，$NOT_1 \sim NOT_3$ 是非门，$V_1 \sim V_3$ 是正弦电压源，$VTRI_1$ 是三角波电压源。

由逆变器的原理知，T_1、T_3、T_5 的触发角相差 120°，T_1 和 T_2、T_3 和 T_4 以及 T_5 和 T_6 的触发角都相差 180°，所以可以使用三个相位依次相差 120°的交流调制波以及三角载波、电压比较器、非门来给逆变电路提供触发角。为使驱动功率足够大，需在控制电路和逆变主电路间加入开关控制器实现驱动。

首先对载波进行参数设置，如图 4-73 所示。为使载波比 K 的值较大，可设置载波频率为 1000 Hz。

设置调制波的幅值为 0.6 V，频率为 50 Hz，如图 4-74 所示。

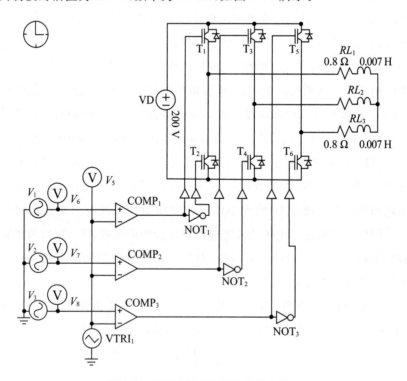

图 4-72 PWM 逆变电路的仿真电路

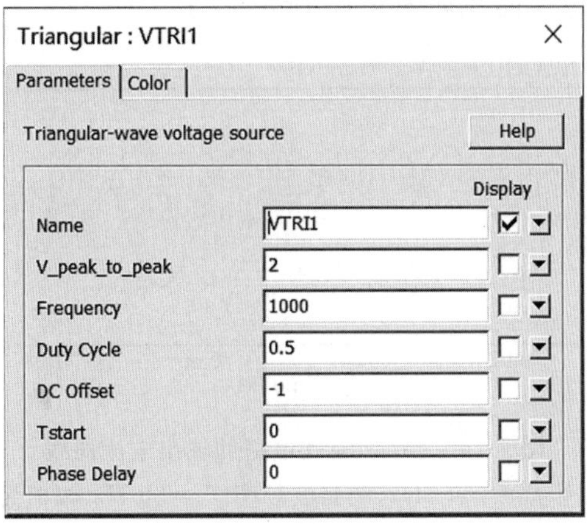

图 4-73　载波的参数设置（载波频率 $f_c=1000$ Hz）

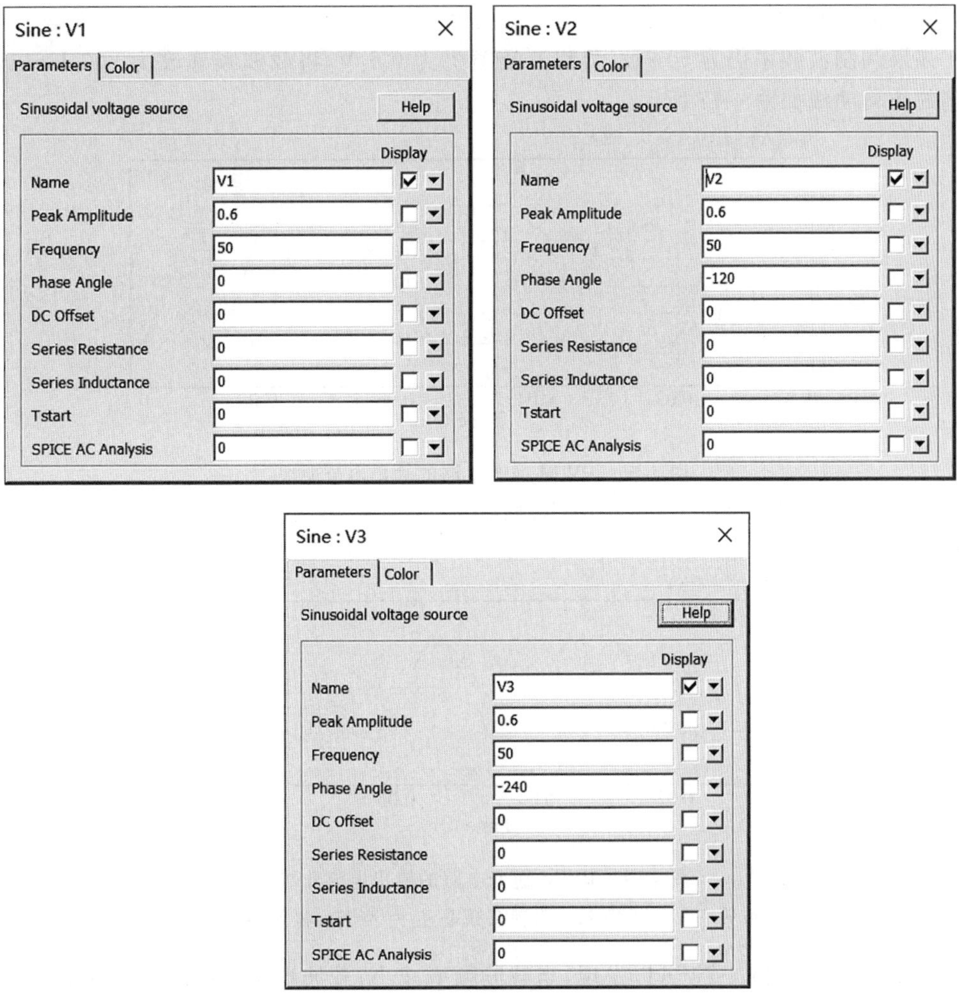

图 4-74　调制波的参数设置（调制波频率 $f_c=50$ Hz，幅值为 0.6 V）

仿真后得到的输出电流曲线如图 4-75 所示。

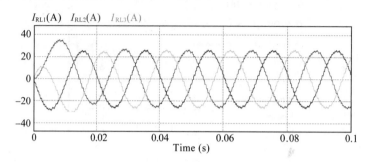

图 4-75　PWM 逆变电路的输出电流曲线

（载波频率 $f_c = 1000$ Hz，调制波频率 $f_r = 50$ Hz，幅值为 0.6 V）

当调制波频率变为 60 Hz，调制波幅值变为 0.3 V，而载波频率不改变时，得到的仿真曲线如图 4-76 所示。观察仿真曲线可知，电路输出电流的幅值比图 4-75 中的电流幅值小，频率为 60 Hz。

如果调制波频率仍为 50 Hz，调制波幅值仍为 0.6 V，将载波频率改为 200 Hz，这时得到的仿真曲线如图 4-77 所示。

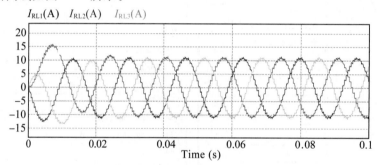

图 4-76　PWM 逆变电路的输出电流曲线

（载波频率 $f_c = 1000$ Hz，调制波频率 $f_r = 60$ Hz，幅值为 0.3 V）

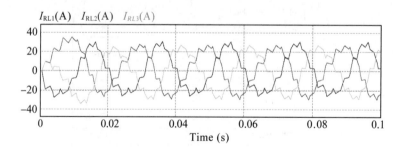

图 4-77　PWM 逆变电路的输出电流曲线

（载波频率 $f_c = 200$ Hz，调制波频率 $f_r = 50$ Hz，幅值为 0.6 V）

比较图 4-75 和图 4-77 可以发现，当载波频率减小，载波比 K 减小后，逆变后的波形变差。

第5章 PSIM 模拟/数字电路仿真

5.1 模拟电路仿真

PSIM 可以对模拟电路进行精确的仿真。模拟电路的种类很多,本书只介绍应用比较广泛的两种——运算电路和有源滤波电路。

5.1.1 运算电路仿真

运算电路是模拟电路的一个重要应用,它由集成运放和电阻、电容、二极管等构成的比例、加减、积分、微分、对数、指数、乘除等模拟量运算电路构成。由于比例电路和加法电路是运算电路的基础,故本节将对比例电路、加法电路进行仿真分析。

比例电路是将信号按比例放大的电路,简称"比例电路"或"比例运算电路"。比例电路包括反相比例电路和同相比例电路。由于反相比例电路和同相比例电路的原理相近,因此本节主要对反相比例电路进行仿真。

反相比例电路的原理图如图 5-1 所示。集成运放的同相输入端接有电阻 R_2。由于集成运放的输入级是由差动放大电路组成的,这就要求两边的输入回路参数对称,即集成运放反相输入端和接地端这两点之间的等效电阻 R_n 应当等于运放同相输入端和接地端这两点之间的等效电阻 R_p。

$$R_n = R_p \tag{5-1}$$

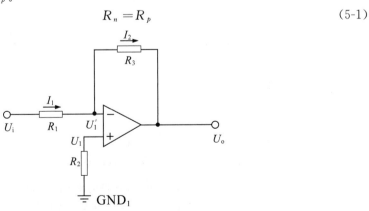

图 5-1 反相比例电路的原理图

设输入信号源的内阻为 0,则

$$R_n = R_1 /\!/ R_3 \tag{5-2}$$

$$R_p = R_2 \tag{5-3}$$

由"虚短"和"虚断"原理可知 $I_1 = I_2$,故有

$$U_o = -\frac{R_3}{R_1} U_i \tag{5-4}$$

当放大比例 K 确定后,R_1 和 R_3 也就确定了,这时可由式(5-2)和式(5-3)得出 R_2 的值。反相比例电路的仿真电路图如图 5-2 所示。

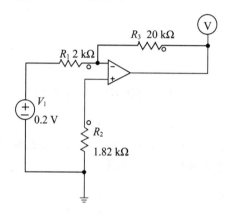

图 5-2　反相比例电路的仿真电路图

图 5-2 中,V_1 为直流电压源,设置电压值为 0.2 V。通过公式(5-4),取放大比例 $K = 10$,并取 $R_1 = 2$ kΩ,$R_3 = 20$ kΩ,由式(5-1)、式(5-2)和式(5-3)可得 $R_2 = 1.82$ kΩ。根据式(5-4)可得,输出电压为 -2 V。仿真步长采用默认值,仿真总时间设置为 0.01 s。仿真曲线如图 5-3 所示。从图中可知,输出电压约为 -2 V,与理论值相符。改变输入电压,使其为 0.5 V,输出仿真曲线如图 5-4 所示,输出电压约为 -5 V。相对于图 5-3,图 5-4 更加接近理论值。

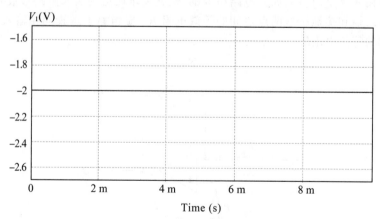

图 5-3　反相比例电路的输出仿真曲线

(输入电压 $U_i = 0.2$ V,放大比例 $K = 10$)

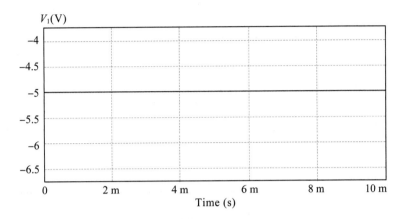

图 5-4　反相比例电路的输出仿真曲线

（输入电压 $U_i = 0.5$ V，放大比例 $K = 10$）

求和电路有反相输入和同相输入两种接法，下面以反相求和电路为例进行仿真。反相求和电路的原理图如图5-5所示。

设 R' 等于集成运放反相输入端所接的各电阻相并联的阻值，即

$$R' = R_1 /\!/ R_2 /\!/ R_3 /\!/ R_f \qquad (5-5)$$

根据"虚短"和"虚断"原理，可以得到

$$U_o = -R_f \left(\frac{U_1}{R_1} + \frac{U_2}{R_2} + \frac{U_3}{R_3} \right) \qquad (5-6)$$

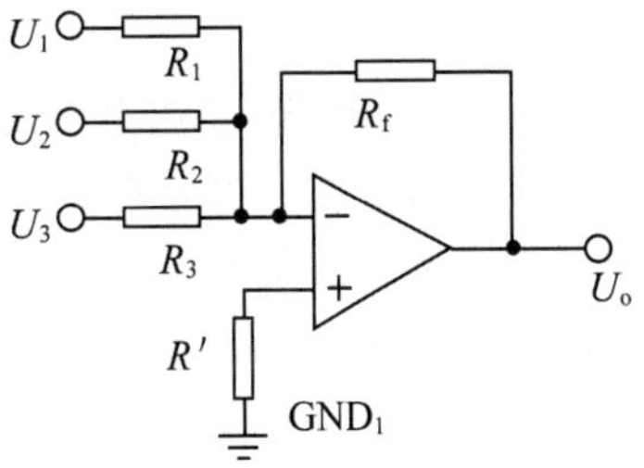

图 5-5　反相求和电路的原理图

仿真电路如图 5-6 所示。其中，R_1、R_2、R_3 用三相电阻代替，电阻值为 1000 Ω，V_1、V_2、V_3 均为直流电流源，电压分别为 1 V、2 V、3 V，R_f 为 1 kΩ，则根据式（5-5）可得 R_g 为 1 kΩ。设置仿真总时间为 0.01 s。

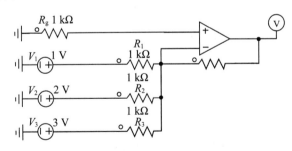

图 5-6　反相求和电路的仿真结构图

根据式（5-6）可以得到此时 $U_o = -(V_1 + V_2 + V_3) = -(1 + 2 + 3) = -6(\text{V})$。仿真后得到的输出电压的仿真曲线如图 5-7 所示。

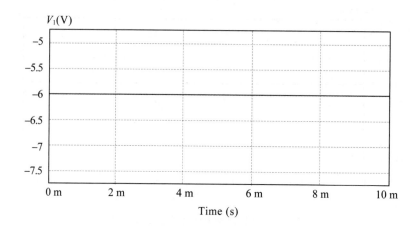

图 5-7　反相求和电路的输出电压仿真曲线
($V_1=1$ V,$V_2=2$ V,$V_3=3$ V)

　　由图 5-7 可知,输出电压约为-6 V,符合理论值。如果想得到正的输出电压值,可在电路的输出端加反相电路。

　　若将直流电流源的电压值分别改变为$V_1=1$ V,$V_2=3$ V,$V_3=5$ V,再次仿真后可得到如图 5-8 所示的仿真曲线。

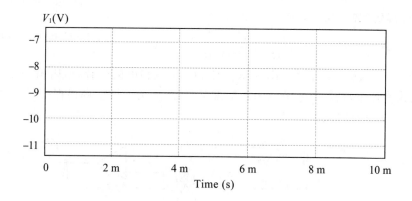

图 5-8　反相求和电路的输出电压仿真曲线
($V_1=1$ V,$V_2=3$ V,$V_3=5$ V)

由图 5-8 可知,输出电压约为-9 V,符合理论值。

5.1.2　有源滤波电路仿真

　　滤波电路的功能是使指定频段的信号能比较顺利地通过电路,并对其他频段的信号进行衰减。按照电路处理的是连续信号还是离散信号,滤波电路分为模拟滤波电路和数字滤波电路;按照是否采用有源元件,滤波电路分为无源滤波电路和有源滤波电路;按照幅频特性,滤波电路分为低通滤波电路(LPF)、高通滤波电路(HPF)、带通滤波电路

(BPF)、带阻滤波电路(BEF)和全通滤波电路(APF)。本节将分析模拟滤波电路和有源滤波电路,并分别针对一阶低通滤波电路和二阶低通滤波电路进行仿真分析。

与无源滤波电路相比,有源滤波电路有很多优点:有源滤波电路不使用电感元件,因此体积小、质量轻,并且也不需要加磁屏蔽;有源滤波电路可以使输入和输出之间有良好的隔离,因此可以方便地将几个低阶滤波电路串接起来得到高阶滤波电路,且一般情况下不需要像 LC 滤波电路那样考虑各级间的相互影响;除滤波作用外,有源滤波电路还可以将信号放大,且放大倍数更容易调节。

一阶滤波电路的原理图如图 5-9 所示。RC 无源低通滤波电路的突出缺点是带负载能力差,加入集成运放 A 就可以克服这个缺点。由于集成运放是有源器件,所以该电路就变为有源低通滤波电路。

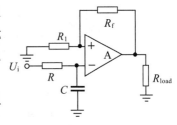

一阶 LPF 不仅具有低通滤波作用,还有放大作用,且放大倍数为

$$K = 1 + \frac{R_f}{R_1} \qquad (5\text{-}7)$$

图 5-9   一阶 LPF 的原理图

通带截止频率为

$$f_\circ = \frac{1}{2\pi RC} \qquad (5\text{-}8)$$

LPF 的通带电压放大倍数是 $f=0$ 时的输出电压与输入电压之比。对于直流信号,一阶 LPF 的电容相当于开路,因此其通带电压放大倍数就是同相比例放大倍数,因此图 5-9 中的 R 值为

$$R = R_1 /\!/ R_f \qquad (5\text{-}9)$$

仿真电路如图 5-10 所示。其中,V 是交流电压源,由于理想放大器的输入电压是 ± 5 V,故设置交流电压源的幅值为 0.2 V,频率为 20 Hz,放大倍数为 3 倍,$R_2 = 20\ \Omega$,$R_1 = 10\ \Omega$,则由式(5-7)可以得到 $R_4 \approx 6.67\ \Omega$;设置截止频率为 50 Hz,则由式(5-8)可以得出 $C = 0.0005$ F,由于 V 的频率是 20 Hz,可以设置仿真总时间为 0.4 s。为了方便观察负载电流,可设置 R_3 的"Current Flag"参数为 1。

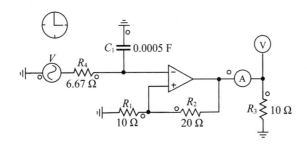

图 5-10   一阶 LPF 的仿真电路

因为交流电压源的电压为 0.2 V,放大倍数 $K=3$,所以输出电压应为 0.6 V。观察输

出电压曲线可以发现,其与理论值比较接近。由于电源 V 的频率为 20 Hz,低于截止频率,所以幅值基本没有衰减。改变电源 V 的频率 $f=1000$ Hz,设置仿真时长为 0.02 s,再次观察仿真结果。仿真结果分别如图 5-11 和图 5-12 所示。

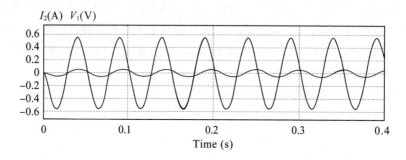

图 5-11　一阶 LPF 仿真电路的输出电压和电流曲线

（电源频率 $f=20$ Hz,截止频率 $f_。=50$ Hz,放大倍数 $K=3$）

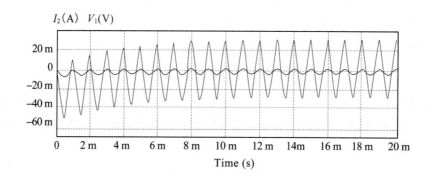

图 5-12　一阶 LPF 仿真电路的输出电压和电流曲线

（电源频率 $f=1000$ Hz,截止频率 $f_。=50$ Hz,放大倍数 $K=3$）

　　观察图 5-12 可以发现,相对于图 5-11,图 5-12 中的电压幅值衰减较大,且正弦波形变差。

　　虽然一阶 LPF 具有滤波功能,但是衰减速率是比较慢的,因此其选择性较差,而二阶 LPF 的滤波效果更好。要得到二阶 LPF,只需在一阶 LPF 的基础上并联一个 RC 网络即可,如图 5-13 所示。

　　二阶 LPF 的截止频率为

$$f_。=\frac{0.375}{2\pi RC} \tag{5-10}$$

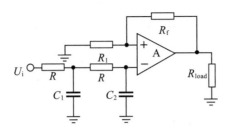

图 5-13　二阶 LPF 的原理图

仿真电路如图 5-14 所示。设置电源 V 的频率为 10 Hz,仿真总时间为 0.6 s,其余设置同一阶 LPF。由式(5-10)知,当参数相同时,二阶 LPF 的截止频率是一阶 LPF 的 0.375 倍,即此时截止频率 $f_。= 0.375 \times 50 = 18.75$ (Hz),得到的输出曲线的仿真结果如图 5-15 所示。

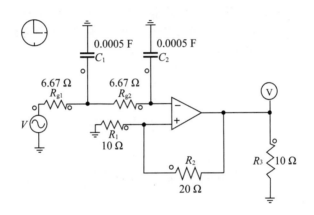

图 5-14　二阶 LPF 的仿真电路

由图 5-15 可以看出,虽然截止频率近似为 19 Hz,但是对于频率为 10 Hz 的正弦信号有一定程度的衰减。将电源的频率改为 1000 Hz,设置仿真总时间为 0.05 s,得到的输出曲线的仿真结果如图 5-16 所示。

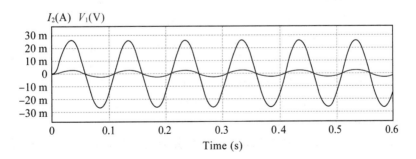

图 5-15　二阶 LPF 仿真电路的输出电压和电流曲线
(电源频率 $f = 10$ Hz,截止频率 $f_。= 18.75$ Hz,放大倍数 $K = 3$)

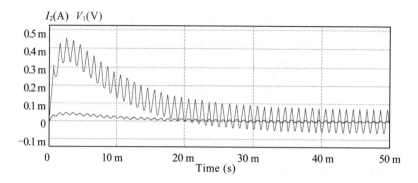

图 5-16　二阶 LPF 仿真电路的输出电压和电流曲线

（电源频率 $f = 1000$ Hz，截止频率 $f_c = 18.75$ Hz，放大倍数 $K = 3$）

由于一阶 LPF 和二阶 LPF 的截止频率相近（50 Hz、18.75 Hz），但当输入频率均为 1000 Hz 时，比较图 5-16 和图 5-12 可以明显看出，二阶 LPF 的衰减大于一阶 LPF 的衰减，则二阶 LPF 的滤波效果更好。

5.2　数字电路仿真

本节主要介绍数字电路中常用的加法器、比较器和计数器的 PSIM 数字仿真电路。

5.2.1　加法器

计算机等数字电子设备最基本的任务是进行算术运算。在数字电子设备中，因为减法、乘法和除法都是分解成加法来运算的，所以加法器是数字电子设备中最基本的运算单元。加法器有半加器和全加器两种。

两个 1 位二进制数相加的运算称为半加，实现半加运算功能的电路称为半加器。半加器可由一个异或门和一个与门组成，也可由一个异或门、一个与非门和一个非门组成。图 5-17 为由一个异或门和一个与门组成的半加器的原理图。

图 5-17 中，S 为半加和数，C 为进位数。当 A 端输入"0"，B 端输入"1"时，异或门的 S 端输出"1"（异或门的功能是当输入相同时输出"0"，输入相异时输出"1"），

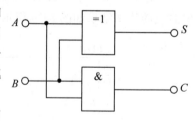

图 5-17　半加器的原理图

而与门的 C 端输出"0"。当 A、B 端都输入"1"时，异或门的 S 端输出"0"，与门的 C 端输出"1"。

半加器的真值表如表 5-1 所示。

表 5-1　半加器的真值表

输入		输出	
A	B	S	C
0	0	0	0
0	1	1	0
1	0	1	0
1	1	0	1

仿真电路如图 5-18 所示。其中，XOR_1 是异或门逻辑元件，AND_1 是与门逻辑元件，VSQ_1 和 VSQ_2 是方波电源。参数设置如下：VSQ_1 的频率为 50 Hz，幅值为 1 V，高电平与低电平在一个周期内所占比例相同，为 1∶1；VSQ_2 的频率为 25 Hz，幅值为 1 V，高电平与低电平在一个周期内所占比例相同，为 1∶1。设置仿真时间为 0.06 s。具体的参数设置如图 5-19 所示。

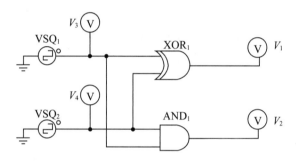

图 5-18　半加器的仿真电路

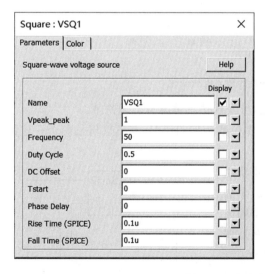

图 5-19　方波电源的参数设置

仿真后得到的 V_3、V_4 的仿真曲线如图 5-20 所示。其中，V_3 即为测得的 VSQ_1 电压的变化情况，即图 5-17 中 A 端的电压，V_4 即为测得的 VSQ_2 电压的变化情况，即图 5-17 中

B 端的电压。由图 5-20 和表 5-1 可以得到 V_3、V_4 从 0 到 0.03 s 的变化情况为：

$$V_3: 1 \quad 0 \quad 1 \quad 0$$
$$V_4: 1 \quad 1 \quad 0 \quad 0$$

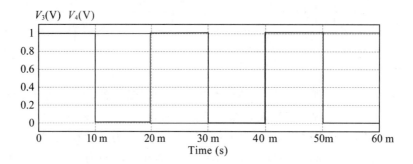

图 5-20　半加器的输出电压变化曲线

仿真后得到的 V_1、V_2 的仿真曲线如图 5-21 所示。其中，V_1 即为图 5-17 中 S 端的值，V_2 即为图 5-17 中 C 端的值。由图 5-21 可以得到 V_1、V_2 从 0 到 0.03 s 的变化为：

$$V_1: 0 \quad 1 \quad 1 \quad 0$$
$$V_2: 1 \quad 0 \quad 0 \quad 0$$

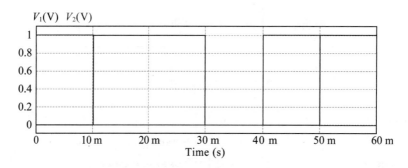

图 5-21　VSQ_1、VSQ_2 的输入电压变化

观察 $V_1 \sim V_4$ 的变化情况并与表 5-1 对比，可发现仿真情况符合理论值。

在实际的二进制加法运算中，经常会遇到多位数相加的情况，并不仅仅是两个一位数相加，所以会涉及进位的问题。

全加运算就是带进位的加法运算，除了要将两个同位数相加外，还要与低位的进位数相加。全加器是用来实现全加运算的电路。全加器有 3 个输入端，分别为加数 A、B 和低位的进位数 C_{n-1}；全加器有两个输出端，分别为和数 S_n 和向高位进位数 C_n。全加器由两个半加器和一个或门组成，原理图如图 5-22 所示。

当 A 端输入"1"、B 端输入"0"、C_{n-1} 端输入"0"

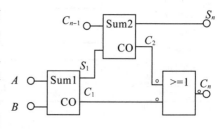

图 5-22　全加器的原理图

（即低位无进位）时,半加器 Sum 1 的进位 C_1 端输出"0",S_1 端输出"1";同时,低位进位数 C_{n-1} 接入半加器 Sum 2 的一个输入端,C_{n-1} 端的输入为"0",半加器 Sum 2 的 S_n 端输出 "1",进位 C_2 端输出"0"。$C_1=0$ 和 $C_2=0$ 接入或门输入端,或门 C_n 端输出"0"。即当 A 端输入"1"、B 端输入"0"、C_{n-1} 端输入"0"时,全加器的 $S_n=1$,高位进位数 $C_n=0$。

全加器的真值表如表 5-2 所示。仿真电路如图 5-23 所示。其中,$VSQ_1 \sim VSQ_3$ 是方波电源,V_1 为 VSQ_1 的电压,即图 5-22 中 A 端的电压;V_2 为 VSQ_2 的电压,即图 5-22 的 B 端的电压;V_3 为 VSQ_3 的电压,即图 5-22 中 C_{n-1} 端的电压;V_4 为图 5-22 中 S_n 端的电压,V_5 为图 5-22 中 C_n 端的电压。

参数设置如下:VSQ_1 的频率为 100 Hz,VSQ_2 的频率为 50 Hz,VSQ_3 的频率为 25 Hz,仿真时长为 0.04 s。具体设置情况如图 5-24 所示。

表 5-2 全加器的真值表

输入			输出	
A	B	C_{n-1}	S_n	C_n
0	0	0	0	0
0	0	1	1	0
0	1	0	1	0
0	1	1	0	1
1	0	0	1	0
1	0	1	0	1
1	1	0	0	1
1	1	1	1	1

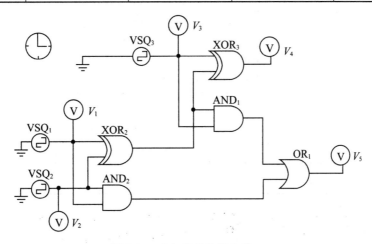

图 5-23 全加器的仿真电路

仿真后可得 V_1、V_2、V_3 的电压变化曲线,如图 5-25 所示。由图 5-25 可以得到 $V_1 \sim V_3$ 的变化情况为:

$$V_1 : 1\ 0\ 1\ 0\ 1\ 0\ 1\ 0$$
$$V_2 : 1\ 1\ 0\ 0\ 1\ 1\ 0\ 0$$
$$V_3 : 1\ 1\ 1\ 1\ 0\ 0\ 0\ 0$$

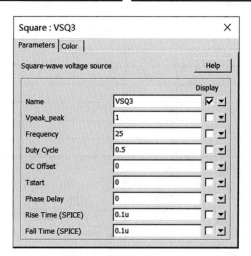

图 5-24　方波电源的参数设置

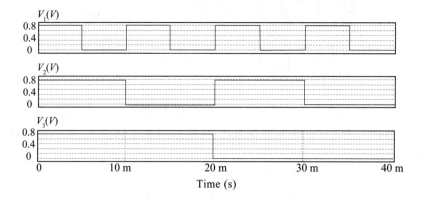

图 5-25　全加器的输入电压曲线

仿真后可得 V_4、V_5 的电压变化曲线,如图 5-26 所示,由图 5-26 可以得到 V_4、V_5 的变化情况为:

$$V_4:1\ 0\ 0\ 1\ 0\ 1\ 0\ 1\ 1\ 0$$
$$V_5:1\ 1\ 1\ 1\ 0\ 1\ 0\ 0\ 0$$

与表 5-2 对比可发现,仿真值与理论值相符。

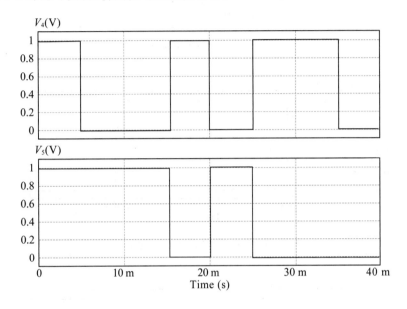

图 5-26   全加器的输出电压曲线

5.2.2   比较器

在数字电子设备中,经常需要比较两个数值的大小。能完成数据比较功能的逻辑电路称为比较器。比较器有两类:一类是等值比较器,另一类是数值比较器。

等值比较器可分为一位等值比较器和多位等值比较器,主要是用来验证数据是否相等。在此将对一位等值比较器进行仿真分析。由异或非门构成的一位等值比较器如图 5-27 所示。

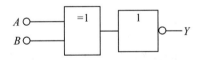

图 5-27   一位等值比较器

异或非门等效于同或门,即当 A、B 端输入相同时,输出为"1";当 A、B 端输入相异时,输出为"0"。因此可以据此来判断 A、B 是否相等。

仿真电路如图 5-28 所示。参数设置如下:直流电压源 V_1 的频率为 50 Hz,直流电压源 V_2 的频率为 25 Hz,仿真时长为 0.04 s。仿真后可得到输入电压 V_1、V_2 的变化曲线如图 5-29 所示,输出电压 V_3 的变化曲线如图 5-30 所示。

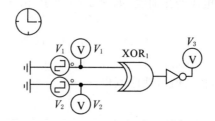

图 5-28　一位等值比较器的仿真电路

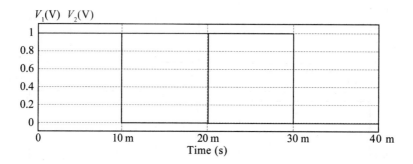

图 5-29　等值比较器的输入电压曲线

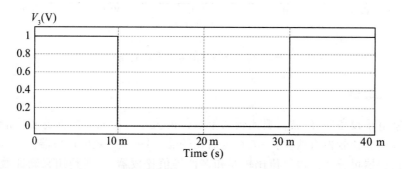

图 5-30　等值比较器的输出电压曲线

比较图 5-29 和图 5-30 可以看出,当输入不相等时输出为"0",当输入相等时输出为"1"。

5.2.3　计数器

计数器是一种具有计数功能的电路,它主要由触发器和门电路组成。计数器不但可用来对脉冲个数进行计数,还可以用作数字运算、分频、定时控制等。

计数器可分为二进制计数器、十进制计数器和任意进制计数器,这些计数器中又可分为加法计数器和减法计数器。

计数器还可分为异步计数器和同步计数器。所谓"异步"是指计数器中各电路(一般为触发器)没有统一的时钟脉冲控制,或者没有时钟脉冲控制,各触发器的状态变化不是发生在同一时刻的。而"同步"是指计数器中的各触发器都受到同一时钟脉冲的控制,所有触发器的状态变化都在同一时刻发生。

　　减法计数器和加法计数器的原理相近,本节将对异步二进制加法计数器和同步二进制加法计数器进行仿真分析。

　　异步二进制加法计数器的原理图如图 5-31 所示。异步二进制加法计数器由 3 个 JK 触发器组成,其中 J、K 端都悬空,相当于 $J=1,K=1$,时钟脉冲输入端的"<"和小圆圈表示脉冲下降沿(由"1"变为"0"时)时工作有效。

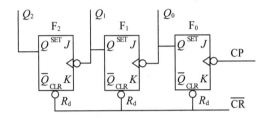

图 5-31　异步二进制加法计数器的原理图

　　计数器的工作过程分为两步。

　　第一步:计数器复位清零。在工作前应先对计数器进行复位清零。在复位控制$\overline{CR}$端送一个负脉冲到各触发器R_d端,则各触发器状态都变为"0",即$Q_2Q_1Q_0=000$。

　　第二步:计数器开始计数。当第一个时钟脉冲的下降沿到触发器 F_0 的 CP 端时,触发器 F_0 开始工作,由于 JK 触发器的功能是"翻转",当 $J=K=1$ 时,触发器 F_0 的状态由"0"变为"1",即$Q_0=1$,其他触发器状态不变,计数器的输出为$Q_2Q_1Q_0=001$。当第二个时钟脉冲的下降沿到触发器 F_0 的 CP 端时,触发器 F_0 状态再次翻转,Q_0 由"1"变为"0",相当于给触发器 F_1 的 CP 端加了一个脉冲的下降沿,触发器 F_1 状态翻转,Q_1 由"0"变为"1",计数器的输出为$Q_2Q_1Q_0=010$。当第三个时钟脉冲下降沿到触发器 F_0 的 CP 端时,触发器 F_0 状态再次翻转,Q_0 由"0"变为"1",触发器 F_1 状态不变,计数器的输出为$Q_2Q_1Q_0=011$。

　　同理,当第 4～7 个脉冲到来时,计数器的$Q_2Q_1Q_0$依次变为 100、101、110、111。随着脉冲的不断到来,计数器的计数值不断递增,这种计数器称为加法计数器。当再输入一个脉冲时,$Q_2Q_1Q_0$又变为 000。随着时钟脉冲的不断到来,计数器又重新开始对脉冲进行计数。

　　仿真电路如图 5-32 所示。其中,VSQ_1 是方波电源,设置频率为 50 Hz,方波电源可以给 JK 触发器提供脉冲。由于 PSIM 中仅有上升沿触发的 JK 触发器,所以可在接收端前加一个非门逻辑元件,用于防止第一个 JK 触发器由"0"变为"1"后第二个触发器接着导通。加入非门后,当第一个触发器由"0"到"1"后,经过非门后由"1"变为"0"。由于第二个 JK 触发器是上升沿触发,所以第二个触发器将不会改变。

　　$VDC_1\sim VDC_6$为直流电源,设置幅值为 1 V。选择 JK 触发器为"翻转"模式,即一个上升沿脉冲后,如果原来为"0"则变为"1",如果原来为"1"则变为"0"。设置仿真时长为 0.2 s。仿真后可得输入脉冲和输出脉冲的变化曲线分别如图 5-33、图 5-34 所示。

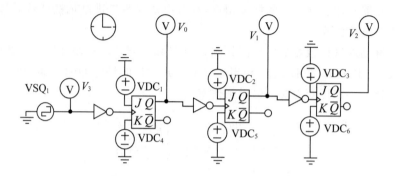

图 5-32　异步二进制加法计数器的仿真电路

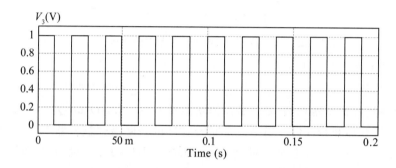

图 5-33　异步二进制加法计数器的输入脉冲

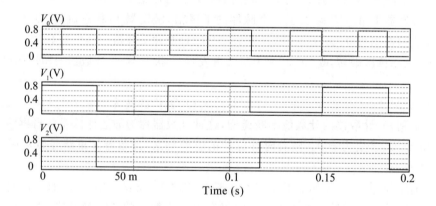

图 5-34　异步二进制加法计数器的输出脉冲

由图 5-34 可知，V_2、V_1、V_0 的变化符合异步二进制加法器的变化规律，即

V_2:1　1　0　0　0　0　0　1　1　1

V_1:1　1　0　0　1　1　0　0　1

V_0:0　1　0　1　0　1　0　1　0

同步二进制加法计数器的原理图如图 5-35 所示。

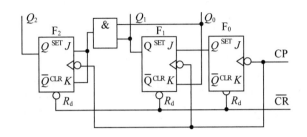

图 5-35　同步二进制加法计数器的原理图

图中的同步二进制加法计数器是一个 3 位同步二进制加法计数器,其由 3 个 JK 触发器和一个与门组成。与异步计数器不同的是,它将计数脉冲同时送到每个触发器的 CP 端,当计数脉冲到来时,各个触发器同时工作。这种形式的计数器称为同步计数器。

同步计数器的工作过程分为两步。

第一步:计数器复位清零。在工作前应先对计数器进行复位清零。在复位控制端送一个负脉冲到各触发器 R_d 端,触发器状态都变为"0",即 $Q_2Q_1Q_0=000$。

第二步:计数器开始计数。当第一个时钟脉冲的下降沿到来时,3 个触发器同时工作。在时钟脉冲下降沿到来时,触发器 F_0 的 $J=K=1(J$、K 端悬空为"1"),触发器 F_0 状态翻转,由"0"变为"1";触发器 F_1 的 $J=K=Q_0=0$,触发器 F_1 状态保持不变,仍为"0";触发器 F_2 的 $J=K=Q_0\cdot Q_1=0\cdot 0=0$,触发器 F_2 状态保持不变,仍为"0"。即第一个时钟脉冲过后,计数器的输出为 $Q_2Q_1Q_0=001$。当第二个时钟脉冲的下降沿到来时,3 个触发器同时工作。在时钟脉冲下降沿到来时,触发器 F_0 的 $J=K=1$,触发器 F_0 状态翻转,由"1"变为"0";触发器 F_1 的 $J=K=Q_1=1$,触发器 F_1 状态翻转,由"0"变为"1";触发器 F_2 的 $J=K=Q_0\cdot Q_1=1\cdot 0=0$,触发器 F_2 状态保持不变,仍为"0"。第二个时钟脉冲过后,计数器的输出为 $Q_2Q_1Q_0=010$。

同理,当第 3～7 个时钟脉冲下降沿到来时,计数器状态依次变为 011、100、101、110、111;当第 8 个时钟脉冲下降沿到来时,计数器状态又变为 000。

从上面的分析可以看出,同步计数器的各个触发器在时钟脉冲的控制下同时工作,计数速度快。

仿真电路如图 5-36 所示。其中,VSQ_1 是方波电源,幅值为 1 V,频率是 50 Hz;VDC_1、VDC_2 是直流电压源,幅值为 1 V;V_3 为 VSQ_1 的电压,$V_2\sim V_0$ 分别为 $JKFF_3\sim JKFF_1$ 的 Q 端输出电压。仿真后得到的输入电压脉冲波形如图 5-37 所示,输出电压脉冲波形如图 5-38 所示。

由图 5-38 可知,V_2、V_1、V_0 的变化情况为:

$$V_2:0\ 0\ 0\ 1\ 1\ 1\ 1\ 0\ 0$$
$$V_1:0\ 1\ 1\ 0\ 0\ 1\ 1\ 0\ 0$$
$$V_0:1\ 0\ 1\ 0\ 1\ 0\ 1\ 0\ 1$$

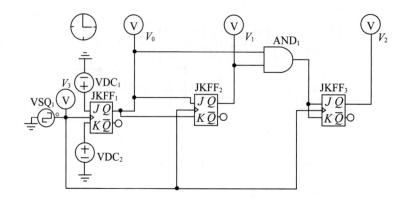

图 5-36　同步二进制加法计数器的仿真电路

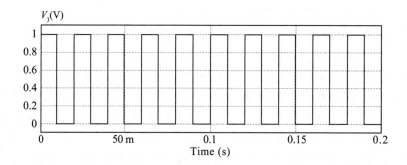

图 5-37　同步二进制加法计数器仿真电路的输入脉冲

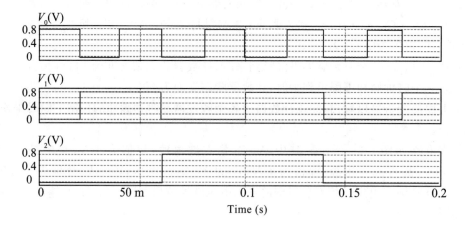

图 5-38　同步二进制加法计数器仿真电路的输出脉冲

第6章 控制电路仿真

6.1 控制系统典型环节的模拟

控制系统典型环节以运算放大器为核心元件,由不同的 RC 输入网络和反馈网络组成,如图 6-1 所示。图中 Z_1 和 Z_2 为复数阻抗,它们都是由 R、C 构成。

基于图中 A 点电位为虚地,略去流入运放的电流,则由图 6-1 得

$$G(s) = -\frac{U_o}{U_i} = \frac{Z_2}{Z_1} \tag{6-1}$$

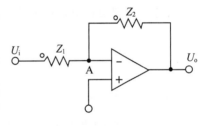

由式(6-1)可以得到各典型环节的传递函数及其单位阶跃响应。在下面的典型电路中默认运放为 ± 5 V供电,输入为 1 V 的单位阶跃响应。

图 6-1 控制系统典型环节

6.1.1 比例环节

比例环节的模拟电路如图 6-2 所示。

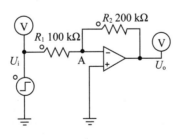

图 6-2 比例环节的模拟电路

由模拟电路可得比例环节的传递函数为

$$G(s) = \frac{U_o}{U_i} = -\frac{R_2}{R_1} \tag{6-2}$$

由模拟电路可得比例环节的单位阶跃响应曲线如图 6-3 所示。

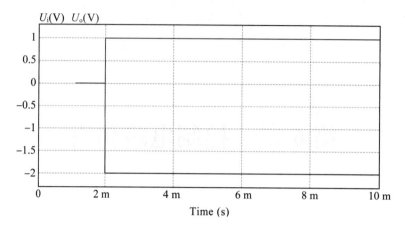

图 6-3　比例环节的单位阶跃响应曲线

6.1.2　惯性环节

惯性环节的模拟电路如图 6-4 所示。

由模拟电路可得惯性环节的传递函数为

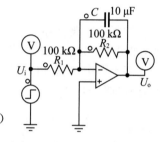

$$G(s) = \frac{U_o}{U_i} = \frac{\dfrac{R_2/Cs}{R_2+1/Cs}}{R_1} = \frac{K}{Ts+1} \qquad (6-3)$$

式中, $K = \dfrac{R_2}{R_1}$, $T = R_2C$。

图 6-4　惯性环节的模拟电路

由模拟电路可得惯性环节的单位阶跃响应曲线如图 6-5 所示。

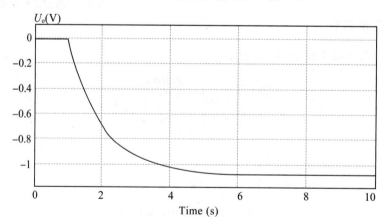

图 6-5　惯性环节的单位阶跃响应曲线

6.1.3　积分环节

积分环节的模拟电路如图 6-6 所示。

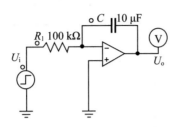

图 6-6　积分环节的模拟电路

由模拟电路可得惯性环节的传递函数为

$$G(s) = \frac{U_o}{U_i} = \frac{1/Cs}{R} = \frac{1}{Ts} \tag{6-4}$$

式中，T 为积分时间常数，$T = RC$。

由模拟电路可得积分环节的单位阶跃响应曲线如图 6-7 所示。

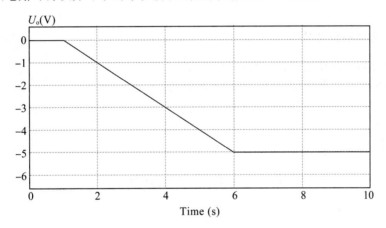

图 6-7　积分环节的单位阶跃响应曲线

6.1.4　比例微分环节

比例微分环节的模拟电路如图 6-8 所示。

由模拟电路可得比例微分环节的传递函数为

$$G(s) = \frac{U_o}{U_i} = -\frac{R_2}{\dfrac{R_1/Cs}{R_1 + 1/Cs}} = -K(Ts+1)$$

$$\tag{6-5}$$

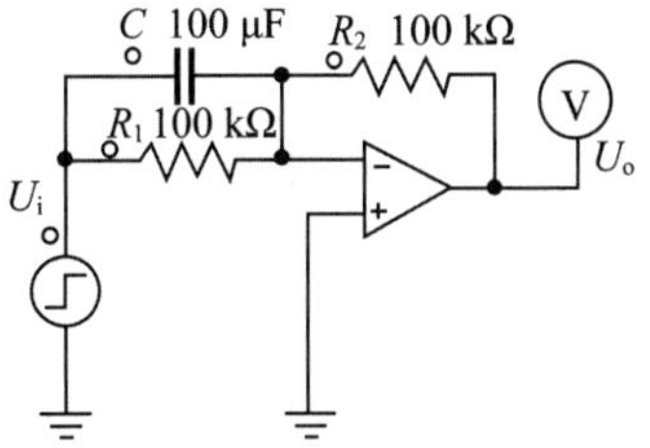

图 6-8　比例微分环节的模拟电路

式中，$K = \dfrac{R_2}{R_1}$，$T = R_1 C$。

由模拟电路可得比例微分环节的单位阶跃响应曲线如图 6-9 所示。

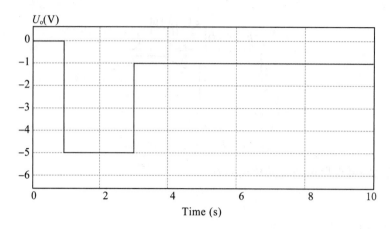

图 6-9　比例微分环节的单位阶跃响应曲线

6.1.5　比例积分环节

比例积分环节的模拟电路如图 6-10 所示。

由模拟电路可得比例积分环节的传递函数为

$$G(s)=\frac{U_o}{U_i}=-\frac{R_2+1/Cs}{R_1}=-K\left(1+\frac{1}{Ts}\right)\qquad(6\text{-}6)$$

式中，$K=\dfrac{R_2}{R_1}$，$T=R_2C$。

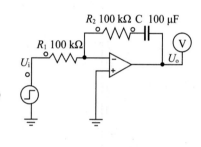

由模拟电路可得比例积分环节的单位阶跃响应曲
线如图 6-11 所示。

图 6-10　比例积分环节的模拟电路

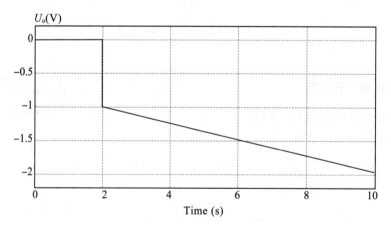

图 6-11　比例积分环节的单位阶跃响应曲线

6.1.6　比例积分微分环节

比例积分微分环节的模拟电路如图 6-12 所示。

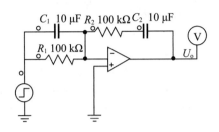

图 6-12　比例积分微分环节的模拟电路

由模拟电路可得比例积分微分环节的传递函数为

$$G(s)=\frac{U_o}{U_i}=-\frac{R_2+1/C_2s}{\dfrac{R_1/C_1s}{R_1+1/C_1s}}=-\frac{(R_1C_1s+1)(R_2C_1s+1)}{R_1C_2s} \tag{6-7}$$

由模拟电路可得比例积分微分环节的单位阶跃响应曲线如图 6-13 所示。

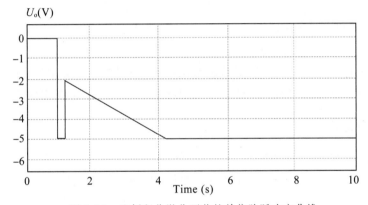

图 6-13　比例积分微分环节的单位阶跃响应曲线

6.2　二阶系统的瞬态响应分析

图 6-14 为二阶系统的模拟电路,由惯性环节、积分环节和反向器组成。

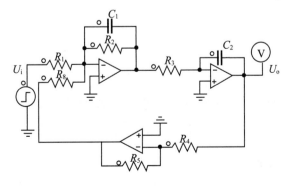

图 6-14　二阶系统的模拟电路

二阶系统的结构如图 6-15 所示,图中 $K=\dfrac{R_2}{R_1}$,$T_1=R_2C_1$,$T_2=R_3C_2$。

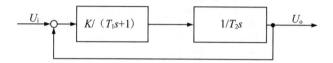

图 6-15　二阶系统的结构

由图 6-15 可得二阶系统的闭环传递函数为

$$\frac{U_o(s)}{U_i(s)}=\frac{K}{T_1T_2s^2+T_2s+K}=\frac{K/T_1T_2}{s^2+s/T_1+K/T_1T_2} \tag{6-8}$$

而二阶系统的标准传递函数为

$$G(s)=\frac{w_n^2}{s^2+2\zeta w_ns+w_n^2} \tag{6-9}$$

对比式(6-5)和式(6-9)可得

$$w_n=\sqrt{K/T_1T_2}, \quad \zeta=\sqrt{T_2/4\,T_1K} \tag{6-10}$$

由式(6-10)可知,调节开环增益 K,就能同时改变系统无阻尼振荡频率 ω_n 和阻尼 ζ 的值,从而得到过阻尼($\zeta>1$)、临界阻尼($\zeta=1$)和欠阻尼($\zeta<1$)三种情况下的阶跃响应曲线。

6.2.1　欠阻尼状态

当 $R_1=100$ kΩ,$R_2=200$ kΩ,$R_3=100$ kΩ,$C_1=C_2=1$ μF 时,$T_1=0.2$ s,$T_2=0.1$ s,$K=2>0.625$,$\zeta=0.25$,可得二阶系统在欠阻尼状态下的单位阶跃响应曲线如图 6-16 所示。

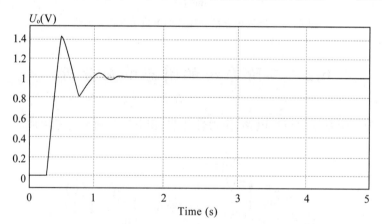

图 6-16　二阶系统在欠阻尼状态下的单位阶跃响应曲线

6.2.2　临界阻尼状态

当 $R_1=100$ kΩ,$R_2=62.5$ kΩ,$R_3=100$ kΩ,$C_1=C_2=1$ μF 时,$T_1=0.0625$ s,$T_2=0.1$ s,K

=0.625,ζ=1,可得二阶系统在临界阻尼状态下的单位阶跃响应曲线如图 6-17 所示。

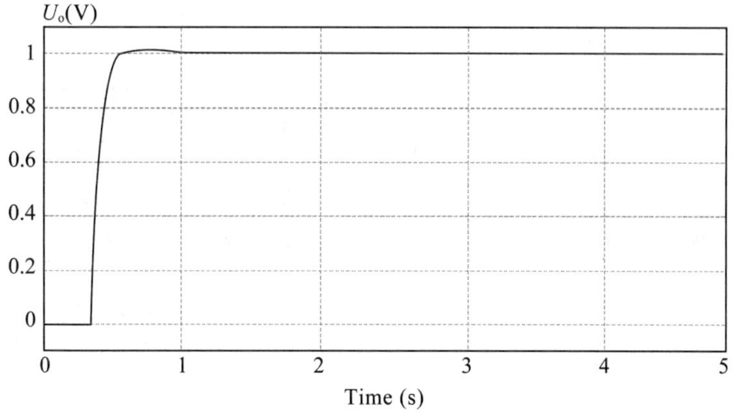

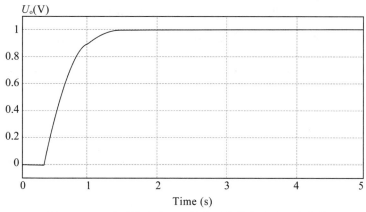

图 6-17　二阶系统在临界阻尼状态下的单位阶跃响应曲线

6.2.3　过阻尼状态

当 $R_1=100$ kΩ，$R_2=30$ kΩ，$R_3=100$ kΩ，$C_1=C_2=1$ μF 时，$T_1=0.03$ s，$T_2=0.1$ s，$K=0.625$，ζ＞1，可得二阶系统在过阻尼状态下的单位阶跃响应曲线如图 6-18 所示。

图 6-18　二阶系统在过阻尼状态下的单位阶跃响应曲线

6.3　连续系统串联校正

6.3.1　串联超前校正

串联超前校正利用相位超前，通过选择适当参数使出现最大超前角时的频率接近系统幅值穿越频率，从而有效地增加系统的相角裕度，提高系统的相对稳定性。当系统有满意的稳定性能而动态响应不符合要求时,可采用超前校正。串联超前校正系统的模拟电路如图 6-19 所示。

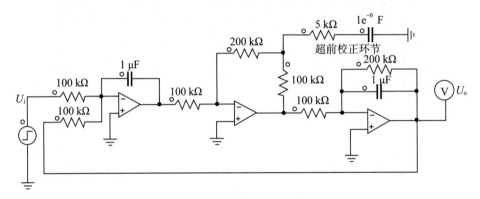

图 6-19　串联超前校正系统的模拟电路

串联超前校正系统的结构如图 6-20 所示。

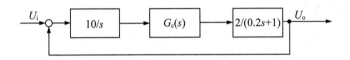

图 6-20　串联超前校正系统的结构

仿真可得串联超前校正前后的系统响应曲线分别如图 6-21、图 6-22 所示。

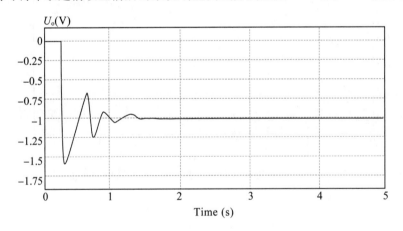

图 6-21　串联超前校正前的系统响应曲线

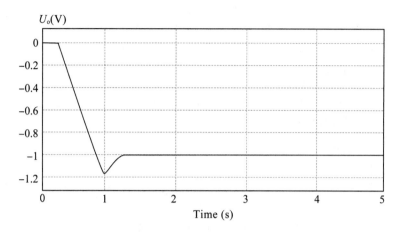

图 6-22　串联超前校正后的系统响应曲线

6.3.2　串联滞后校正

使用串联滞后校正进行校正后虽然系统幅值穿越频率左移,但若使校正环节的最大滞后相角的频率远离校正后的幅值穿越频率而处于比较低的频率上,就可以使校正环节的相位滞后对相角裕度的影响尽可能小。特别是当系统满足静态要求,但不满足幅值裕度和相角裕度要求,且相频特性在幅值穿越频率附近相位变化明显时,采用滞后校正能够得到较好的效果。串联滞后校正系统的模拟电路如图 6-23 所示。

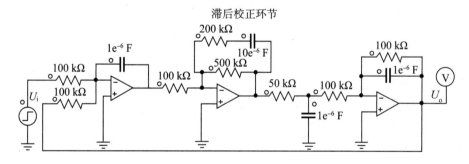

图 6-23　串联滞后校正系统的模拟电路

串联滞后校正系统的结构如图 6-24 所示。

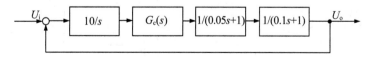

图 6-24　串联滞后校正系统的结构

仿真可得串联滞后校正前后的系统响应曲线分别如图 6-25 和图 6-26 所示。

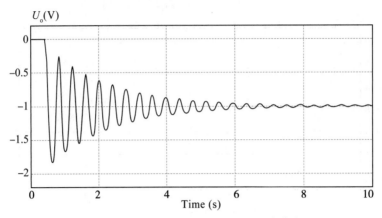

图 6-25　串联滞后校正前的系统响应曲线

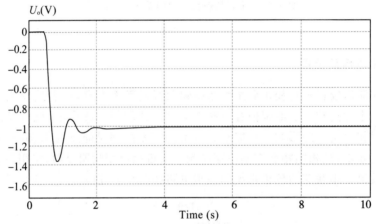

图 6-26　串联滞后校正后的系统响应曲线

6.3.3　串联超前-滞后校正

如果使用超前校正相角不够大,不足以使相角裕度满足要求,而使用滞后校正幅值穿越频率又太小,保证不了响应速度,则需要使用超前-滞后校正。串联超前-滞后校正系统的模拟电路如图 6-27 所示。

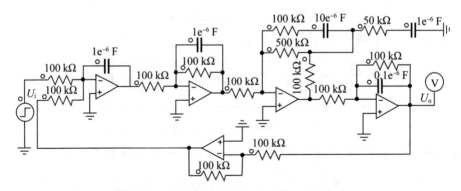

图 6-27　串联超前-滞后校正系统的模拟电路

串联超前-滞后校正系统的结构如图 6-28 所示。

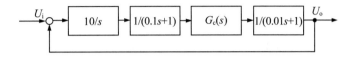

图 6-28　串联超前-滞后校正系统的结构

仿真可得串联超前-滞后校正前后的系统响应曲线分别如图 6-29、图 6-30 所示。

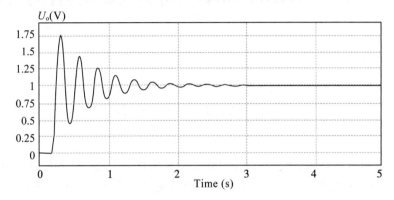

图 6-29　串联超前-滞后校正前的系统响应曲线

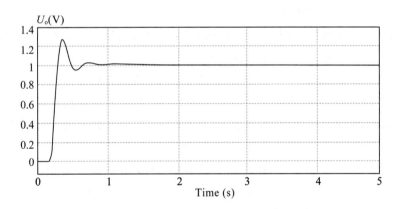

图 6-30　串联超前-滞后校正后的系统响应曲线

第 7 章　SimCoder 简介及使用方法

7.1　SimCoder 简介

SimCoder 可以自动生成代码,是 PSIM 中的扩展选项。通过 SimCoder,可以实现在 PSIM 中对系统进行仿真,并且可针对指定的 DSP 硬件平台生成 C 语言代码。

使用 SimCoder 自动生成代码可以极大地加快设计进程,减少研发的时间和成本。下面主要介绍如何使用 SimCoder。

SimCoder 支持如下的硬件:

(1)TI F28335:当使用 TI F28335 时,SimCoder 可以使用 Texas Instruments(TI)中的浮点型 DSP TMS320SF28335 来生成代码。

(2)PE-Pro/F28335:PE-Pro/F28335 是由 Myway 有限公司生产的一种 DSP 开发平台。它使用了 TI 公司的浮点型 DSP TMSF28335 和 Myway 有限公司的 PE-OS 库。当使用这种硬件时,SimCoder 可以生成在 PE-Pro/F28335 DSP 板上运行的代码。

(3)PE-Expert4:PE-Expert4 是由 Myway 有限公司生产的一种 DSP 开发平台。它使用了 TI 公司的浮点型 DSP TMS320C6713 和 Myway 有限公司的 PE-OS 库。使用这种硬件时,SimCoder 可生成在 PE-Expert4 DSP 板上运行的代码。

(4)通用硬件:使用通用硬件时,SimCoder 可以生成通用类型硬件平台的代码,在代码生成之后,用户可以添加自己的代码。

这些硬件元件可以在"Elements"菜单中的"SimCoder"选项下找到,如图 7-1 所示。

对于低版本的 PSIM 软件,"Elements"菜单中"Event Control"选项和"SimCoder for Code Generation"选项下的所有元件都可用来生成代码,并且标准 PSIM 库中的一些元件也可用来生成代码。

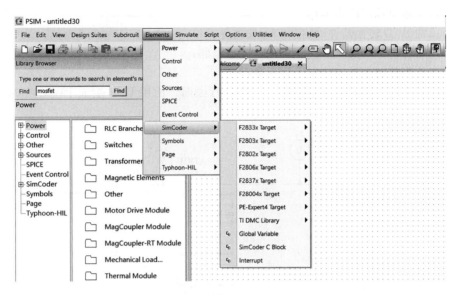

图 7-1　硬件元件的选择路径

　　为了能区分标准库中可用来生成代码的元件,可以选中"Options"菜单中"Settings Advanced"选项下的"Show image next to elements that can be used for code generation",在可以用来生成代码的元件的旁边会出现图标C_G。

　　同理,图标T_I会出现在支持 TI F28335 元件的旁边,图标P_R会出现在支持 PE-Pro/F28335 元件的旁边,图标P_E会出现在支持 PE-Expert4 元件的旁边,而图标G_H会出现在支持通用型元件的旁边。

　　PSIM2021a 的 SimCoder 功能与上述说明略有差别,只在相关元件旁边出现图标T_I和C_G,这两个图标都表示可生成对应的嵌入式 C 代码。

7.2　代码生成

　　通常,使用 SimCoder 自动生成代码包括以下几个步骤:

　　(1)在 PSIM 中设计一个连续域的控制系统,并进行仿真。

　　(2)将系统的控制部分转换为离散域,并对系统进行仿真。

　　(3)如果没有目标硬件(如 TI F28335),则把控制部分放于子电路中,并生成代码。

　　(4)如果存在目标硬件,则修改包含硬件元素的系统并运行仿真以验证结果,最后生成代码。

　　前两个步骤不是强制性的,例如可以在 PSIM 中创建一个原理图,然后直接生成代码,并不需要对系统进行仿真。

　　需要注意的是:只有当控制系统是离散情况时,才能生成代码。因此,SimCoder 需要数字控制模块。

　　下面主要说明有目标硬件的代码生成方法。如上所述,在代码生成前需调整系统中的元件,使其符合目标硬件。

通常，调整原理图的步骤如下：

（1）添加 A/D 转换器件、数字输入/输出等模块；

（2）用硬件 PWM 发生器代替 PWM 生成电路；

（3）在仿真控制中指定特定的目标硬件。

现以 TI F28335 为例，对系统生成代码进行说明。使用 DSP 生成 PWM 波时，仿真电路如图 7-2 所示。

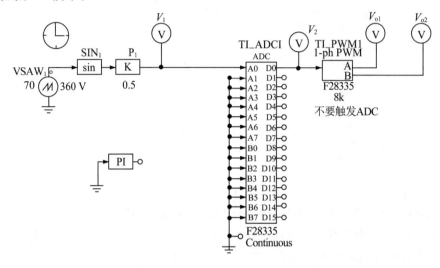

图 7-2　使用 DSP 生成 PWM 波的仿真结构

图 7-2 中，VSAW$_1$ 是锯齿波电压源，用来给正弦模块 SIN$_1$ 提供角度，设置 VSAW$_1$ 的幅值为 360 V，频率为 70 Hz，如图 7-3 所示。正弦模块可在"Elements"菜单中"Control"选项下的"Computational Blocks-Sine"找到；P$_1$ 是比例模块，可在"Elements"菜单中"Control"选项下的"Proportional"找到，设置比例系数为 0.5。加入比例积分模块 PI 可以使控制电路被视为连续和离散混合电路，这样系统将不会自动改变所设置的仿真步长。否则，控制电路为离散电路，PSIM 将自动调整仿真步长。

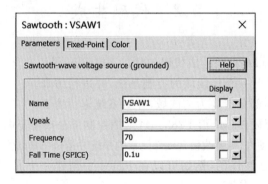

图 7-3　VSAW$_1$ 的参数设置

TI_ADC1 是 TI F28335 的 A/D 转换模块，可在"Elements"菜单中"SimCoder for Code Generation"选项下的"TI F28335 Target-A/D Converter"找到，这里用到了 A0 和 D0，设置完成后连续信号就可以转换成离散信号；TI_PWM1 是 TI F28335 的 PWM 发生

器,可在"Elements"菜单中"SimCoder"选项下的"TI F28335 Target-1 phase PWM"中找到,这里把 TI_ADC1 的"ADC Mode"设置成"Continous"(连续型),所以 TI_PWM1 中的"Trigger ADC"应设置成"Do not trigger ADC",为了使输出信号完整,还应设置"Peak-to-Peak Value"为 2,"Offset Value"为－1。参数设置分别如图 7-4、图 7-5 所示。

由于 TI_ADC1 是 TI F28335 的 A/D 转换模块,因此设置"Simulation Control"的"Hardware Target"为"TI F28335-RAM Debug",设置仿真步长为 1.25 μs,仿真时长为 20 ms,如图 7-6 所示。

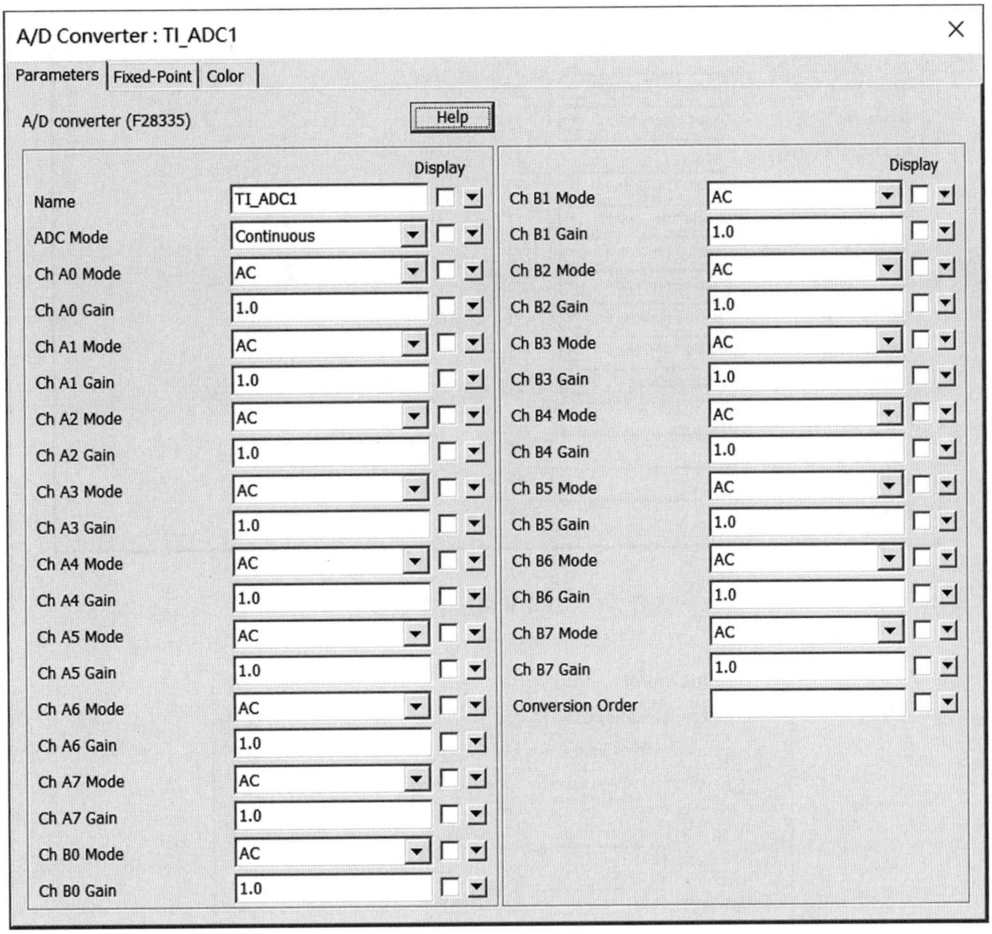

图 7-4　TI_ADC1 的参数设置

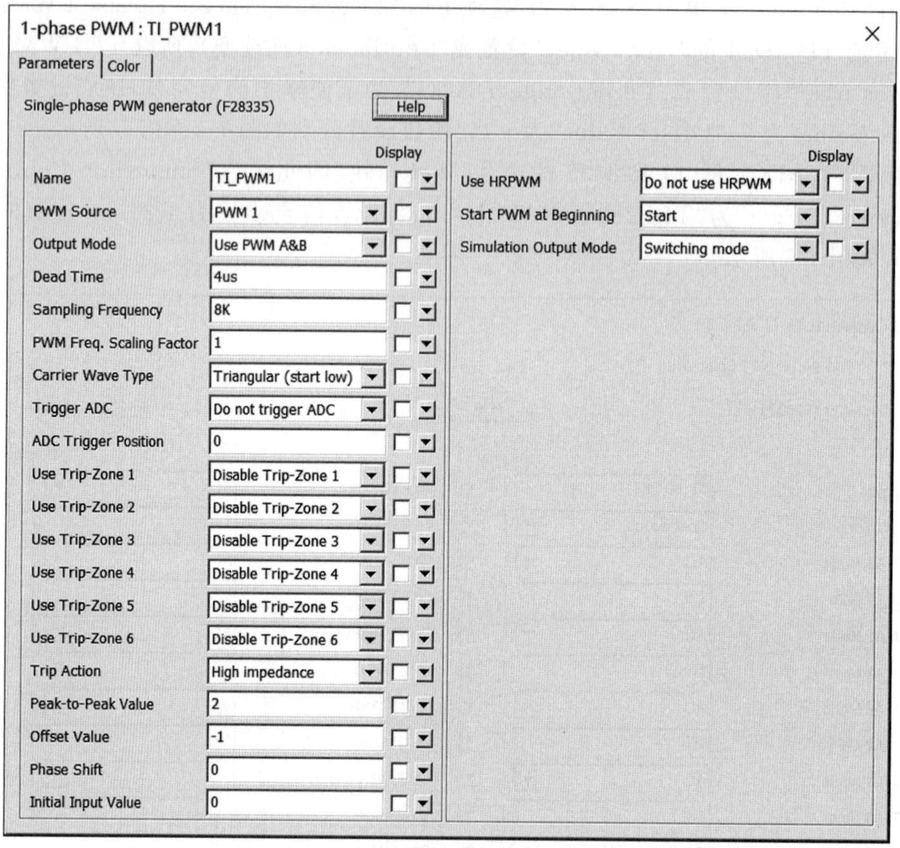

图 7-5　TI_PWM1 的参数设置

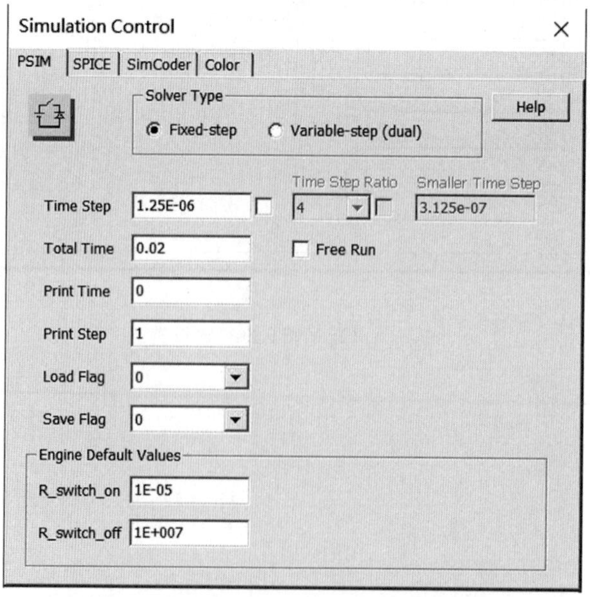

图 7-6　Simulation Control 的参数设置

仿真后，V_1 和 V_2 的波形如图 7-7 所示。经过 A/D 模块离散化后，波形有略微滞后。

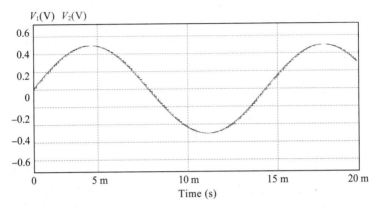

图 7-7　A/D 转换器转换前后的波形对比

图 7-8(a) 是输出 V_{o1}，即 PWM_A 端和输入 V_2 的波形，可以发现 PWM 波和正弦波的变化相对应。图 7-8(b) 是输出 V_{o1} 和 V_{o2} 的波形，二者相差 $180°$。

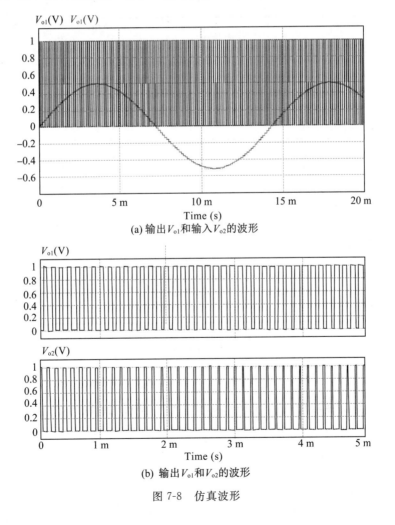

(a) 输出 V_{o1} 和输入 V_{o2} 的波形

(b) 输出 V_{o1} 和 V_{o2} 的波形

图 7-8　仿真波形

需要注意的是，要对 TI_PWM1 参数中的"Peak-to-Peak Value"和"Offset Value"进行设置，且它们的设置值会对输出波形产生影响。将"Peak-to-Peak Value"设为 1，"Offset Value"设为 0，新的仿真输出 PWM 波和正弦调制波分别如图 7-9、图 7-10 所示。从图 7-9 和图 7-10 中可以看出，当正弦调制波在接近负值及为负值时，输出 PWM_A 保持在 0 附近，PWM_B 保持在 1 附近。

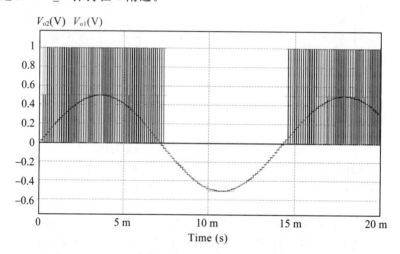

图 7-9　参数改变后的仿真输出 PWM_A 波

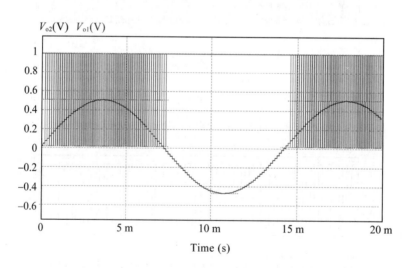

图 7-10　参数改变后的仿真输出 PWM_B 波

选择"Simulate"菜单中的"Generate Code"选项，即可生成代码，生成的代码如图 7-11 所示。

```
/*********************************************************
// This code is created by SimCoder Version 2.0 for F28335 Hardware Target
//
// SimCoder is copyright by Powersim Inc., 2009
//
// Date: March 04, 2015 17:01:08
*********************************************************/
#include  <math.h>
#include  "PS_bios.h"
typedef float DefaultType;
#define   GetCurTime() PS_GetSysTimer()

interrupt void Task();

DefaultType        fGblV2 = 0.0;

interrupt void Task()
{
        DefaultType fTI_ADC1;
        PS_EnableIntr();

        fTI_ADC1 = PS_GetAcAdc(0);
        PS_SetPwm1Rate(fTI_ADC1);
#ifdef
        _DEBUG
        fGblV2 = fTI_ADC1;
#endif
        PS_ExitPwm1General();
}


void Initialize(void)
{
        PS_SysInit(30, 10);
        PS_StartStopPwmClock(0);
        PS_InitTimer(0, 0xffffffff);
        PS_InitPwm(1, 1, 8000*1, (4e-6)*1e6, PWM_TWO_OUT, 46849);       // pwnNo, waveType, frequency, deadtime, outtype
        PS_SetPwmPeakOffset(1, 2, (-1), 1.0/2);
        PS_SetPwmIntrType(1, ePwmNoAdc, 1, 0);
        PS_SetPwmVector(1, ePwmNoAdc, Task);
        PS_SetPwm1Rate(0);
        PS_StartPwm(1);

        PS_ResetAdcConvSeq();
        PS_SetAdcConvSeq(eAdcCascade, 0, 1.0);
        PS_AdcInit(0, !0);

        PS_StartStopPwmClock(1);
}
```

图 7-11　生成的代码

CCS（代码调试器）可以生成 F28335 下载程序，PSIM 还生成了可供 CCS 打开的工程文件等，如图 7-12 所示。

图 7-12　可供 CCS 打开的文件

用 CCS 打开 1-phDSPPWM.pjt 文件，如图 7-13 所示。

图 7-13　　1-phDSPPWM.pjt 文件

7.3　TI F28335 模块

当目标硬件为 TI F28335 时,SimCoder 可以产生基于 TI(德州仪器公司)产的 F28335 浮点型 DSP 上运行的代码。

TI F28335 目标硬件库包含以下模块:三相、两相、单相和 APWM(APWM 是 DSP 中 ECAP 模块的一种功能),PWM 生成器的起始/停止函数,跳闸区模块,A/D 转换器,数字输入,数字输出,递增/递减计数器,编码器,DSP 时钟模块,硬件板参数模块,捕捉单元。

当对多采样率系统生成代码时,SimCoder 将使用 PWM 发生器的中断作为 PWM 采样率。对于控制系统的其他采样率,SimCoder 将首先使用定时器 1 的中断,如果有需要还可以使用定时器 2 的中断。如果控制系统多于 3 个采样率,可以在主程序中加入相应的中断程序。

在 TI F28335 中,PWM 发生器可以产生硬件中断。SimCoder 将寻找并组合与 PWM 发生器相关的器件,并使它们拥有和 PWM 发生器相同的采样率,这些器件将自动在生成代码的中断服务程序中运行。

另外,数字输入、编码器、跳闸区以及捕捉单元也可以产生硬件中断,每个硬件中断需与一个中断模块相关联,并且每个中断模块还要与一个中断服务程序(代表中断服务程序的子电路)相关联。例如,一个 PWM 发生器和一个数字输入均产生中断,那么每个器件还应有一个中断模块和一个中断服务程序。

7.3.1　PWM 生成器

TI F28335 提供 6 组 PWM 输出端:PWM1(GPIO0 和 GPIO1)、PWM2(GPIO2 和

GPIO3)、PWM3（GPIO4 和 GPIO5）、PWM4（GPIO6 和 GPIO7）、PWM5（GPIO8 和 GPIO9)、PWM6(GPIO10 和 GPIO11）。每组 PWM 有两个输出端，一般情况下这两个输出端互补。

在 SimCoder 中，这 6 组 PWM 有以下使用方式：

（1）三相 PWM 发生器：PWM123（包括 PWM1、PWM2 和 PWM3）和 PWM456（包括 PWM4、PWM5 和 PWM6）。

（2）两相 PWM 发生器：PWM1、PWM2、PWM3、PWM4、PWM5 和 PWM6。每个 PWM 生成器的两个输出端并不互补，而是处于特殊操作模式。

（3）单相 PWM 发生器：PWM1、PWM2、PWM3、PWM4、PWM5、PWM6。两个输出端互补。

（4）带相移的单相 PWM 发生器：PWM1、PWM2、PWM3、PWM4、PWM5 和 PWM6。两个输出端互为补充。

这些 PWM 生成器可以触发 A/D 转换器，且拥有跳闸信号。

除了上面描述的 PWM 发生器，还有 6 个单相 PWM 发生器（在 TI 数据表中被称作 APWM）。PWM 生成器的图形如图 7-14 所示。与上述的 PWM 生成器相比，这些 PWM 发生器缺少了部分功能，比如不能触发 A/D 转换器，也不能使用跳闸信号，并且由于这些 PWM 生成器与捕捉单元共用端口，当端口被用作捕捉功能后就不能被使用了。

需要注意的是，SimCoder 中所有的 PWM 发生器都有一个内在的转换延迟，即 PWM 发生器的输入在被用于计算 PWM 输出前会延迟一个周期，这种延迟是为了仿真 DSP 硬件的固有延迟设置的。

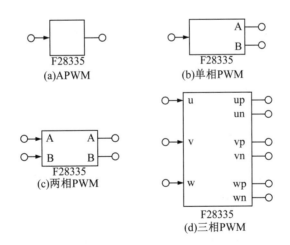

图 7-14　PWM 发生器的图标

图 7-14 中，三相 PWM 发生器中的 u、v 和 w 表示三相（也可以叫作 a 相、b 相、c 相）。p 表示正输出端，n 表示负输出端。三相和单相 PWM 发生器有如下参数：

（1）PWM Source：PWM 发生器所用端口。对于三相 PWM 发生器，可以使用 PWM1～PWM3，也可以使用 PWM4～PWM6。对于单相 PWM 发生器，可以使用 PWM1～

PWM6 中的任一端。

(2)Output Mode：PWM 发生器的 Output Mode(仅针对单相 PWM)有如下情况：

①Use PWM A&B：PWM 的 A、B 输出端均被使用，且相位互补。

②Use PWM A：仅使用 PWM 的输出端 A。

③Use PWM B：仅使用 PWM 的输出端 B。

(3)Dead Time：PWM 的死区时间 T_d，单位为 s。

(4)Sampling Frequency：PWM 发生器的采样频率，单位为 Hz。PWM 的占空比与采样频率相关。

(5)PWM Freq.Scaling Factor：PWM 频率和采样频率的比例因子，可以是 1、2 或者 3，即 PWM 频率(用于控制开关的 PWM 输出信号的频率)可能是采样频率的倍数。例如，采样频率为 50 Hz，而比例因子是 2，则 PWM 频率是 100 kHz，开关工作在 100 kHz，但是门极信号的更新频率为 50 Hz。

(6)Carrier Wave Type：载波的类型，可以是三角波或锯齿波。

(7)Trigger ADC：该选项可以设置 PWM 发生器是否触发 A/D 转换器，有以下选择：

①Do not trigger ADC：PWM 不触发 A/D 转换器。

②Trigger ADC Group A：PWM 将触发 A/D 转换器的 A 组。

③Trigger ADC Group B：PWM 将触发 A/D 转换器的 B 组。

④Trigger ADC Group A&B：PWM 将触发 A/D 转换器的 A 组和 B 组。

(8)ADC Trigger Position：A/D 转换器的触发位置(0～1)。当触发位置为 0 时，A/D转换器将在 PWM 周期的开始被触发；当触发位置为 1 时，A/D 转换器将在 PWM 周期的末尾被触发。

(9)Use Trip-Zone i：定义 PWM 发生器是否使用跳闸信号i，i 的取值范围为 1～6。该选项有以下选择：

①Disable Trip-Zone：禁用第i个跳闸信号。

②One Shot：PWM 发生器在 One-Shot 模式下使用跳闸信号。一旦使用，PWM 需手动启动。

③Cycle by Cycle：PWM 发生器在 Cycle-by-Cycle 模式下使用跳闸信号，跳闸信号在电流周期内有效，然后 PWM 会在下个周期重新启动。

(10)Trip Action：定义 PWM 发生器如何响应 Trip Action，有如下选择：

①High impedance：PWM 输出为高阻态。

②PWM A high & B low：PWM 正输出为高，负输出为低。

③PWM A low & B high：PWM 正输出为低，负输出为高。

④No action：无动作。

(11)Peak-to-Peak Value：载波的峰-峰值 V_{pp}。

(12)Offset Value：载波的直流偏移电压 V_{offset}。

(13)Initial Input Value u、v、w：u、v、w 三相输入的初始值(仅针对三相 PWM 发生器)。

(14)Initial Input Value：输入的初始值(仅针对单相 PWM 发生器)。

(15)Start PWM at Beginning：当设置为 Start 时，PWM 将从开始启动；如果设置成"Do not Start"，则需要使用 Start PWM 函数来启动 PWM。

当使用三角波作为载波时，PWM 发生器的输入和输出波形如图 7-15 所示。

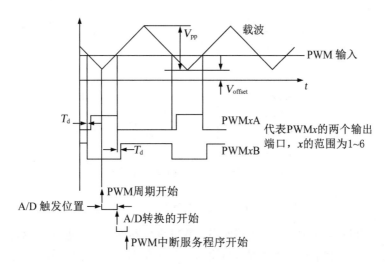

图 7-15　PWM 生成器的输入和输出波形（三角波作为载波）

图 7-15 指出了死区（dead time）是如何定义的，以及 PWM 发生器触发 A/D 转换器的时间顺序。如果触发 A/D 转换器的选项（Trigger ADC）被选中，从 PWM 周期的开始，经过 A/D 触发位置（ADC Trigger Position）设置的延迟，A/D 转换过程才开始。在 A/D 转换完成后，PWM 中断服务程序开始运行。

如果 PWM 发生器不触发 A/D 转换器，PWM 中断服务程序将在 PWM 周期开始执行。

7.3.2　PWM 开始模块和 PWM 停止模块

PWM 开始模块（Start PWM）和 PWM 停止模块（Stop PWM）提供开始/停止 PWM 发生器的函数。PWM 开始模块和 PWM 停止模块的图标如图 7-16 所示。

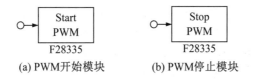

图 7-16　PWM 开始模块和 PWM 停止模块的图标

该模块有一个参数 PWM Source，用于选择 PWM 生成器的类型，比如三相 PWM123。

7.3.3　跳闸模块和跳闸状态模块

DSP TMS320F28335 提供了 6 个跳闸模块，即 Trip-Zone 1～Trip-Zone 6，它们使用

了端口 GPIO12～GPIO17。跳闸模块用来处理外部错误或错误状态，相应的 PWM 输出可以用于响应。跳闸模块（Trip-Zone）和跳闸状态模块（Trip-Zone State）的图标如图7-17所示。

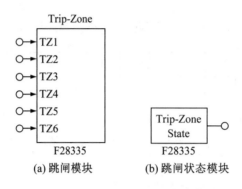

图 7-17　跳闸模块和跳闸状态模块的图标

跳闸信号可以被多个 PWM 发生器使用，PWM 发生器可以任意使用 6 个跳闸信号。由跳闸信号引发的中断会被中断模块处理。当输入信号为低（0）时，跳闸信号将触发跳闸动作。

跳闸模块有如下参数：

（1）Port GPIO12 as Trip-Zone 1：定义是否使 GPIO12 端口作为 1 端口。

（2）Port GPIO13 as Trip-Zone 2：定义是否使 GPIO13 端口作为 2 端口。

（3）Port GPIO14 as Trip-Zone 4：定义是否使 GPIO14 端口作为 3 端口。

（4）Port GPIO15 as Trip-Zone 5：定义是否使 GPIO15 端口作为 4 端口。

（5）Port GPIO16 as Trip-Zone 5：定义是否使 GPIO16 端口作为 5 端口。

（6）Port GPIO17 as Trip-Zone 6：定义是否使 GPIO17 端口作为 6 端口。

跳闸状态模块的参数：PWM Source 表示 PWM 发生器的类型，比如 PWM1～PWM6。

跳闸中断可以工作在 One Shot 模式或 Cycle-by-Cycle 模式，可以在 PWM 发生器中选择。在 Cycle-by-Cycle 模式下，中断仅在 PWM 电流周期内影响 PWM 输出；当 PWM 发生器工作在 One Shot 模式下，信号为低（0）时，中断触发跳闸动作（Trip Action），永久置位 PWM 输出，然后 PWM 发生器需重新启动来重新开始操作。

当触发 PWM 发生器产生中断时，跳闸状态元件（Trip-Zone State）可以表示跳闸信号处于 One Shot 模式还是 Cycle-by-Cycle 模式。当输出为 1 时，其表示跳闸信号在 One Shot 模式；当输出为 0 时，表示跳闸信号处于 Cycle-by-Cycle 模式。

定义中断模块与跳闸模块有关，中断模块的"Device Name"应是 PWM 发生器的名字。比如，如果名为"PWM_G1"的 PWM 发生器使用跳闸模块"TZ1"的 Trip-Zone 1，相应中断模块的"Device Name"应为"PWM_G1"，而不是"TZ1"。中断模块的"Channel Number"在此并没有使用。

7.3.4　A/D 转换器

DSP TMS320F28335 中有一个 12 位 16 通道的 A/D 转换器（A/D Converter），A/D

转换器的通道分成两组：A 组和 B 组。DSP 上的 A/D 转换器电压的输入范围为 0～3 V。

通常，一个电路的参数（电压、电流、速度等）进入 DSP 需经历若干阶段。以电压为例，电路的电压经过电压传感器转换成控制信号，若开始时为高电平，比例电路会对该控制信号进行比例缩放。若有需要，偏移电路会给信号提供一个直流偏移电压，使得 DSP 的输入为 0～3 V，且这个信号会在 DSP 中转换成数字量，然后缩放模块将该值缩放为原始值。完整的过程如图 7-18 所示。

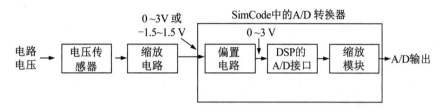

图 7-18　电路参数进入 DSP 所经阶段

由图 7-18 可知，SimCoder 中的 A/D 转换器与 DSP 中的 A/D 转换器不完全相同，SimCoder 中的 A/D 转换器还加入了偏移补偿电路和比例缩放模块。

下文中除非有特别说明，否则 A/D 转换器指的是 SimCoder 库中的 A/D 转换器，而不是 DSP 中的 A/D 转换器。A/D 转换器的图标如图 7-19 所示。

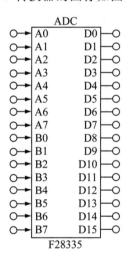

图 7-19　A/D 转换器的图标

A/D 转换器有如下参数：

(1)ADC Mode：该参数定义 A/D 转换器的模式。A/D 转换器主要有以下几种模式：

①Continuous：A/D 转换器连续进行转换。

②Start/stop(8-channel)：PWM 发生器触发 A/D 转换器在 A 组或 B 组通道上执行转换（A/D 转换器仅使用 8 个信道）。

③Start/stop(16-channel)：PWM 发生器触发 A/D 转换器在 A 组和 B 组通道上执行转换（A/D 转换器使用所有的 16 个信道）。

（2）Ch Ai or Bi Mode：设置 A/D 转换器输入信道的输入电流模式。

①AC：输入为交流值，范围为 −1.5～1.5 V。

②DC：输入为直流值，范围为 0～3 V。

（3）Ch Ai or Bi Gain：设置 A/D 转换器信道的增益。

当 A/D 转换器设置为 Continuous 模式时，可以自动进行转换；设置为其他模式时，可以由 PWM 发生器触发转换。A/D 转换器输出的缩放基于下式：

$$V_o = k \times V_i \tag{7-1}$$

式中，V_i 为 A/D 转换器输入端口的电压，$i = 0, 1, \cdots, 7$。

需要注意的是，A/D 转换器的输入必须在输入范围内。当输入模式为直流（DC）时，输入电压被限制在 3 V；当输入模式为交流（AC）时，峰值电压被限制在 1.5 V。

为了说明如何使用 A/D 转换器，这里给出了两个示例：例 7-1 的输入模式为直流，例 7-2 的输入模式为交流。

例 7-1 假设供电电压为直流模式且范围如下：

$$V_{i\_max} = 150(V), \quad V_{i\_s} = 0(V)$$

A/D 转换器的输入模式设置为直流模式，输入范围变为 0～3 V。

假设输入电压 $V_i = 100\ V$，电压传感器的增益设置为 0.01。经过电压传感器，输入最大值和输入值将分别变为

$$V_{i\_max} = 150 \times 0.01 = 1.5(V), \quad V_{i\_s} = 100 \times 0.01 = 1(V)$$

为了把 DSP 的全量程都利用到，可使用增益为 2 的放大器。于是总增益为 0.02，由此可得输入最大值和输入值为

$$V_{i\_max\_s\_c} = 1.5 \times 2 = 3(V), V_{i\_s\_c} = 1 \times 2 = 2(V)$$

DSP A/D 转换模块之后的放大增益可设置为 50。结合输入增益，A/D 输出的最大值和实际输出值分别为

$$V_{o\_max} = 50 \times 3 = 150(V), \quad V_o = 50 \times 2 = 100(V)$$

为达到此效果，PSIM 中 A/D 转换器的放大增益可设置为 50。A/D 转换（直流）电路如图 7-20 所示。

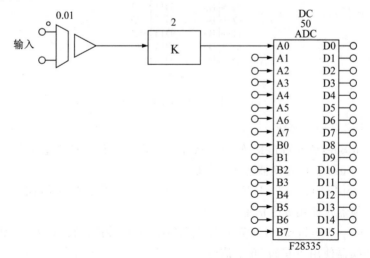

图 7-20 A/D 转换（直流）电路

　　需要注意的是,在这个例子中,如果比例模块的增益由 2 变为 1,然后 A/D 转换器的放大增益从 50 变为 100,仿真结果依然是一样的,但生成的硬件代码将出现错误。这是因为硬件假设输入最大值为 3 V,但在这种情况下输入最大值实际只有 1.5 V。因此,需要设置电路使其在直流模式下的输入最大值变为 3 V。

　　例 7-2　假设供电电压为交流信号,电压的最小值和最大值分别为

$$V_{i\_min} = -75(V), \quad V_{i\_max} = 75(V)$$

　　这时需要设置 A/D 转换器的输入模式为 ac 模式,输入范围变为 $-1.5 \sim 1.5V$。假设实际电压的峰值为

$$V_i = \pm 50(V)$$

　　设置电压传感器的增益为 0.01。在电压传感器之后,输入的最大值和实际值分别变为

$$V_{i\_max\_s} = \pm 0.75(V), \quad V_{i\_s} = \pm 0.5(V)$$

　　因为 A/D 转换器的输入范围为 $-1.5 \sim 1.5$ V,所以上面的值在输入到 DSP 前需经过规范化处理。因此,使用一个增益为 2 的放大模块($1.5/0.75 = 2$)。在经过放大模块放大后,A/D 转换器输入端的最大/最小值和输入值分别变为

$$V_{i\_max\_s\_c} = \pm 1.5(V), \quad V_{i\_s\_c} = \pm 1(V)$$

　　将 A/D 转换器之后的放大模块的增益设置为 50,在 A/D 转换模块的输出端,最大/最小值和输出值分别变为

$$V_{o\_max} = \pm 75(V), \quad V_o = \pm 50(V)$$

　　为达到此效果,PSIM 中 A/D 转换器的放大增益可以设置成 50。A/D 转换(交流)电路如图7-21所示。

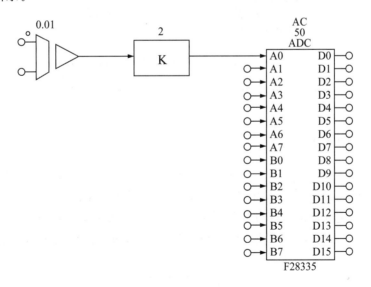

图 7-21　A/D 转换(交流)电路

　　在这个电路中,交流信号可以直接输送给 A/D 转换器。这是因为当 A/D 转换器的输入模式被设置成交流后,输入范围变为 $-1.5 \sim 1.5$ V,A/D 转换模块中已经包含了直流

偏移量。而在实际的硬件电路中,交流信号需要缩放并加入偏移量使其在 0～3 V 的范围内。

另外,为了确保硬件生成代码的正确性,输入的最大峰值需缩放为 1.5 V。

在使用 PWM 发生器触发 A/D 转换器时,需要注意以下限制:

(1)A/D 转换器仅能被一个 PWM 发生器触发。如果有多个 PWM 发生器,那么仅有一个可以被设置成能触发 A/D 转换器,而其他的需要设置成不能触发 A/D 转换器。

(2)在仅有一个 PWM 发生器触发 A/D 转换器的情况下,不允许这组的信号被其他拥有与 PWM 发生器的频率不同的采样频率的电路使用。

在这些限制情况下,建议设置 A/D 转换器的模式为 Continuous 模式。

7.3.5　编码器单元

DSP F28335 可以接两个编码器。编码器 1 可以使用 GPIO 的 20～21 端口,或者 GPIO 的 50～51 端口。编码器 2 使用的是 GPIO 的 24～25 端口。需要注意的是,无论编码器 1 使用的是 20～21 端口还是 50～51 端口,它们均使用同样的内部函数模块,但 20～21端口和 50～51 端口不能同时作为编码器的接入端口。

编码器状态(Encoder State)模块用来标明产生中断的输入信号(索引信号或选通信号)。编码器模块和编码器状态模块的图标如图 7-22 所示。

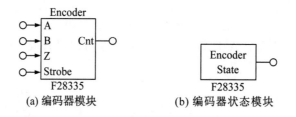

(a) 编码器模块　　　　(b) 编码器状态模块

图 7-22　编码器模块和编码器状态模块的图标

当编码器状态模块的输出为 0 时,索引信号产生中断;当输出为 1 时,选通信号产生中断。

7.3.6　硬件配置

DSP F28335 提供 88 个 GPIO 端口(GPIO0～GPIO87),并且每一个端口可能会有不同的功能。然而,对于一个特定的 DSP 板,并不是所有端口都会被外界使用,并且很多端口通常拥有特定的功能。硬件配置(Hardware Board Configuration)模块提供了一种在 SimCoder 上配置特定 DSP 板参数的方式,其图标和参数设置分别如图7-23、图 7-24 所示。

图 7-23　硬件配置模块的图标

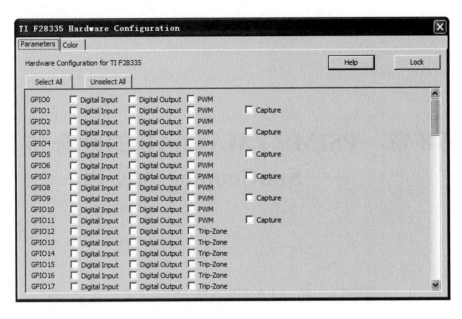

图 7-24　硬件配置模块的参数设置

第 8 章　PSIM 与 MATLAB 的联合仿真
——SimCoupler 的使用

8.1　PSIM 与 MATLAB 的联合仿真简介

PSIM 是进行电力电子和电机驱动器设计与分析的计算机仿真软件,为开关电源、模拟/数字控制和电机驱动器设计提供了强大的模拟和设计环境。

PSIM 可以与 MATLAB/Simulink 进行联合仿真,SimCoupler 模块可以为 PSIM 和 MATLAB/Simulink 提供界面以便进行联合仿真。在 PSIM 软件安装过程中,由 SimCoupler 模块启用许可证,PSIM 和 MATLAB/Simulink 之间的联合仿真可由此自动建立。但如果安装后更改文件夹名称或默认路径,则必须先运行 PSIM 安装路径下的 setsimpath.exe,两者才能进行联合仿真。

8.2　SimCoupler 的使用

本节以简单的电流反馈型 Buck 变换器为例,详细介绍 PSIM 与 MATLAB 联合仿真的实现及 SimCoupler 的使用。电流反馈型 Buck 变换器的电路如图 8-1 所示。

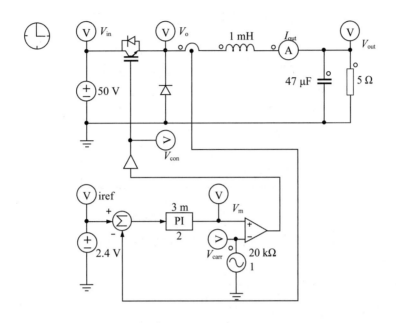

图 8-1　电流反馈型 Buck 变换器的电路

　　图 8-1 中，V_{con} 为 IGBT 的控制信号，电路电流经过反馈电路得到控制信号。主电路部分元件参数设置如下：直流电压源电压为 50 V，电感大小设置为 1 mH，电容大小设置为 47 μF，电阻为 5 Ω。控制电路中的直流电压源电压设置为 2.4 V，三角波电压源的参数设置如图 8-2 所示。

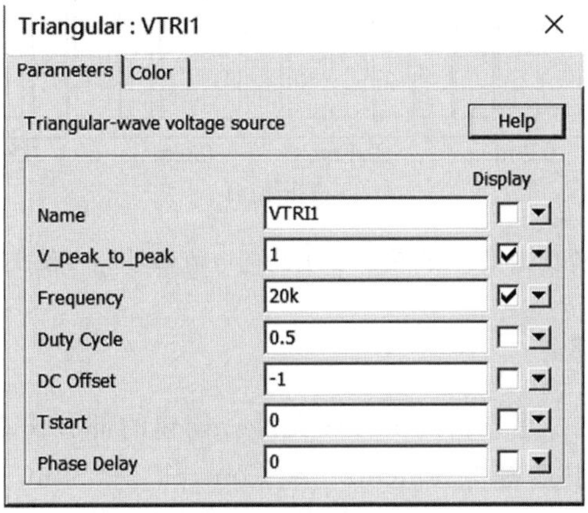

Triangular : VTRI1　　　　　　　　　　　　　　×

Parameters | Color

Triangular-wave voltage source　　　　　　　　Help

		Display
Name	VTRI1	☐ ▾
V_peak_to_peak	1	☑ ▾
Frequency	20k	☑ ▾
Duty Cycle	0.5	☐ ▾
DC Offset	-1	☐ ▾
Tstart	0	☐ ▾
Phase Delay	0	☐ ▾

图 8-2　三角波电压源的参数设置

PI 控制器的参数设置如图 8-3 所示。

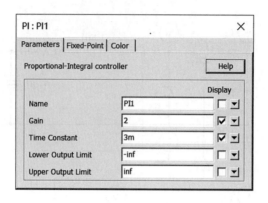

图 8-3　PI 控制器的参数设置

在联合仿真中,控制信号的产生在 Simulink 中实现。电路的电流信号 I_{out} 和控制信号 V_{con} 如图 8-4 所示。

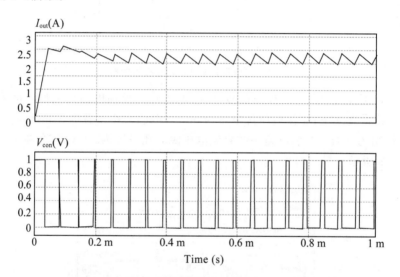

图 8-4　电流反馈型 Buck 变换器电路的电流信号(上)和控制信号(下)

8.2.1　PSIM 仿真部分

在 PSIM 仿真软件中,建立新的 PSIM 文件。创建的部分仿真电路如图 8-5 所示。

在 PSIM 的菜单栏中选择"Elements"→"Control"→"SimCoupler Module",添加与 Simulink 连接的工具"Out Link Node",如图 8-6 所示。

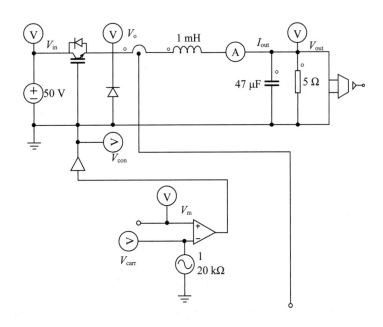

图 8-5　电流反馈型 Buck 变换器的部分仿真电路

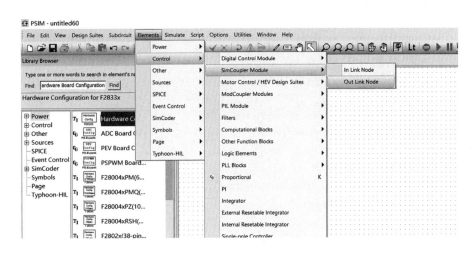

图 8-6　Out Link Node 的选择路径

　　选择"Out Link Node",连接电流传感器,并命名为"I_L",再选一个连接电压传感器,命名为"V_{out}"。同样地,选择"In Link Node",与比较器的输入端连接,命名为"V_m"。SimCoupler 模块利用"In Link Node"接收 Simulink 数据,利用"Out Link Node"向 Simulink 发送数据。在本例中,把通过电压传感器得到负载电阻的电压进行测量并传送给 Simulink,电路图中载波-三角波的峰-峰值为 1 V,频率为 20 kHz;功率管为理想 IGBT,其他元件的参数参照图 8-5 设置。

　　如果有两个及以上的 Out Link Node 或者 In Link Node,应该对输入、输出端口进行排序。在 PSIM 的菜单栏中选择"Simulate"→"Arrange SLINK Nodes",将弹出"调节数据传输顺序"对话框,如图 8-7 所示。

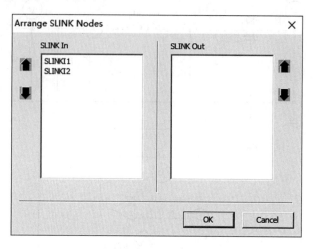

图 8-7　"调节数据传输顺序"对话框

　　选中要调节顺序的属性,单击向上或向下的箭头就能调节数据传输的顺序。这样 PSIM 仿真部分就设置完成了。最后,在 PSIM 的菜单栏中选择"Simulate"→"Generate Netlist File"生成".cct"文件,如图 8-8 所示。

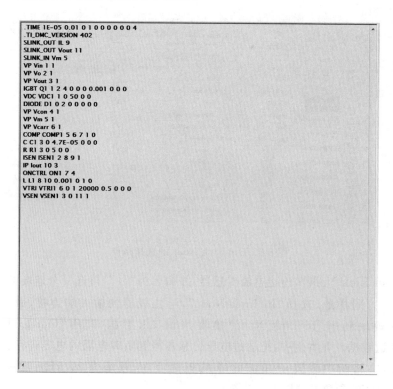

图 8-8　生成的.cct 文件

　　需要注意的是,".cct"文件的保存路径要与 PSIM 电路部分的保存路径一致。

8.2.2　MATLAB 仿真部分

MATLAB 的 Current Folder 路径要与 PSIM 的安装路径保持一致,打开 Simulink 仿真并新建文件,Simulink 仿真电路如图 8-9 所示。

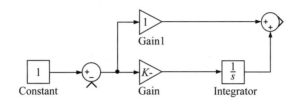

图 8-9　Simulink 仿真电路

打开 PSIM 安装目录下的"PSimModel"(MATLAB 中的 SimCoupler 模型可以在 "Simulink Library Browser"中找到),SimCoupler 模型如图 8-10 所示。

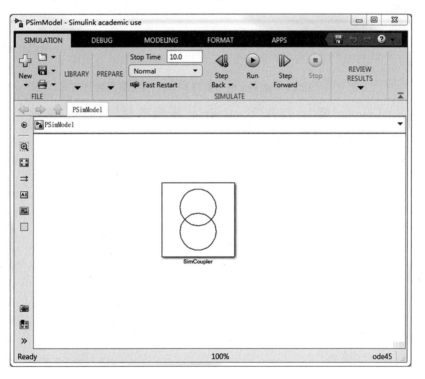

图 8-10　SimCoupler 模型

把 PSIM 安装目录下的 SimCoupler 模型复制到 Simulink 仿真电路部分,如图 8-11 所示。

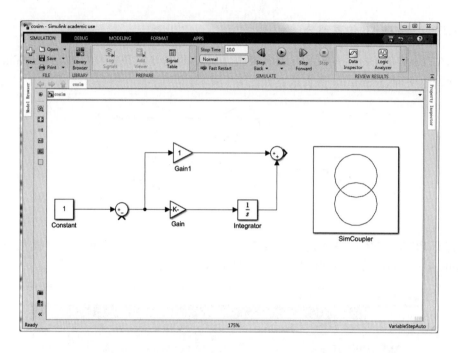

图 8-11　把 SimCoupler 模型复制到 Simulink 仿真电路部分

双击 SimCoupler 模型，打开"SimCoupler 模型属性"对话框（见图 8-12），单击 "Browse…"，选择".cct"文件。

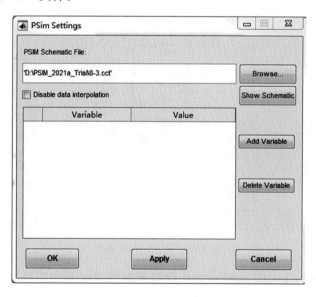

图 8-12　"SimCoupler 模型属性"对话框

图 8-13 为 Simulink 的完整仿真电路，在"Simulink"菜单栏中，选择"Simulation"→ "Simulation Parameters"，在"Solver Options"中选择固定步长（Fixed-step）或者可变步长（Variable-step）。如果已经选定了固定步长，则步长应与 PSIM 选择的步长保持一致。

具体的参数设置如图 8-14 所示。

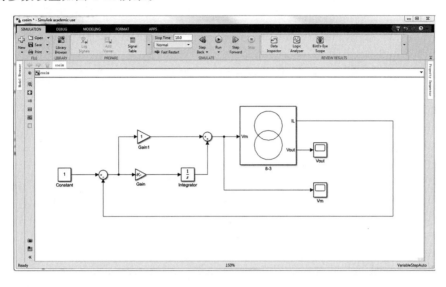

图 8-13　Simulink 的完整仿真电路

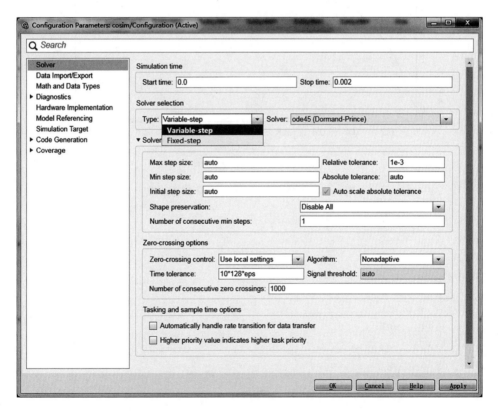

图 8-14　Simulink 仿真的参数设置

PSIM 与 Simulink 的联合仿真设置完成后，选择"Simulink"→"Simulation"→

"Start"开始仿真,仿真结果如图 8-15 所示。

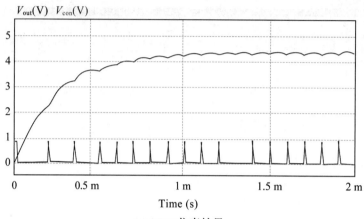

(a) PSIM仿真结果

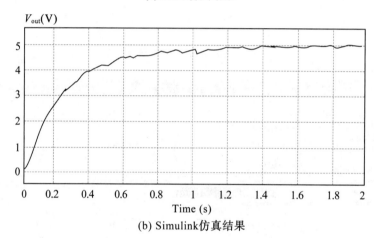

(b) Simulink仿真结果

图 8-15   PSIM 与 Simulink 联合仿真结果

第二部分
SmartCtrl 电源设计

第 9 章　SmartCtrl 基础知识

9.1　简　介

SmartCtrl 是用于电力电子领域的控制设计软件,其用户界面友好,工作流程简单,控制回路的性能显示界面清晰易懂。使用 SmartCtrl,用户可以轻松快速地设计各种功率转换器的控制器。

SmartCtrl 不仅提供了升压、降压、升降压、反激、正激、功率因数修正转换等预定拓扑逻辑,还提供了导入 AC 扫描响应、预定义 s 域传递函数等功能,以运行支持转换器的其他拓扑逻辑。SmartCtrl 可以基于特定的运行模式,生成定义了控制器安全范围的解决方案图,解决方案图可以使用户轻松设计控制器。另外,SmartCtrl 还提供了数字控制器设计功能,通过该功能用户可以在 s 域中设计控制器、定义延时、检查控制回路的稳定性。一旦控制器设计完成,则可以生成 z 域中的控制器因子。

9.2　特点与优势

SmartCtrl 被广泛应用于教育,不仅可以用于尖端技术研究,还可以作为未来工程师和开发人员的教学工具。它主要有以下优势:

(1)用户界面友好,容易掌握,便于工程师更快地对各种功率转换器进行控制设计。

(2)具有易于使用的控制器设计解决方案图、多回路控制构架以及可视化的控制回路性能。

(3)能够进行灵敏性分析以及实时更新频率响应[伯德(Bode)图和奈奎斯特(Nyquist)图]、瞬态响应和稳态波形的结果。

(4)可以自动生成控制器和转换器电路,无缝连接 PSIM。

9.3 功　能

SmartCtrl 的应用领域广泛,因为它具有强大的仿真引擎。另外,SmartCtrl 还支持不同的 DC-DC 转换器控制技术,并能提供数字控制,且还可以通过".txt"文件导入和导出任何传递函数等。下面将对 SmartCtrl 的一些功能进行简要介绍。

(1)导入(合并)功能:导入(合并)另一个文件的数据与现有文件的数据以供显示,结果是可以将这两个文件中的曲线合并。导入功能界面如图 9-1 所示。

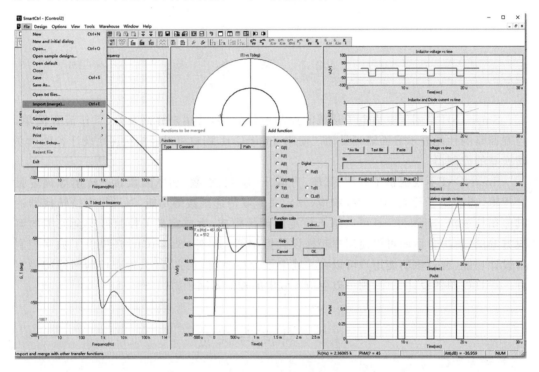

图 9-1　导入功能界面

(2)导出功能:右击任意子屏幕都可以导出所需的信息,如传递函数、波形和瞬态响应。导出功能界面如图 9-2 所示。此外,从全局导出菜单中可导出所有所需内容。每个传递函数的数值数据(开环增益、闭环增益等)瞬态图可以通过".txt"文件导出到 PSIM、Mathcad、MATLAB、Excel 等。

(3)灵敏性分析:使用参数化扫描,可以对设备、传感器和调节器的各个参数进行灵敏性分析,参数化扫描的数据是实时更新的,可在"Design"菜单中选择。"Parametric sweep"(参数化扫描)对话框如图 9-3 所示。

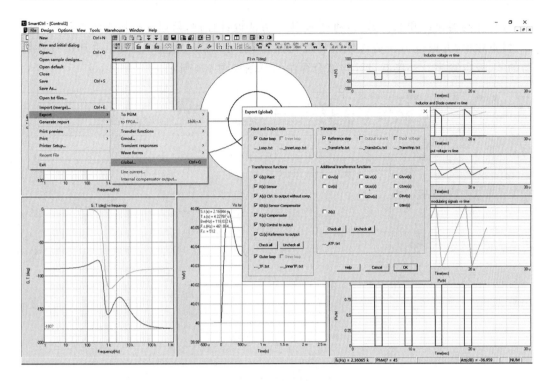

图 9-2　导出功能界面

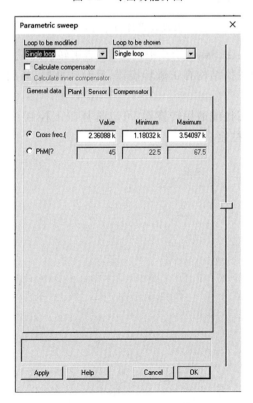

图 9-3　"参数化扫描"对话框

（4）补偿器设计和综合算法：通过 K 因子方法设计控件，可以根据所需的参数计算出零、极点频率，并通过 $K+$ 方法或手动优化控制（也可以通过鼠标）在图中手动选择补偿器的零、极点频率。补偿器设计与综合算法示意图如图 9-4 所示。

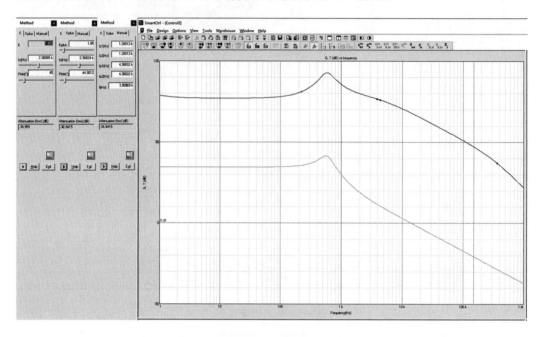

图 9-4　补偿器设计与综合算法示意图

（5）拓扑和控制模式：在 SmartCtrl 中，可以为通用转换器设计专用控件，也可以使用预定义拓扑。预定义的拓扑结构有正激转换器、反激转换器、降压转换器、升压转换器、降压-升压转换器。

对于每个预定义的拓扑或通用转换器，可以选择以下控制：电压模式控制、平均电流模式控制、峰值电流模式控制。

第10章　SmartCtrl 界面环境和基本操作

10.1　操作界面介绍

SmartCtrl(4.0 版本)启动后,将显示所有可用选项,且用户可以从中选择要使用的选项。SmartCtrl 登录界面如图 10-1 所示。

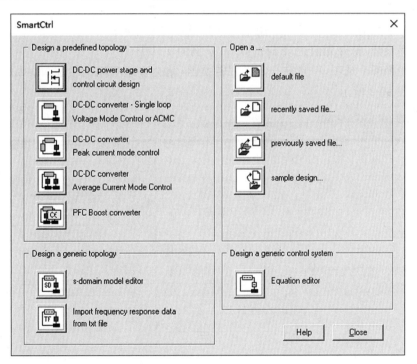

图 10-1　SmartCtrl 登录界面

SmartCtrl 登录界面分为四个部分:

(1)设计预定义的拓扑(Design a predefined topology)。该选项提供了一种简单、直接的方法来设计广泛使用的电源转换器的控制电路,用户能够选择如下不同的电路拓扑:

①DC-DC power stage and control circuit design：DC-DC 功率电路和控制电路设计。

②DC-DC converter-Single loop Voltage Mode Control or ACMC：DC-DC 转换器-单回路电压模式或 ACMC 模式。

在控制电路设计中，有两种不同的控制策略可用：DC-DC convert Peak current mode control（DC-DC 转换器-峰值电流模式控制）；DC-DC converter Average Current Mode Control（DC-DC 转换器-平均电流模式控制）。平均电流模式控制需要两个嵌套循环来实现：外环是电压模式控制环，内环是电流模式控制环。

（2）设计通用拓扑（Design a generic topology）。该选项允许通过两种不同的方法设计转换器：

①s 域模型编辑器；

②通过".txt"文件导入频率响应数据。

（3）设计通用控制系统-公式编辑器（Design a generic control system）。SmartCtrl 还提供了通过方程编辑器定义整个系统的功能。因此，在任何控制问题的设计过程中，无论性质如何，SmartCtrl 都可以帮助用户设计通用控制系统，例如温度控制、电机驱动器等。

（4）打开…（open a…）。该选项提供了四个选择：

①默认文件：打开一个预先设计的示例；

②最近保存的文件：打开用户使用的最后一个文件；

③先前保存的文件：打开用户用来保存其设计的文件夹；

④样例设计：打开先前记录 SmartCtrl 示例的文件夹。

无论选择哪个选项，一旦完全定义了转换器，就会显示程序的主窗口。SmartCtrl 操作界面如图 10-2 所示。

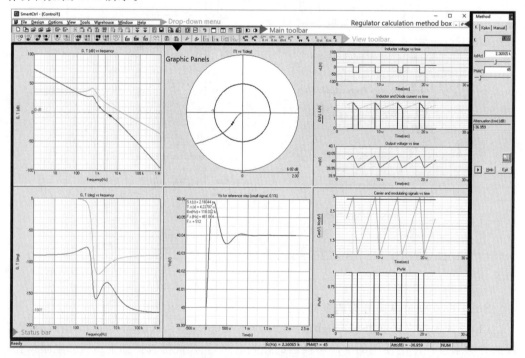

图 10-2　SmartCtrl 操作界面

10.2　基本操作

10.2.1　File 菜单

File(文件)菜单包括管理文件、导入和导出文件、打印机设置以及打印选项所需的所有功能。单击"File"菜单,弹出的下拉菜单如图 10-3 所示。文件菜单中各选项的功能介绍如下:

(1)New(快捷键为 Ctrl＋N):创建一个新工程。

(2)New and initial dialog:创建一个新工程并显示初始对话框。

(3)Open...(快捷键为 Ctrl＋O):打开一个现有工程。

(4)Open sample designs...:从示例文件夹中打开示例设计。

(5)Close:关闭当前工程窗口。

(6)Save(快捷键为 Ctrl＋S):保存当前工程。

(7)Save As...:将当前工程保存到其他文件。

(8)Open txt files...:打开任何".txt"文件。

(9)Import (merge)...(快捷键为 Ctrl＋E):将另一个文件的数据与现有文件的数据合并以显示,这两个文件的曲线将合并。

(10)Export:该选项提供了不同的导出选项。它允许导出以下内容:将原理图和参数文件导出到PSIM 或更新参数文件;将传递函数导出到文件中,可

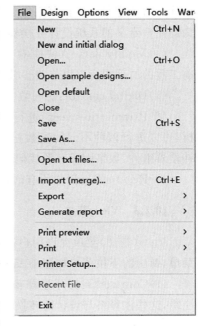

图 10-3　文件菜单

用的传递函数包括传感器、输出控制、补偿器等;将瞬态响应导出到文件,可用的瞬态响应包括参考电压阶跃、输出电流阶跃和输入电压阶跃;将波形导出到文件,可用的稳态波形包括电感器电压和电流波形、二极管电压和电流波形、载波波形、调制信号波形和 PWM 波形。

(11)Generate report:生成报告到".txt"文件或记事本。它包含有关输入数据(稳态直流工作点等)和输出数据(补偿器组件、交叉频率、相位裕量等)的信息。

(12)Print preview:预览任何图形和文本面板的打印输出[包括传递函数幅度(dB)、传递函数相位(°)、奈奎斯特图、数据输入等]。

(13)Print:打印主窗口的任何面板(包括伯德图、奈奎斯特图、瞬态响应、输入数据或结果等)。

(14)Printer Setup:设置打印机。

10.2.2　Design 菜单

单击"Design"（设计）菜单，弹出的下拉菜单如图 10-4 所示。设计菜单中各选项的功能介绍如下：

（1）Predefined topologies：预定义的电路拓扑包含单回路和双回路配置中最常用的 DC-DC 设备和 AC-DC 设备。

（2）Generic topology：允许用户在 s 域中导入".dat"".txt"或".fra"文件来定义通用的被控传递函数，并使用 SmartCtrl 提供的预定义传感器和补偿器来设计闭环控制系统。

（3）Generic control system：允许用户通过内置的公式编辑器定义通用控制系统和传感器传递函数，并为此用户定义的系统设计补偿器。

（4）Modify data...（快捷键为 Ctrl ＋ D）：打开当前工程的原理图窗口以修改参数。

（5）Digital control：访问数字控件设置。

（6）Parametric sweep：进行系统参数的敏感性分析，可以进行四种不同的参数扫描，分别为输入参数、补偿器组件、数字因子和源代码变量。

（7）Reset all...：清除所有活动窗口。

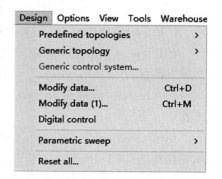

图 10-4　设计菜单

10.2.3　View 菜单

View（视图）菜单允许用户选择显示哪些元素，不显示哪些元素。单击"View"（视图）菜单，弹出的下拉菜单如图 10-5 所示。视图菜单中各选项的功能介绍如下：

（1）Comments：打开注释窗口。允许用户添加注释，这些注释将与设计的转换器一起保存。

（2）Loop：选择要在活动窗口中显示的循环（内循环或外循环）。

（3）Transfer functions：选择要在活动窗口中显示的回路（内回路或外回路）和需要显示的传递函数。传递函数包括转换器传递函数 $G(s)$、传感器传递函数 $K(s)$、补偿器传递函数 $R(s)$、控制输出无调节器传递函数 $A(s)$、控制输出传递函数 $T(s)$、参考输出传递函数 $CL(s)$、数字补偿器传递函数、数字控制输出传递函数、数字参考输出传递函数，如图 10-6 所示。

（4）Additional transfer functions：选择要显示的其他传递函数，如磁化率 G_{vv}、输出阻抗 G_{vi} 等。

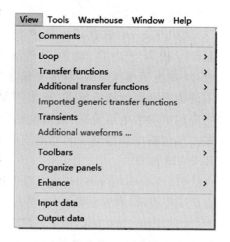

图 10-5　视图菜单

（5）Transients：选择要显示的瞬态响应，可用的瞬态响应包括输入电压阶跃瞬态响应、输出电流阶跃瞬态响应、参考阶跃瞬态响应。

（6）Organize panels：调整所有面板的大小，并恢复结果面板窗口的默认外观。

（7）Enhance：选择要以全屏尺寸显示的面板，可选择的面板包括 Bode（幅值）面板（快捷键为 Ctrl＋Shift＋U）、Bode（相位）面板（快捷键为 Ctrl＋Shift＋J）、Nyquist 图面板（快捷键为 Ctrl＋Shift＋I）、瞬态响应面板（快捷键为 Ctrl＋Shift＋K）、输入数据面板（快捷键为 Ctrl＋Shift＋O）、输出（结果）面板（快捷键为 Ctrl＋Shift＋L）。

（8）Input data&Output data：查看设计输入和输出数据。

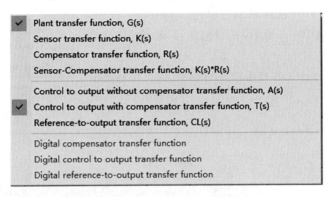

图 10-6　传递函数的选择

10.2.4　Tools 菜单

单击"Tools"（工具）菜单，弹出的下拉菜单如图 10-7 所示。工具菜单中各选项的功能介绍如下：

（1）Settings：允许自定义频率范围（频率设置）以及将图形和文本面板重新排列为其默认大小和外观（布局设置）。

（2）Equation editor：公式编辑器。公式编辑器提供了对 SmartCtrl 内置公式编辑器直接访问的权利；通过 Equations editor，SmartCtrl 允许用户对任何传递函数进行编程并导出其频率响应。

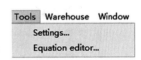

图 10-7　工具菜单

10.2.5　Window 菜单

单击"Window"（窗口）菜单，弹出的下拉菜单如图 10-8 所示。窗口菜单有创建、排列和拆分窗口的功能，各选项的功能介绍如下：

（1）New window：创建一个新窗口。

（2）Maximize active window：最大化当前窗口。

（3）Cascade：以层叠形式排列窗户。

（4）Tile horizontal：水平平铺当前打开的窗口。

（5）Tile vertical：垂直平铺当前打开的窗口。

（6）Split：单击界定不同窗口面板的交线并拖动可以改变面板的尺寸。

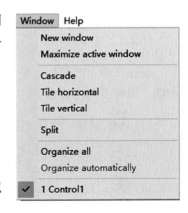

图 10-8　窗口菜单

（7）Organize all：恢复图形和文本面板的默认大小。

10.2.6　Help 菜单

单击"Help"（帮助）菜单，弹出的下拉菜单如图 10-9 所示。帮助菜单中各选项的功能介绍如下：

（1）Contents：打开在线帮助。单击"Contents"按钮，弹出的对话框如图 10-10 所示，其中包括目录、索引、搜索三部分。

（2）About SmartCtrl：显示软件的版本、许可证号等附加信息。

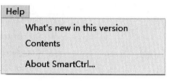

图 10-9　帮助菜单

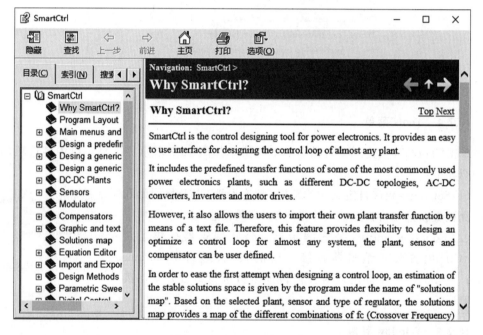

图 10-10　"Contents"对话框

10.2.7　主工具栏

通过在相应的图标上单击，可以使用主工具栏（Main toolbar）快速访问最常用的程序功能。图标及其功能如下：

（1）　：创建一个新工程。

（2）　：创建一个新工程并打开初始对话框。

（3）　：打开一个已存在的工程。

（4）　：打开样例设计。

(5) ：关闭当前的工程窗口。

(6) ：生成报告。

(7) ：查看文件内容。

(8) ：DC-DC 转换器-单回路。

(9) ：DC-DC 转换器-峰值电流模式控制。

(10) ：DC-DC 转换器-平均电流模式控制。

(11) ：PFC 升压转换器。

(12) ：使用 s 域模型编辑器设计通用拓扑。

(13) ：保存工程。

(14) ：导出传递函数。

(15) ：导入并与其他传递函数合并。

(16) ：导出到 PSIM(原理图)。

(17) ：导出到 PSIM(更新参数文件)。

(18) ：更新参数文件。

(19) ：最大化活动窗口。

(20) ：铺开窗口。

(21) ：观察所有通道。

(22) ：合并所有通道。

(23) ：观察输入数据。

(24) ：观察输出数据。

10.2.8　可视工具栏

使用可视工具栏(View toolbar)图标,可以快速选择想要显示的元素。各图标及其功能如下:

(1) ：显示各传递函数的频率响应(伯德图)。

(2) ：显示传感器传递函数的频率响应(伯德图)。

(3) ：显示不带补偿器传递功能的控制输出的频率响应(伯德图)。

(4)  ▨ :显示传感器-补偿器传递函数的频率响应(伯德图)。

(5)  ▨ :显示补偿器传递函数的频率响应(伯德图)。

(6) ▨ :显示离散补偿器传递函数的频率响应(伯德图)。

(7)  ▨ :显示控件到输出传递函数的频率响应(伯德图)。

(8)  ▨ :通过数字控制显示控件的频率响应(伯德图)以输出传递函数。

(9)  ▨ :显示参考到输出传递函数的频率响应(伯德图)。

(10)  ▨ :通过数字控制显示参考到输出传递函数的频率响应(伯德图)。

(11)  ▨ :查看其他传递函数工具栏。

(12)  ▨ :显示参考电压阶跃的瞬态响应。

(13) ▨ :打开工具箱。

(14) ▨ :进行输入参数的参数扫描。

(15)  ▨ :进行补偿器的参数扫描。

传递函数的格式如图 10-11 所示。

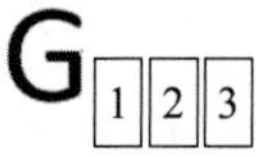

图 10-11　传递函数的格式

图 10-11 中,下标 1 代表传递函数类型,若下标 1 为字符 t,则表示传递函数为闭环传递函数,否则为开环传递函数;下标 2 代表扰动幅度,是电感器电流(i_L)、二极管电流(i_D)和输出电压(v_o)的扰动幅度;下标 3 也代表扰动幅度,是输出电流(i_o)、输入电压(v_i)的扰动幅度。

第 11 章　基础电路及参数设置

11.1　DC-DC 转换器

对于每个 DC-DC 转换器,输入数据窗口均允许用户选择所需的输入参数,并提供有用的信息,如稳态 DC 工作点。对于任何 DC-DC 拓扑,输入数据都位于白色阴影框,而程序提供的附加信息将显示在灰色阴影框中。

转换器的参数定义如图 11-1 所示,其中定义稳态直流工作点的参数位于转换器图像的正下方。由于拓扑结构不同,定义的输入数据与输出数据也不同。

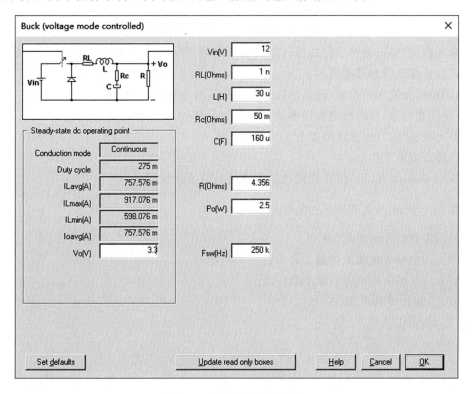

图 11-1　转换器的参数定义

11.1.1 降压转换器

当使用单回路控制方案时,降压转换器(Buck Converter)中的控制量可以是输出电压或电感电流。降压电路结构示意图如图 11-2 所示。

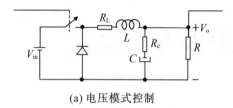 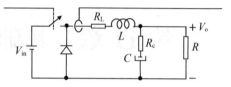

(a) 电压模式控制   (b) 电感-电流感应降压/峰值电流模式控制

图 11-2 降压电路结构示意图

当使用双环控制方案时,必须同时测量两个量值(电流和输出电压)。由此生成的降压电路结构(平均电流)示意图如图 11-3 所示。

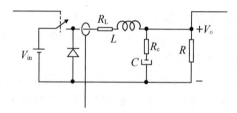

图 11-3 降压电路结构(平均电流)示意图

"输入数据"窗口允许用户选择所需的输入参数,并提供一些相关信息,如直流稳态工作点,该信息位于转换器图像的正下方。两个输入数据的窗口示意图如图 11-4 所示,其中白色阴影框为输入数据框,而灰色阴影框则显示程序提供的附加信息。

需要注意的是,在电压受控设备或电流受控设备中,输入数据是不同的。

"输入数据"窗口中显示的参数定义如下:

(1)稳态直流工作点:

①Conduction mode:传导模式可以是连续的或不连续的;

②Duty cycle:开关器件的占空比$\dfrac{t_{\text{on}}}{T}$;

③I_{L}:电感的平均电流(A)。

④I_{Lmax}:电感电流纹波的最大值(A)。

⑤I_{Lmin}:电感电流纹波的最小值(A)。

⑥I_{oavg}:输出平均电流(A)。

⑦V_{o}:输出电压(V)。

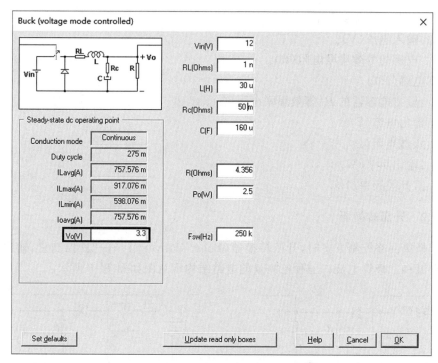

(a) Buck电压控制和峰值电流模式的输入

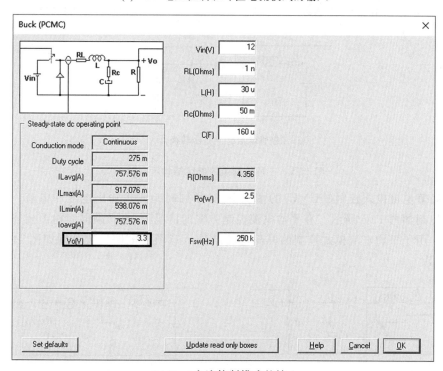

(b) Buck电流控制模式的输入

图 11-4　输入数据的窗口示意图

（2）转换器的其他参数：

①V_{in}：输入电压（V）。

②R_L：电感的等效串联电阻（Ω）。

③L：电感（H）。

④R_C：输出电容器的 R_C 等效串联电阻（Ω）。

⑤C：输出电容（F）。

⑥R：负载电阻（Ω）。

⑦P_o：输出功率（W）。

⑧F_{SW}：开关频率（Hz）。

11.1.2　升压转换器

当选择单回路控制方案时，升压转换器（Boost Converter）有三种控制量：输出电压、电感器电流和二极管电流。三种控制量的电路结构示意图如图 11-5 所示。

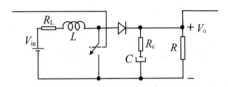
(a) 电压模式控制升压转换器

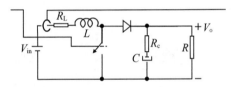
(b) 电感-电流感应升压转换器

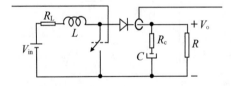
(c) 二极管电流感应升压转换器

图 11-5　三种控制量的电路结构示意图

在峰值电流模式控制（PCMC）的情况下，必须同时检测出输出电压和电流。峰值电流模式控制如图 11-6 所示。在平均电流控制方案的情况下，也必须同时检测出输出电压和电流。用于平均电流模式控制的升压电路结构示意图及电路设置分别如图 11-7 和图 11-8 所示。

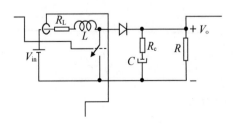

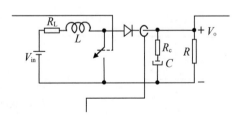

图 11-6　峰值电流模式控制（PCMC）　　　　　图 11-7　升压电路结构示意图

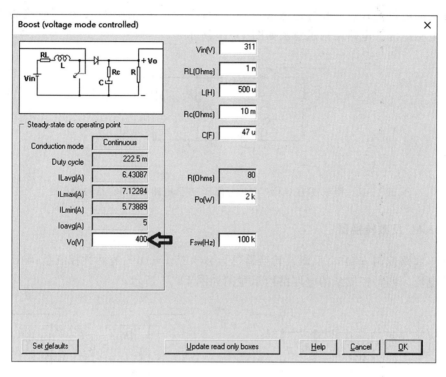

图 11-8　升压电路设置

11.1.3　降压-升压转换器

在单回路控制方案中,降压-升压转换器(Buck-boost Converter)有三种控制量:输出电压、电感器电流和二极管电流。三种控制量的电路结构示意图如图 11-9 所示。

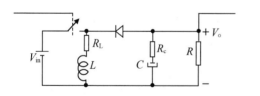

(a) 电压模式控制降压-升压转换器

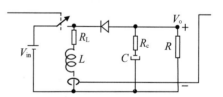

(b) 电感-电流感应降压-升压转换器

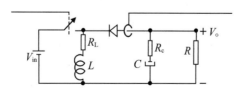

(c) 二极管电流感应降压-升压转换器

图 11-9　三种控制量的电路结构示意图

在平均电流模式控制和峰值电流模式控制（PCMC）的情况下，必须同时检测出输出电压和电感电流。电路结构示意图如图 11-10 所示。

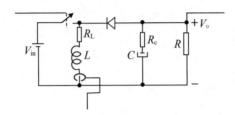

图 11-10　降压-升压(LCS-VMC)/降压-升压电路(PCMC)结构示意图

11.1.4　反激转换器

在单回路控制方案中，反激式转换器（Flyback Converter）有两种控制量：输出电压和二极管电流。两种控制量的电路结构示意图如图 11-11 所示。

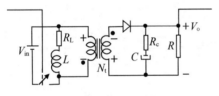
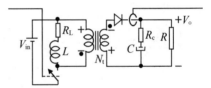

(a) 电压模式控制反激转换器　　　　　　(b) 二极管电流感应反激转换器

图 11-11　两种控制量的电路结构示意图

在峰值电流模式控制（PCMC）的情况下，必须同时检测出输出电压和 MOSFET 的电流。电路结构示意图如图 11-12 所示。

在平均电流模式控制的情况下，必须同时检测出输出电压和二极管电流。电路结构示意图如图 11-13 所示。

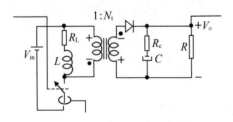
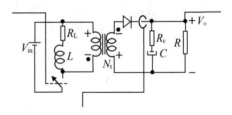

图 11-12　反激(PCMC)电路结构示意图　　　　图 11-13　反激电路结构示意图

11.1.5　正激转换器

正激转换器（Forward Converter）中有两种控制量：输出电压和电感电流。两种控制量的电路结构示意图如图 11-14 所示。

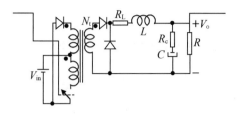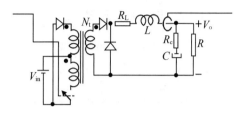

(a) 电压模式控制正激转换器　　　　　　　(b) 电感-电流感应正激转换器

图 11-14　两种控制量的电路结构示意图

同样地,在峰值电流模式控制(PCMC)的情况下,必须同时检测出输出电压和电感电流(在 MOSFET 中检测)。电路结构示意图如图 11-15 所示。

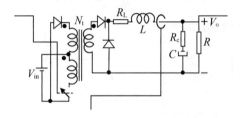

图 11-15　正激电路结构示意图

11.2　传感器

11.2.1　分压器

分压器(Voltage Divider)用于测量输出电压并使其适应补偿器电压的参考电平,其电路如图 11-16 所示。

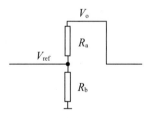

图 11-16　分压器电路

分压电路的传递函数为

$$K(s) = \frac{V_{\text{ref}}}{V_{\text{o}}} \tag{11-1}$$

式中,V_{ref}为补偿器的参考电压(V),V_{o}为 DC-DC 转换器的输出电压(V)。

11.2.2　嵌入式分压器

将两个电阻器[R_{11}和R_{ar}(见图 11-17)]嵌入补偿器内可构成嵌入式分压器(Embedded Voltage Divider),如图 11-17 所示。

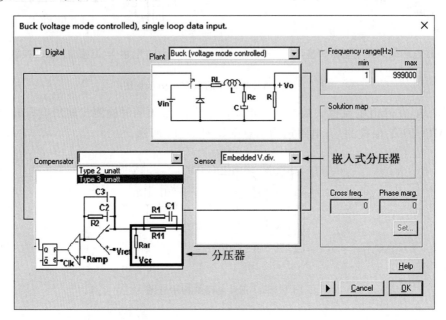

图 11-17　嵌入式分压器

给定所需的输出电压、补偿器的参考电压和R_{11}的值,SmartCtrl 会计算出电阻R_{ar}的阻值。分压器在 0 Hz 时的传递函数为

$$\frac{V_{ref}}{V_o} = \frac{R_{ar}}{R_{ar} + R_{11}} \tag{11-2}$$

11.2.3　隔离电压传感器

隔离电压传感器(Isolated Voltage Sensor)是提供电气隔离的电压传感器,可用于正激式和反激式 DC-DC 拓扑,如图 11-18 所示。

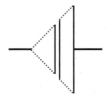

图 11-18　隔离电压传感器

隔离电压传感器的传递函数和 0 dB 时的增益分别为

$$K(s) = \frac{G_0}{1 + \dfrac{s}{2\pi f_{pK}}} \qquad (11\text{-}3)$$

$$G_0 = \frac{V_o}{V_{ref}} \qquad (11\text{-}4)$$

式中,G_0 为增益,是传感器在 0 dB 时的增益,它由输出电压和参考电压给出如图11-19所示;f_{pK} 为极点频率,单位是 Hz。

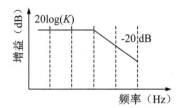 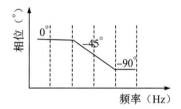

图 11-19 增益-频率图及相频图

11.2.4 电阻传感器

11.2.4.1 功率因数校正(Power Factor Corrector,PFC)

如果使用电阻 R_s 感测电流,则电流传感器的增益将是该电阻 R_s 的值,即 $K(s)=R_s$。电阻 R_s 在不同电路中的原理图如图 11-20 所示。

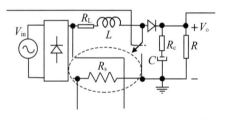 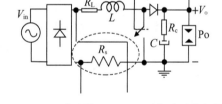

(a) UC3854A乘法器+Boost PFC(电阻负载)　　　　(b) UC3854A乘法器+Boost PFC(恒定功率负载)

图 11-20 功率因数校正原理图

11.2.4.2 峰值电流模式控制

电阻传感器(Resistive Sensor)用来测量电感电流,并将电流转换为等效电压。

11.2.5 霍尔效应传感器

霍尔效应传感器(Hall Effect Sensor)是通过通用传递函数框表示的电流传感器,如图 11-21 所示。

图 11-21 霍尔效应传感器

霍尔效应传感器的传递函数为

$$K(s) = \frac{G_0}{1 + \dfrac{s}{2\pi f_{pK}}} \qquad (11\text{-}5)$$

11.2.6 电流传感器

电流传感器(Current Sensor)由通用传递函数框表示。在内部,传递函数对应于恒定的 V/A 增益,即

$$K(s) = G_0 \qquad (11\text{-}6)$$

例如,若使用电阻器 R_s 感测电流,则电流传感器增益的将为该电阻器的值,即 $K(s) = R_s$。

11.3 调制器

峰值电流模式控制调制器输入信号的定义如图 11-22 所示。

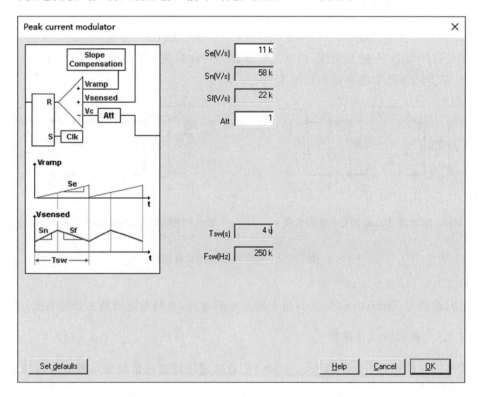

图 11-22 峰值电流模式控制调制器输入信号的定义

峰值电流模式控制调制器的参数有:

(1)V_{ramp}:这种控制技术中使用的是特性补偿斜率,该补偿斜率被添加到检测电流中,以确保占空比超过 50% 时系统的稳定性。

(2)V_{sensed}：检测到的电感器电流的等效电压。

(3)V_c：检测到的调制器输出电压。

而调制器设计的具体参数有：

(1)S_n：电感的电荷斜率。

(2)S_f：电感的放电斜率。

(3)S_e：补偿斜坡的斜率，根据 S_n 和 S_f 的函数计算。

(4)A_{tt}：施加在调制器输出电压上的衰减。

11.4　补偿器

11.4.1　单回路或内回路补偿器

下面以类型 3 补偿器为例来介绍单回路或内回路补偿器的参数设置。

(1)Type 3 Compensator(类型 3 补偿器)：类型 3 补偿器的参数设置如图 11-23所示。

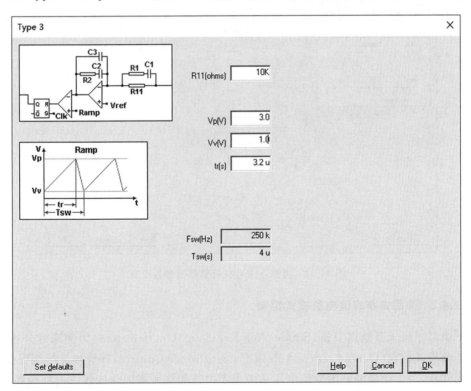

图 11-23　类型 3 补偿器的参数设置

①V_p(V)：斜坡电压的峰值(PWM 调制器的载波信号)。

②V_v(V)：斜坡电压的谷值。

③T_r(s)：斜坡电压的上升时间。

④T_{sw}(s):切换周期。

(2)Type 3 Compensator Unattenuated(类型 3 未衰减补偿器):为了使检测到的输出电压适应参考电压而将所需的分压器嵌入补偿器内,嵌入式分压器的两个电阻分别对应于 R_{11} 和 R_{ar}(见图 11-24),这种补偿器配置消除了由外部分压器引起的衰减。类型 3 未衰减补偿器的参数设置如图 11-24 所示。

①R_{11}:默认值为 10 kΩ。

②V_{ref}(V):参考电压。

③V_{p}(V):斜坡电压的峰值(PWM 调制器的载波信号)。

④V_{v}(V):斜坡电压的谷值。

⑤T_{r}(s):斜坡电压的上升时间。

⑥T_{sw}(s):切换周期。

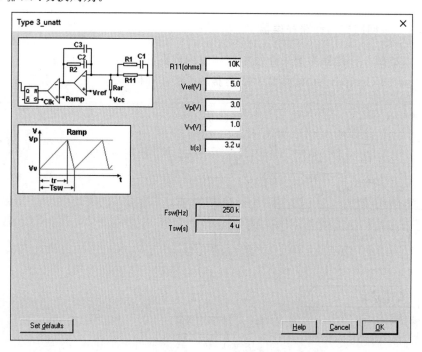

图 11-24　类型 3 未衰减补偿器的参数设置

11.4.2　外回路和峰值电流模式控制

下面以单极未衰减调节器(Single Pole Regulator Unattenuated)为例来对外回路和峰值电流模式控制(Outer Loop and Peak Current Mode Control)补偿器进行简要介绍。

同样地,为了使检测到的输出电压适应参考电压而将所需的分压器嵌入补偿器内,嵌入式分压器由两个电阻 R_{11} 和 R_{ar} 构成(见图 11-25),这种补偿器配置消除了由外部分压器引起的衰减。单极未衰减调节器的参数设置如图 11-25 所示。

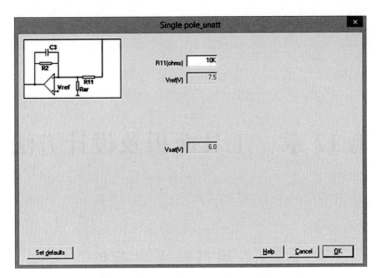

图 11-25　单极未衰减调节器的参数设置

(1)R_{11}:默认值为 10 kΩ。

(2)V_{ref}:参考电压。对于使用 UC3854A 乘法器的功率因数校正器,该值等于 7.5 V。

(3)V_{sat}:运算放大器的饱和电压。对于使用 UC3854A 乘法器的功率因数校正器,该值等于 6.0 V。

同样地,单极补偿器相比单极未衰减补偿器而言,参数的意义和设置都同上,唯一不同的是单极补偿器没有接入 R_{ar} 构成分压器来消除衰减。

第 12 章　工具面板及设计方法

12.1　图形和文字面板

图形和文字面板(Graphic and text panels)分为六个不同的面板,分别为:

(1)Bode plots-amplitude frequency response module:伯德图幅频响应模块(dB)。

(2)Bode plots-phase frequency response module:伯德图相频响应模块(°)。

(3)Nyquist diagram:奈奎斯特图。

(4)Transient response plot:瞬态响应图。

(5)Steady-state waveform:稳态波形图。

(6)Text panels:文字面板。

12.1.1　伯德图

伯德图(Bode plots)用于表征系统的频率响应,它由幅频响应曲线图和相频响应曲线图组成,频率绘制于对数坐标轴上,如图 12-1 所示。其中,幅频响应曲线图位于 SmartCtrl 窗口的左上方面板中,相频响应曲线图位于 SmartCtrl 窗口的左下方面板中。

在 SmartCtrl 中,可以在伯德图中绘制七个不同的传递函数。要显示其中任意一种传递函数的伯德图,只需单击"View"工具栏上的相应图标或在"View"菜单中选择相应的传递函数。

(1)手动放置极点和零点(Manual placement of poles and zeros):当使用类型 3 补偿器或类型 2 补偿器时,补偿器的极点和零点通过三个小方块表示。要移动这些零、极点,必须先在"Method"对话框中选择"Manual"选项,然后只需在伯德图中单击并拖动每个小方块即可更改上述零点和极点的位置。

(2)交叉频率(Cross frequency):通过系统的开环传递函数上的一对虚线显示开环的交叉频率。

(3)右击(Click on right button):右击每个图将打开一个新窗口,其中包含一些其他选项,如:复制(Copy)——将伯德图复制到剪贴板,导出(Export)——可以以多种格式导出不同频率响应的数据,合并(Merge)——可加入另一个传递函数并将两个传递函数合并，帮助(Help)——链接到在线 SmartCtrl 帮助。

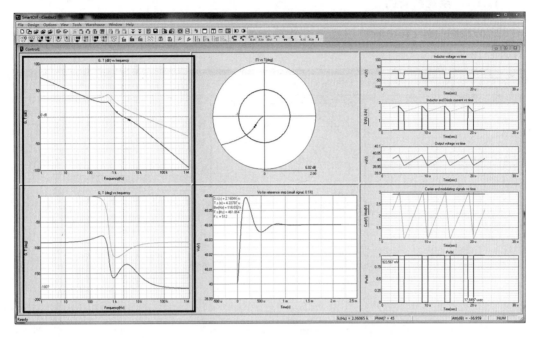

图 12-1　幅频图和相频图

(4)测量工具(Measurement tools)：测量工具有两种不同的使用方式，如图 12-2 所示。

①Ctrl＋鼠标：按住 Ctrl 键并移动鼠标将显示两条交叉的红线，并给出鼠标光标所在点的两个坐标，据此可以对图形区域内的任意点进行测量。

②Shift＋鼠标：按住 Shift 键并将鼠标光标置于图中所显示的一条轨迹附近，光标将自行跟踪到该轨迹，同时可得到所跟踪轨迹的相位和幅度。

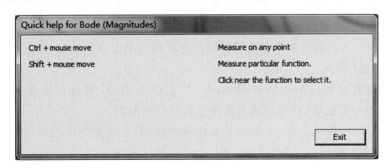

图 12-2　测量工具的使用方式

如果要将光标跟踪到其他轨迹，只需在该轨迹上单击。另外，若选定的轨迹是开环传递函数的轨迹，则 SmartCtrl 可以同时在伯德图和奈奎斯特图上进行测量。

12.1.2　奈奎斯特图

和伯德图一样,奈奎斯特图也是线性系统的频率特性图。SmartCtrl 中的奈奎斯特图如图 12-3 所示。

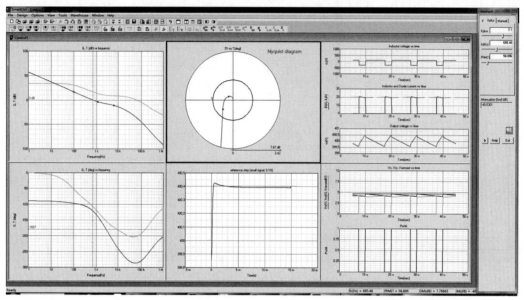

图 12-3　奈奎斯特图

就稳定性而言,奈奎斯特图可根据开环系统的频率响应提供频率特性图,并配合奈奎斯特稳定判据评估闭环系统的稳定性。

(1)极点和零点(Poles and zeros):补偿器的极点和零点仍用三个小方块表示。但与伯德图不同的是,奈奎斯特图的零点和极点不能手动放置,要移动它们,必须先在"Method"对话框中选择"Manual"选项,然后只需在图中单击并拖动每个小方块即可更改上述零点和极点的位置。

(2)放大(Zoom):通过在奈奎斯特图的白色区域内单击并拖动鼠标,就可以实现放大和缩小,如图 12-4 所示。

(3)复制到剪贴板(Copy to clipboard):与伯德图相同,通过右击奈奎斯特图使用"Copy to clipboard"选项,就可以将当前图形复制到剪贴板。

(4)测量工具(Measurement tools):与伯德图相同,奈奎斯特图也可以对相关信息进行测量,如图 12-5 所示。

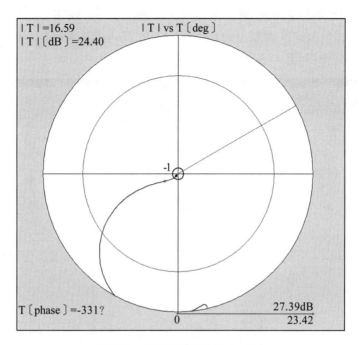

图 12-4 奈奎斯特图的放大、缩小

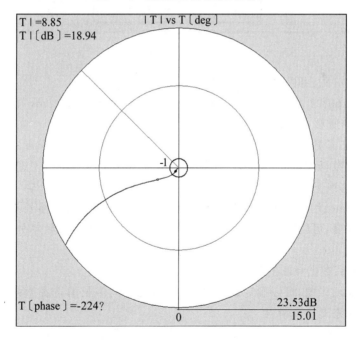

图 12-5 奈奎斯特图的测量

12.1.3 瞬态响应图

在设计功率转换器的控制级时,关键指标是诸如时间、电压峰值、瞬态值之类的瞬态响应规范。因此,迅速获得转换器的瞬态响应在设计过程中有着极为重要的作用。

　　SmartCtrl 可绘制参考阶跃、输入电压阶跃和输出电流阶跃下受控信号的小信号瞬态响应。只需单击"View"工具栏上的相应图标或在"View"菜单中选择相应的瞬态响应，即可绘制瞬态响应图，如图 12-6 所示。

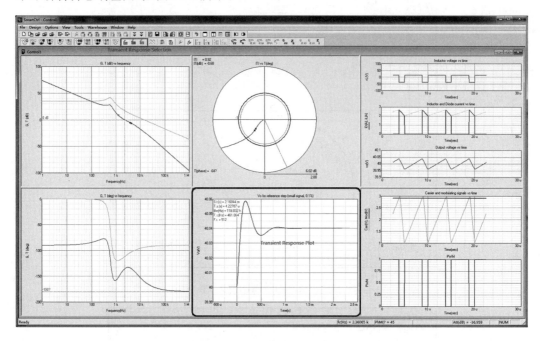

图 12-6　瞬态响应图

　　右击瞬态响应图，可以对瞬态响应图进行如下操作：

　　(1)导出(Export)：此选项可将当前瞬态响应导出为".txt"或".smv"格式的文件。导出面板如图 12-7 所示。

　　(2)修改瞬态参数(Modify transient parameters)：此选项可用于自定义瞬态响应图和计算方法的参数，如图 12-8 所示。在瞬态图上单击并选择"自定义"选项，将显示一组滑块，可以据此修改下列参数设置。参数修改后的变化如图 12-9 所示。

　　①Shown time：用于修改窗口中显示的时间段。最大值受时间步长乘以频率分辨率的限制。如果需要，可以通过减小显示时间、时间步长来最终增大频率分辨率，以此来获得缩放效果。

　　②Time step：数据点间的时间间隔。

　　③Bandwidth：带宽，可以确定最大采样频率，与时间步长的选择直接相关。带宽过低可能会导致瞬态图出现错误。

　　④Frequency step：频率步长，即两个采样频率点之间的频率间隔，由频率分辨率和带宽决定。过高的频率步长可能会导致瞬态图出现错误。

　　⑤Frequency resolution：瞬态响应计算是基于对功率转换器的频率响应来进行采样的。分辨率越高，采样点的数量越多，精度越高，但计算时间也更长，因此要选择合适的频率分辨率。

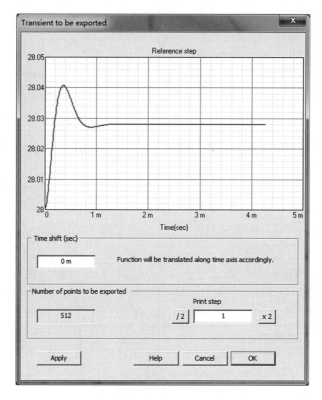

图 12-7　瞬态响应的导出面板

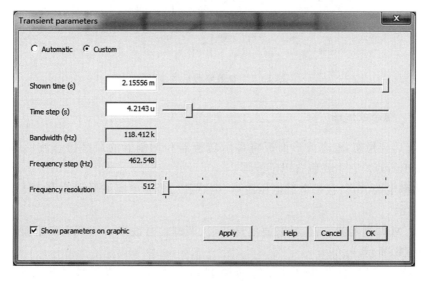

图 12-8　瞬态参数的修改

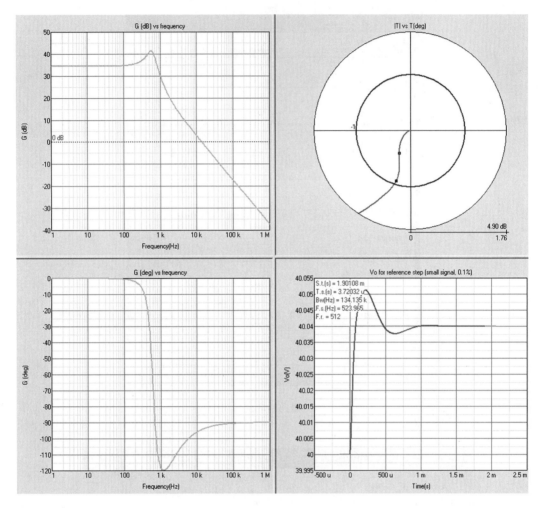

图 12-9　参数修改后的变化

12.1.4　稳态波形图

若系统达到稳态,稳态波形面板将显示转换器和调制器的最终稳态波形图(Steady-state Waveform)。它主要包含以下波形:

(1)功率电路波形:包括电感电压波形、电感和二极管电流波形和输出电压波形,如图 12-10(a)所示。

(2)PWM 调制器波形:包括载波信号波形、调制信号波形、MOSFET 栅极电压波形,如图 12-10(b)所示。

(3)峰值电流模式控制波形:包括调制信号波形、补偿斜坡波形、检测得到的 MOSFET 电流或电感器电流波形,如图 12-10(c)所示。

同样地,也可以对稳态波形图进行复制和导出,在此不再赘述。

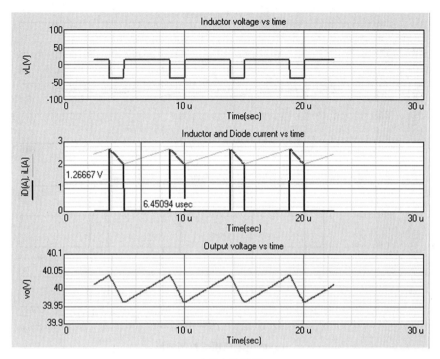

(a) 功率电路波形

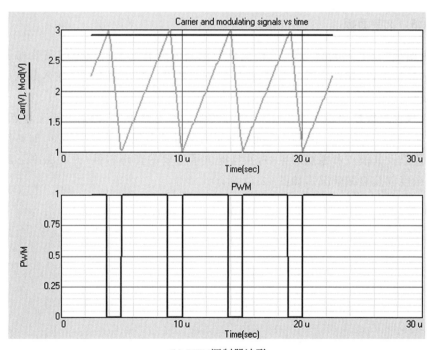

(b) PWM调制器波形

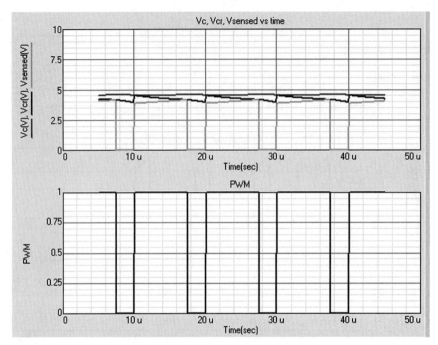

(c) 峰值电流模式控制波形

图 12-10   稳态波形图

12.1.5   文字面板

文字面板(Text Panels)提供了构成整个电路的所有元素的数值的完整列表以及部分参数选择情况,例如补偿器的类型、传感器的类型等。文字面板包括输入数据面板和输出数据面板。

输入数据面板显示转换器的输入参数,例如功率电路参数、稳态直流工作点、补偿器参数等,如图 12-11 所示。输出数据面板显示有关补偿器设计的数字信息,如补偿器的电阻、电容值以及其极点和零点的频率,并且提供了重要的开环特性(开关频率下的相位裕度、增益裕度以及衰减情况),如图 12-12 所示。

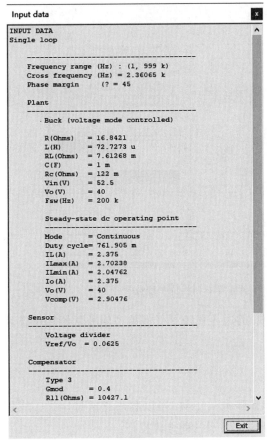

図 12-11　输入数据面板　　　　　　　　图 12-12　输出数据面板

12.2　解决方案图和公式编辑器

12.2.1　解决方案图

选择适当的穿越频率和相位裕度是回路优化的关键问题之一。为了简化控制回路设计，SmartCtrl 提出了稳定解空间的估计值，并将它命名为解决方案图，如图 12-13 所示。根据所选的转换器、传感器和补偿器的类型，解决方案图给出了由不同的开环穿越频率（f_c）和相位裕度（θ_{PM}）组成的"安全操作区域"，从而实现了系统的稳定。

单击图 12-13 中的白色区域即可选择能够得出稳定解的一组 f_c 和 θ_{PM}。开关频率（f_{sw}）处的衰减会自动更新，它是一个输出参数，代表开环系统在开关频率下实现的衰减。当 f_c、θ_{PM} 和 f_{sw} 中的任何一个值偏低或偏高时，方框背景将变为红色。

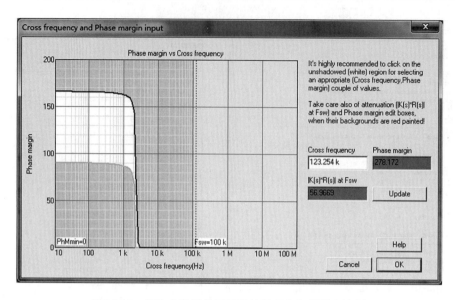

图 12-13　解决方案图的开环穿越频率和相位裕度选择

确定有效区域(即图 12-13 中的白色区域)的边界代表了任何类型的补偿器均可实现的最大和最小相位裕量。

12.2.2　公式编辑器

公式编辑器(Equation Editor)是一个非常强大的工具,可以利用它通过定义 s 域传递函数来定义和控制系统。公式编辑器可以通过以下三种方式打开:

(1)通过"初始"对话框中菜单的"设计通用控制系统"打开,如图 12-14 所示。

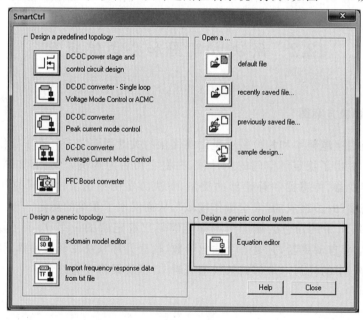

图 12-14　"设计通用控制系统"栏

（2）通过"初始"对话框中的"s 域模型编辑器"打开，如图 12-15 所示。

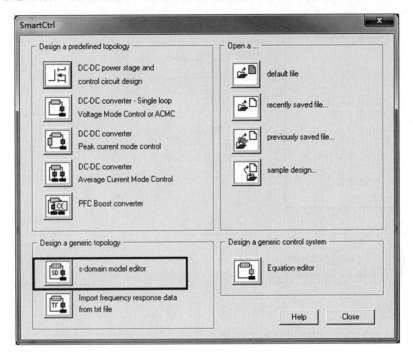

图 12-15　"s 域模型编辑器"栏

（3）通过"工具"菜单打开，工具栏如图 12-16 所示。

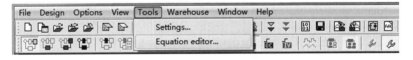

图 12-16　工具栏

三种方法的选项和设计步骤相同，如图 12-17 所示。首先，必须定义 s 域传递函数。可以通过以下方式定义 s 域传递函数：

（1）导入以前的设计（单击"打开"按钮）。

（2）在编辑器中输入新的传递函数。

（3）单击"设置默认值"按钮来加载预定义的传递函数。

公式编辑器可以通过添加返回指令来显示传递函数，如图 12-18 所示。单击"编辑已编译函数"按钮可更改显示曲线的属性，如图 12-19 所示。

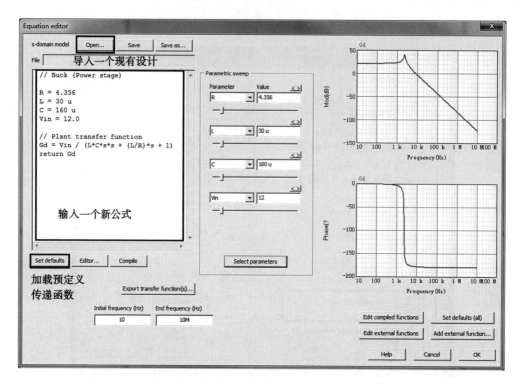

图 12-17　定义传递函数

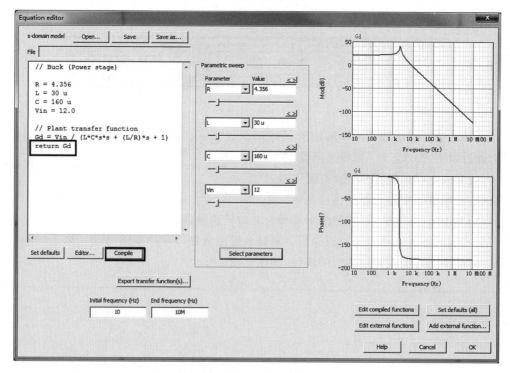

图 12-18　添加返回指令

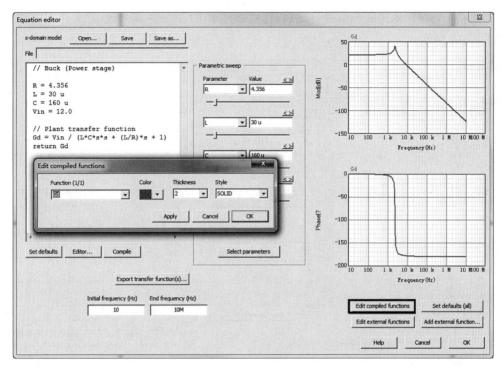

图 12-19　图形属性设置

公式编辑器还可以对定义的变量执行参数扫描。按住"选择参数"按钮，从而执行扫描，如图 12-20 所示。

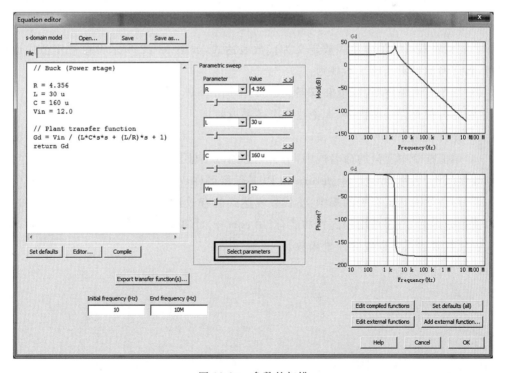

图 12-20　参数的扫描

为了便于与其他传递函数进行比较,可以通过单击"添加外部函数…"来导入伯德图,如图 12-21 所示。

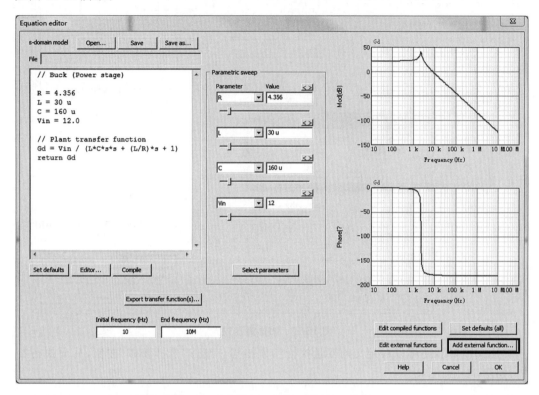

图 12-21　添加外部函数

公式编辑器可以将传递函数定义为代数表达式,如图 12-22 所示。在使用公式编辑器时,必须考虑以下几项基本规则:

(1)指令有两种类型:赋值和返回。

(2)每行仅允许一条指令(无论是分配还是返回)。

(3)允许使用空行。

(4)赋值指令中变量的命名规则:①名称必须以字母开头;②名称可以由字母、数字或下划线组成;③名称 sqrt、pow、return 和 PI 是保留名称,不能用作变量名称。

(5)与数学表达式有关的规则:①代数表达式的有效运算符为＋、－、＊、／;②表达式可以使用分组括号;③可用的内置功能有:用 $\mathrm{sqrt}(a)$ 计算 a 的平方根,用 $\mathrm{pow}(a,b)$ 计算 a^b。④代数表达式可以包含内置函数。

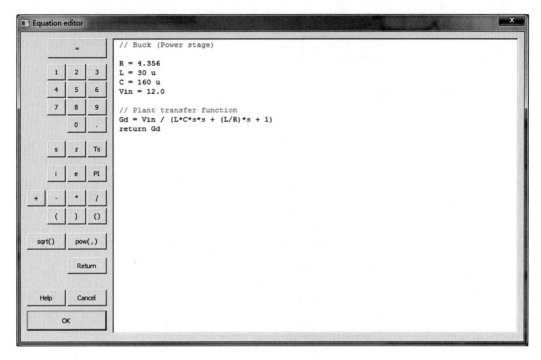

图 12-22　公式编辑器中传递函数的定义

12.3　设计方法

通过单击视图工具栏中的 ⚒ 图标,可以启用或禁用设计方法栏(Design Methods),如图 12-23 所示。设计方法栏包括以下内容:

(1)设计方法标签(Design method tags):每个标签对应于可用于补偿器计算的三种不同设计方法之一,分别为 K-method(K 方法)、K plus method:(K ＋方法)和 Manual(手动设置法)。

(3)开关频率衰减(Attenuation at switching frequency):用于显示开环传递函数在开关频率下实现的衰减。

(4)解决方案图(Solutions map):根据选定的转换器、传感器和补偿器的类型,解决方案图可提供稳定解空间的区域。涉及的两个参数为穿越频率和相位裕度。

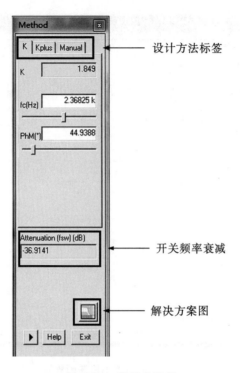

图 12-23　设计方法栏

12.3.1　K 因子方法

通过 K 因子方法(K-factor Method)可以选择特定的开环穿越频率和相位裕度,从而确定实现这些结果所需的元件值。在 SmartCtrl 中,补偿器的元件值将显示在结果文本面板中,如图 12-24 所示。

在设计方法标签的 K 方法标签中可以轻松地更改 K 因子的两个输入参数(f_c 和 θ_{PM})。

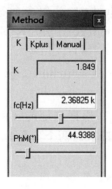

图 12-24　K 因子方法栏

此外,也可以通过单击"解决方案图"来修改它们,并且 K 因子方法将重新计算补偿器以适应新值,如图 12-25 所示。同样地,图中白色区域为稳定的解区域。

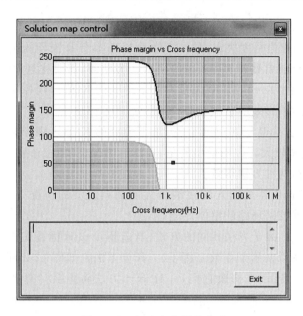

图 12-25　解决方案图的修改

在 SmartCtrl 中,可以对类型 2 补偿器和类型 3 补偿器都使用 K 因子方法。类型 2 补偿器由单个零点、单个极点和一个低频极点组成。当选择类型 2 补偿器时,采用 K 因子方法设计补偿器时零极点的位置如下:

(1)零点放置于 $\dfrac{f}{K}$ 频率处。

(2)极点放置于 $f \cdot K$ 频率处。

其中,K 为极点频率与零点频率之比的平方根,f 为零点频率与极点频率的几何平均值。

类型 3 补偿器由两个零点、两个极点和一个低频极点组成。当选择类型 3 补偿器时,采用 K 因子方法设计补偿器时必须放置双极点和双零点:

(1)双零点要放置于 $\dfrac{f}{\sqrt{K}}$ 频率处。

(2)双极点要放置于 $f \cdot \sqrt{K}$ 频率处。

其中,K 为双极点频率与双零点频率之比,f 为双零点频率与双极点频率的几何平均值。

12.3.2　$K+$ 方法

$K+$ 方法(K plus Method)是基于 K 因子方法的,它们的输入是相同的。与 K 因子方法不同的是,$K+$ 方法的穿越频率不再是零点和极点频率的几何平均值。

与传统的 K 因子方法相比,$K+$ 方法提供了额外的设计自由度。$K+$ 方法引出了两个因子(α 和 β),并且设置双零点频率 f_z 与穿越频率 f_c 的关系为

$$f_z = \frac{f_c}{\alpha} \tag{12-1}$$

$$f_z = f_c \cdot \beta \tag{12-2}$$

α 由穿越频率和相位裕度决定，$K+$ 方法可以选择想要置零的确切频率。置零的频率选择后，SmartCtrl 将自动计算 β。在使用 $K+$ 方法时，需要注意以下几点：

（1）如果将 α 设置为小于 K（K 因子方法下得到的 K 值），则控制环路在低频时增益较高，而在开关频率（f_{sw}）处的衰减较小。

（2）如果将 α 设置为高于 K（K 因子方法下得到的 K 值），则控制环路在低频时增益较小，而在 f_{sw} 处衰减较大。应当指出的是，在所有情况下，相位裕度都是相同的。

（3）当 $\alpha = K$ 时，两种方法等效。

因此，在 PWM 调制器的输入端接纳稍大的高频纹波的情况下，相比 K 因子方法，$K+$ 方法可用于改善控制环路的整体性能。

同样地，利用与 K 因子方法相同的方式，当选择 K plus 标签时也可以更改输入参数（相位裕度、穿越频率以及附加参数 α 因子）。$K+$ 方法栏如图 12-26 所示。同样地，也可以通过单击"解决方案图"来修改它们，并且 $K+$ 方法将重新计算补偿器以适应新的参数值。

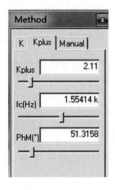

图 12-26　$K+$ 方法栏

12.3.3　手动设置法

手动设置法（Manual）允许将极点和零点彼此独立放置。当需要优化从 K 因子方法和 $K+$ 方法获得的结果时，或者当这些自动方法不能提供有效的解决方案时，可以使用手动设置法进行手动设置零、极点。

类型 3 补偿器和类型 2 补偿器均可以使用手动方法设置，极点和零点的频率均可以通过直接在伯德图中拖动来改变，也可以在设计方法栏的相应输入框中手动输入极点和零点的频率。设计方法栏如图 12-27 所示。

需要注意的是，对于类型 3 补偿器，可调整的参数为双零点频率、双极点频率以及低频极点；而对于类型 2 补偿器，可调整的参数为零点频率、极点频率以及低频极点。

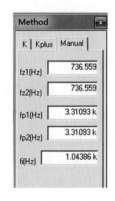

图 12-27　设计方法栏

12.3.4　PI 整定

PI 整定（PI Tuning）法的输入参数与 K 因子方法中的输入参数相同，也为相位裕度（θ_{PM}）和穿越频率（f_c）。

根据这两个输入参数，SmartCtrl 可计算比例增益（K_p）和积分增益（K_{int}），并在相应的输出框中显示。PI 整定功能只有在内、外补偿器设为 PI analog 或 PI 选项时才起作用。

与其他自动计算方法相同，PI 整定法也可以通过单击"解决方案图"直接设置相位裕度和穿越频率，如图 12-28 所示。PI 整定栏中还包含一个 K_p 和 T_i 解决方案图，单击"打开"即可通过直接调节其参数 K_p 和 T_i 来调节 PI 调节器。比例积分（PI）控制器的传递函数为

$$G(s) = K_p \cdot \frac{1 + T_i \cdot s}{T_i \cdot s} \qquad (12\text{-}3)$$

式中，K_p 为 PI 控制器的增益；T_i 为 PI 控制器的时间常数（s）。

时间常数 T_i 位于图形的 x 轴上，而增益 K_p 位于 y 轴上，如图12-29所示。任何参数的更改都会导致图形面板中的其他窗口以及解决方案图的实时更新。

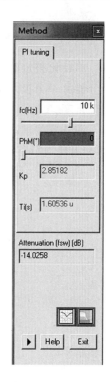

图 12-28　PI 整定栏

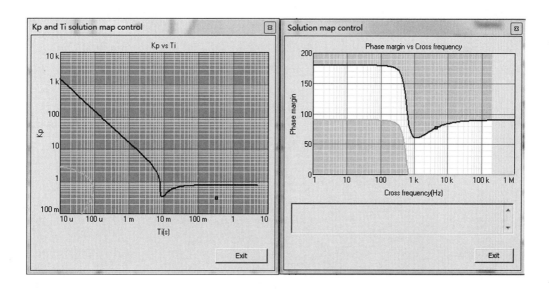

图 12-29　K_p 和 T_i 解决方案图

"解决方案图"稳定区域中的每个点在"K_p 和 T_i 解决方案图"中均具有一个等效点，并且该点也保持稳定。但是，K_p 和 T_i 解决方案图中的几个点可能对应于解决方案图中的唯一点。设计空间应对应于图中的白色区域。

12.3.5　单极化整定

单极化整定法(Single Pole Tuning)与手动方法等效,但适用于积分调节器。简单的积分器由一个极点构成,因此必须给定该极点频率。之后,SmartCtrl 将自动计算相关的相位裕度。

积分器的解决方案图是一条单线,表示在没有调节器传递函数的情况下开环增加90°。因此,也可以通过单击"解决方案图"来确定交叉频率。

第 13 章　预定义拓扑的设计

通过前面几章的介绍,大家已经对 SmartCtrl 有了一个系统的认识,那么 SmartCtrl 在各个领域的具体应用有哪些呢? SmartCtrl 可以帮助分析控制系统、电路系统、电力电子系统、模拟电路系统、数字电路系统,通过 SmartCtrl 仿真计算可以得出经典电路的输出曲线和解空间,也可以通过观察电路的解来对所设计电路进行改进。总而言之,SmartCtrl 仿真的应用是非常广泛的。

本章主要介绍 SmartCtrl 的一些拓扑设计。SmartCtrl 给出了一些实际中广泛使用的拓扑作为预定义拓扑,以简化其他拓扑设计。

可用的预定义拓扑(见图 13-1)包括:

(1)DC-DC 功率电路和控制设计。

(2)DC-DC 转换器-单回路(电压模式控制或平均电流模式控制)设计。

(3)DC-DC 转换器-峰值电流模式控制。

(4)DC-DC 转换器-平均电流模式控制。

(5)PFC 升压转换器。

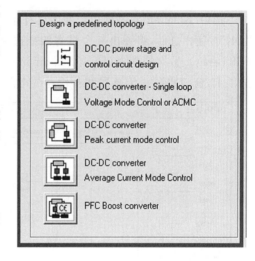

图 13-1　预定义拓扑

13.1　DC-DC 功率电路和控制设计

SmartCtrl 可以根据简单的参数设计完整的 DC-DC 转换器(装置、传感器和控制器)。此部分的预定义拓扑有 Buck 拓扑、Boost 拓扑、Buck-boost 拓扑、Forward 拓扑和 Flyback 拓扑,这些拓扑可用于设计连续导电模式(CCM)和简单的电压控制模式(VCM)。

在"File-New and initial dialog"下单击"DC-DC power stage and control design"选项,弹出的界面如图 13-2 所示。

首先,设定电路的特性,主要有输入电压范围(最大和最小)、输出电压、最大输出电压纹波、输出功率范围。

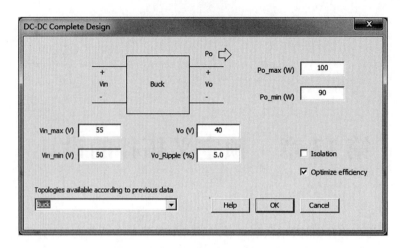

图 13-2　DC-DC 完整设计

选中"Isolation"复选框可以使用具有隔离(正激或反激)特性的拓扑。选择拓扑后,单击"OK"按钮。之后,将弹出一个带有四个选项卡的新窗口,分别为原理图(Schematic)、效率(Efficiency)、数字补偿器(Digital compensator)和器件清单(Part list)。选择"Schematic"选项卡,窗口将显示传感器和补偿器的电路原理图,如图 13-3 所示。

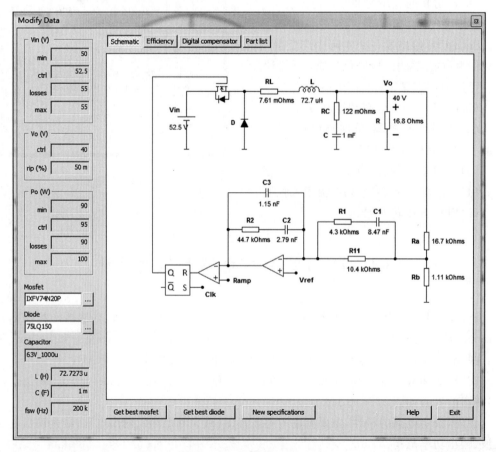

图 13-3　电路图窗口

选择"Efficiency"选项卡,窗口将显示每个组成部分损失的信息,如图 13-4 所示。

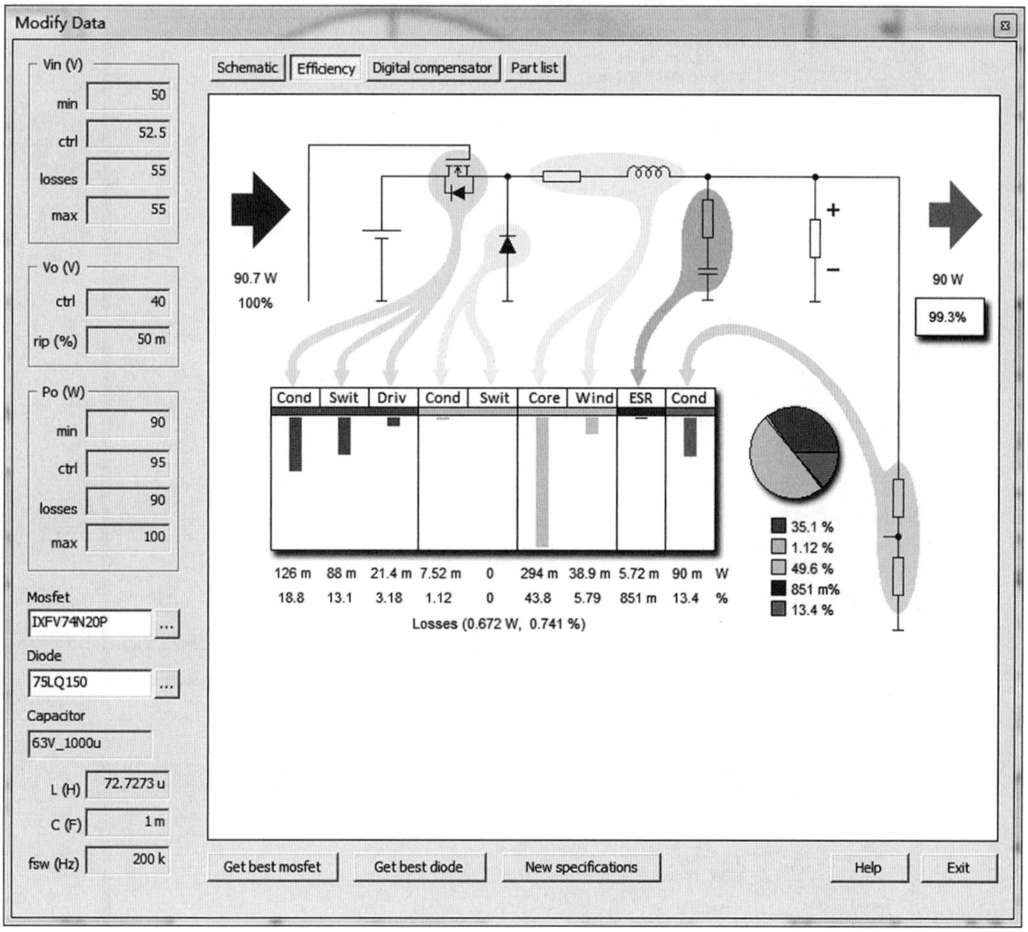

图 13-4　效率窗口

选择"Digital compensator"选项卡,窗口将显示用于数字控制的系数,如图 13-5 所示。

选择"Part list"选项卡,窗口将显示一个列出了最佳设计所需要的元件库中的元件列表,如图 13-6 所示。

单击图 13-7 中标记的两个按钮,可在元件库中可用的二极管和 MOSFET 之间更改所选的二极管和 MOSFET。

定义系统后,若在解空间中选择一个点,设计的变化将在设计结果的窗口中自动更新。此外,单击图 13-8 中标记的打开窗口和关闭窗口选项,可以打开和关闭设计结果的窗口。

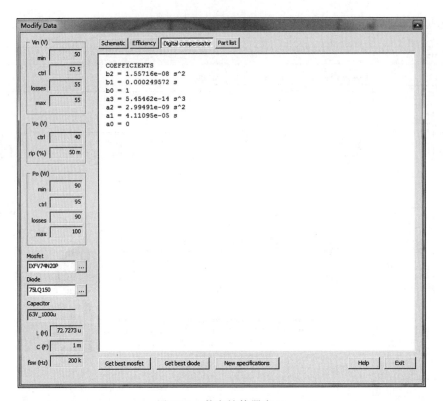

图 13-5　数字补偿器窗口

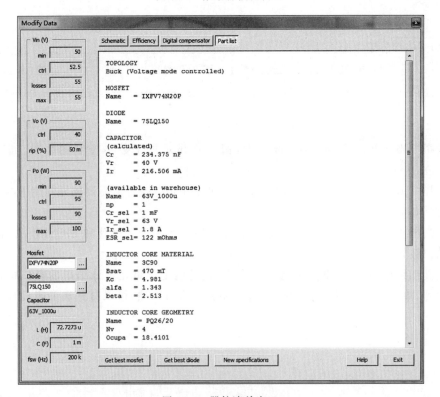

图 13-6　器件清单窗口

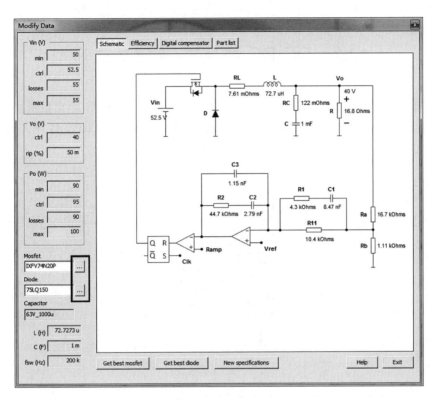

图 13-7 元件库

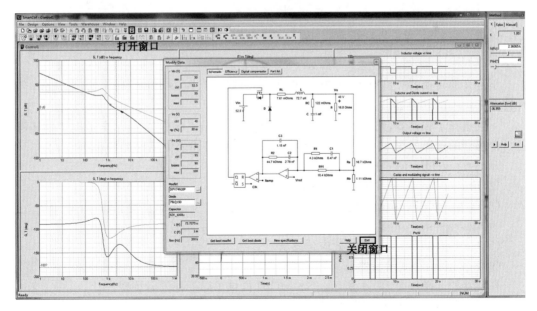

图 13-8 窗口的打开与关闭

13.2　DC-DC 转换器-单回路设计

单回路由三种不同的传递函数（转换器、传感器和补偿器）形成，必须依次进行选择。其中，转换器可以是预定义的，也可以是自定义的，即可以通过".txt"文件导入通用传递函数，也可以选择一种预定义的拓扑。转换器的选择如图 13-9 所示。

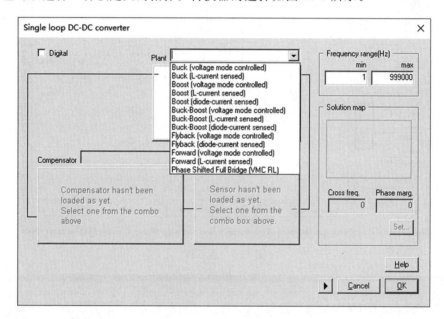

图 13-9　转换器的选择

预定义的转换器类型有 Buck 转换器、Boost 转换器、Buck-Boost 转换器、Flyback 转换器和 Forward 转换器。

一旦选择了转换器，无论要控制电压还是电流，SmartCtrl 都将显示合适类型的传感器。传感器的选择如图 13-10 所示。由图 13-10 可知，可用的传感器类型有：

（1）Voltage divider：分压器。

（2）Embedded V.div.：嵌入式分压器。

（3）Isolated V.sensor：隔离电压传感器。

（4）Current sensor：电流传感器。

（5）Hall effect sensor：霍尔效应传感器。

（6）Equation：公式编辑器。

补偿器的选择如图 13-11 所示。SmartCtrl 提供了以下补偿器类型：

（1）Type 2：类型 2 补偿器。

（2）Type 3：类型 3 补偿器。

（3）PI：PI 补偿器。

（4）PI analog：PI 模拟补偿器。

（5）Equation：公式编辑器。

同样地,在其他拓扑中,SmartCtrl 还提供了以下补偿器类型:

(1)Type 2 unattenuated:类型 2 未衰减补偿器。

(2)Type 3 unattenuated:类型 3 未衰减补偿器。

(3)PI unattenuated:PI 未衰减补偿器。

(4)Single Pole:单极点补偿器。

(5)Single Pole unattenuated:单极未衰减补偿器。

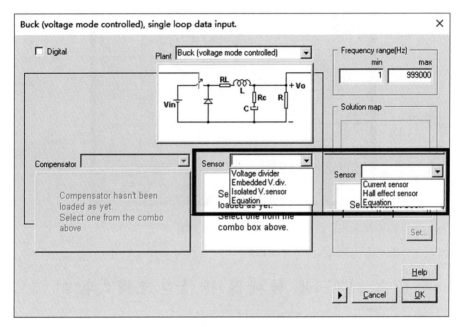

图 13-10　传感器的选择

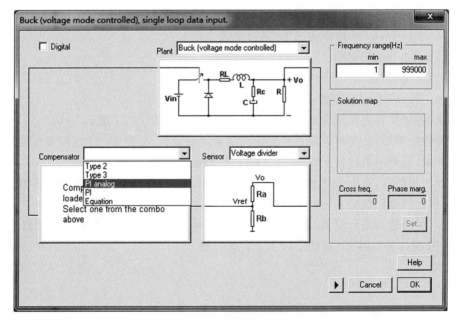

图 13-11　补偿器的选择

定义系统后，SmartCtrl 将自动计算稳定解空间，即"解决方案图"，如图 13-12 所示。

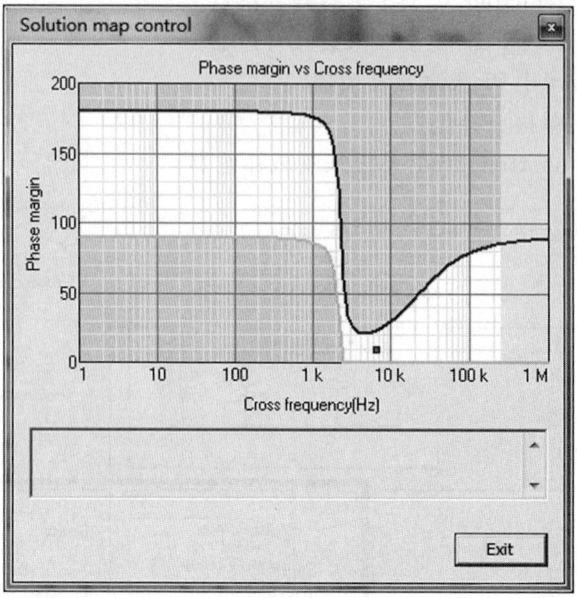

图 13-12　解决方案图

13.3　DC-DC 转换器-峰值电流模式控制

峰值电流模式控制的实现包括五种不同的元素，分别为：

(1)DC-DC converter：DC-DC 转换器（预定义的拓扑）。

(2)Current Sensor：电流传感器（通过电阻实现）。

(3)Modulator：调制器。

(4)Voltage Sensor：电压传感器。

(5)Compensator：补偿器。

定义系统时，首先要从现有元件库中选择转换器，如图 13-13 所示。

选择转换器后，必须对电流传感器的电阻值进行设置，如图 13-14 虚线框标注部分所示。接下来，对调制器进行配置，如图 13-14 实线框标注部分所示。

选择调制器后，对电压传感器进行选择，如图 13-15 所示。可用电压传感器有分压器、嵌入式分压器以及公式编辑器。

然后，对补偿器进行设置，如图 13-16 所示。可用的补偿器有类型 2 补偿器、类型 3 补偿器、PI 模拟补偿器、PI 补偿器以及公式编辑器。

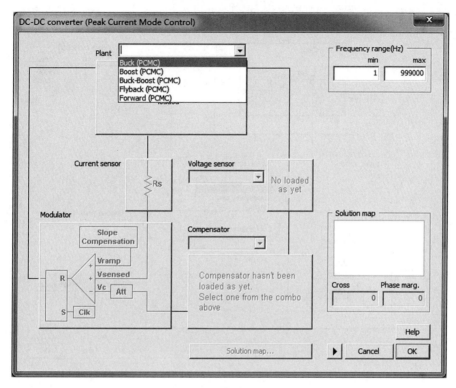

图 13-13　转换器的选择

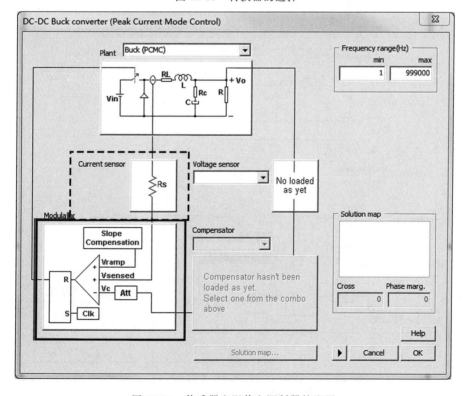

图 13-14　传感器电阻值和调制器的配置

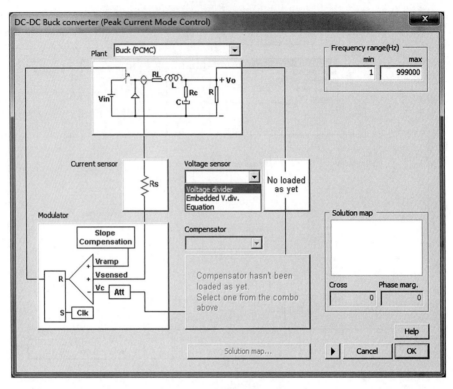

图 13-15　电压传感器的选择

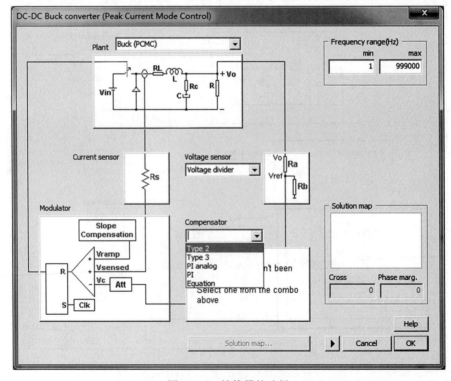

图 13-16　补偿器的选择

最后,必须借助解决方案图来选择控制回路的初始特性(开环穿越频率和相位裕度),如图 13-17 所示。单击"OK"按钮,SmartCtrl 将自动进行分析并显示图形面板。

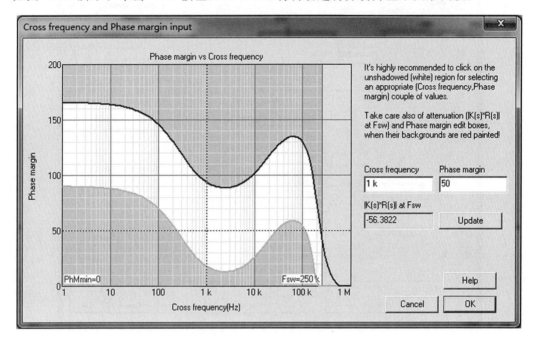

图 13-17　初始特性的选择

13.4　DC-DC 转换器-平均电流模式控制

平均电流模式控制由内部电流模式环路和外部电压模式环路组成。在所有可用的转换器中,外环均为电压模式控制(VMC),内环均为电流模式控制。根据所选转换器的不同,分别在电感(LCS)或二极管(DCS)上检测电流。DC-DC 转换器的选择如图 13-18 所示。

选择 DC-DC 转换器后,还需要配置内部控制循环。首先,选择电流传感器及其类型,如图 13-19 所示。然后,选择内部环路补偿器,如图 13-20 所示。可用的补偿器类型有类型 3 补偿器、类型 2 补偿器、PI 模拟补偿器、PI 补偿器以及公式编辑器。

定义好所有内部环路传递函数后,就要选择穿越频率和相位裕度。SmartCtrl 以解决方案图的方式提供了稳定的解空间,其中以图形方式显示了能够形成稳定解的穿越频率和相位裕度的所有可能组合。单击"Solution map(inner loop)"按钮,将会显示与内环相对应的解决方案图,如图 13-21 所示。

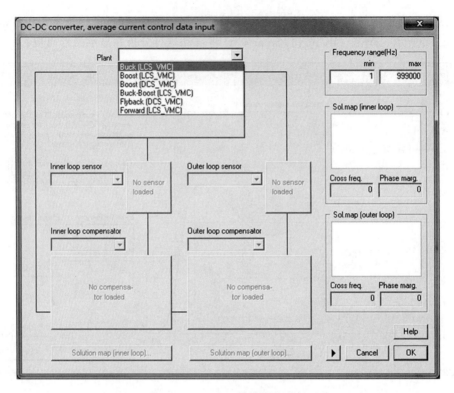

图 13-18　DC-DC 转换器的选择

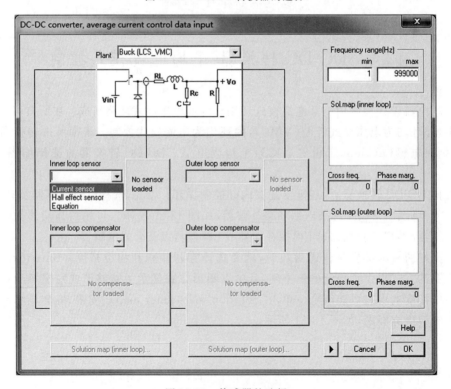

图 13-19　传感器的选择

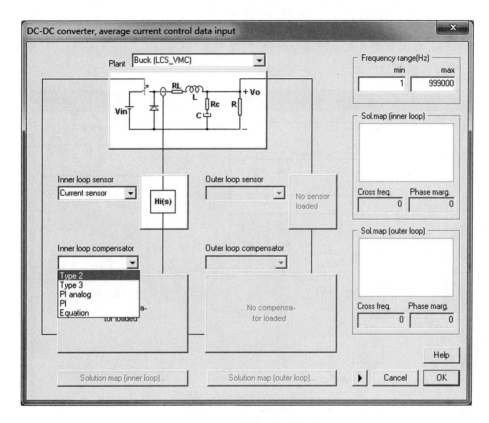

图 13-20 补偿器的选择

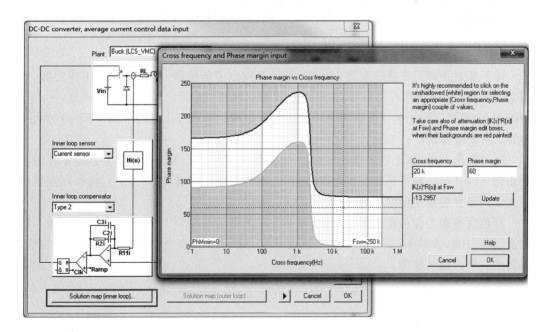

图 13-21 与内环相对应的解决方案图

　　选择好穿越频率和相位裕度后,解决方案图将显示在 DC-DC 平均电流控制输入数据窗口的右侧。如果需要更改上述两个参数,只需单击"Solution map(inner loop)"即可,如图13-22中标注的部分所示。

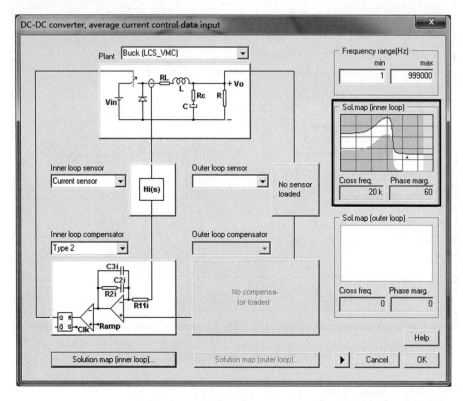

图 13-22　内部环路解决方案图的显示

　　接下来对外部循环进行配置。首先,必须选择电压传感器,然后选择外环补偿器,如图 13-23 所示。与内部环路一样,也要对穿越频率和相位裕度进行选择。同样地,在这种情况下,依然可以使用解决方案图来帮助选择稳定解。单击"Sol.map(outer loop)"按钮,将显示解决方案图。

　　应当指出的是,由于稳定性的限制,外环的穿越频率不能大于内环的穿越频率。为了防止选择的外部环路穿越频率比内部环路大,在外部环路的解决方案图中,将外环穿越频率大于内环穿越频率的区域划分为阴影区域,如图 13-24 所示。

　　穿越频率和相位裕度选择完成后,解决方案图将显示在 DC-DC 平均电流控制输入数据窗口的右侧,如图 13-25 所示。在确认设计后,SmartCtrl 将自动显示系统在频率响应、瞬态响应等方面的性能。

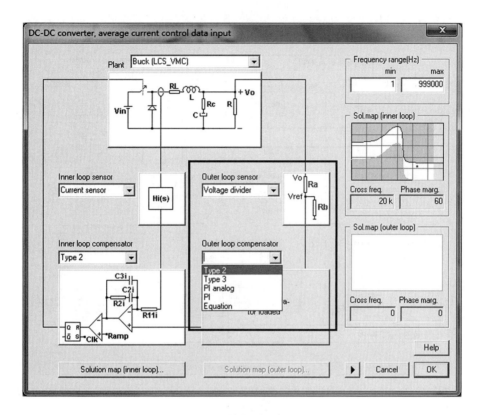

图 13-23　外部循环的设置

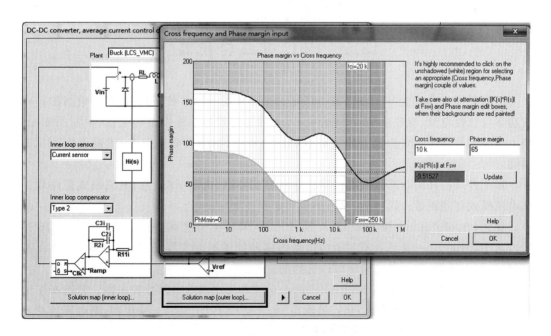

图 13-24　外部环路的解决方案图

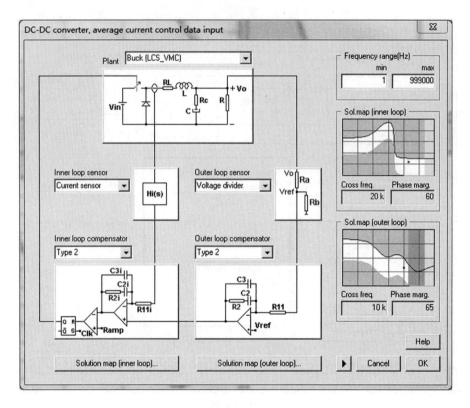

图 13-25　外部环路解决方案图的显示

13.5　PFC 升压转换器

PFC 的英文全称为"Power Factor Correction"（功率因数校正）。功率因数指的是有效功率与总耗电量（视在功率）之间的关系，也就是有效功率除以总耗电量（视在功率）的值。功率因数可以用来衡量电能被有效利用的程度，功率因数值越大，代表电能利用率越高。

基于升压拓扑的功率因数校正器具有双控制环路，由内部（电感）电流模式环路和外部电压模式环路组成。同样地，双回路设置必须按顺序进行。

首先，在 Multiplier 和 UC3854A Multiplier 两种类型之间进行选择，如图 13-26 所示。其中，Multiplier 是具有霍尔效应电流传感器的通用乘法器；UC3854A Multiplier 是 UC3854A 乘法器，其外部电阻是可以选择的。

Multiplier 和 UC3854A Multiplier 两个选项均可生成功率因数校正器。若选择了通用乘法器，则霍尔效应传感器 $H(s)$ 检测电流；若选择了 UC3854A 乘法器，则电流传感器通过电阻 R_s 实现。具体选择情况如图 13-27 所示。

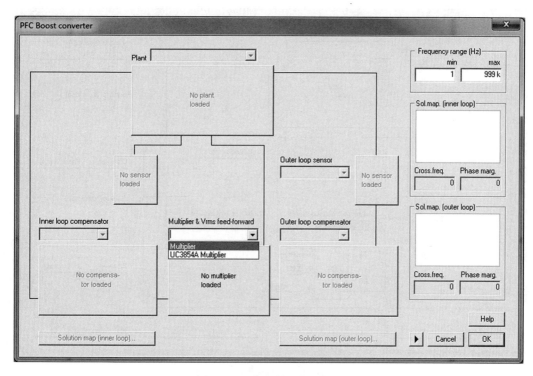

图 13-26　乘法器的类型选择

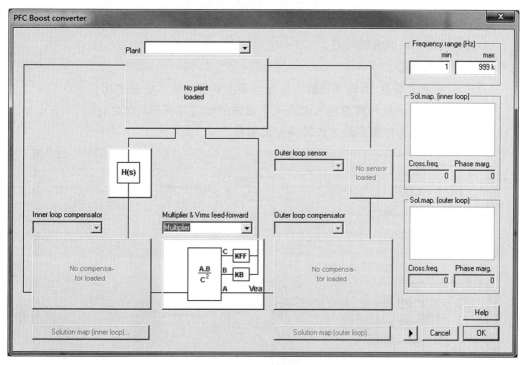

(a) 通用乘法器

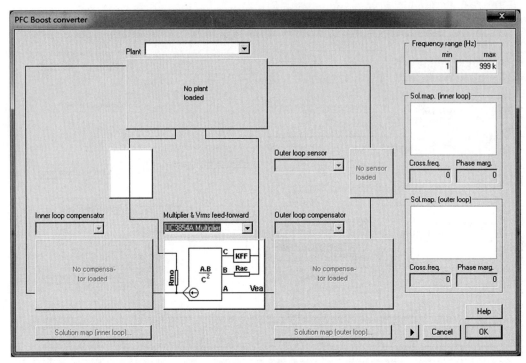

(b) UC3854A乘法器

图 13-27　乘法器的两种选择

通用乘法器的参数设置如图 13-28 所示,其具有以下参数:

(1)K_B:内环当前参考的增益。

(2)K_m:乘数增益。

(3)K_{FF}:前馈的增益,为均方根输入电压与乘法器平均输入电压之比。

(4)1st harm.rip.(%):整流输入电压一次谐波的幅值与其平均值之比。

其中,(3)(4)项为使用正激方式需设定的参数。

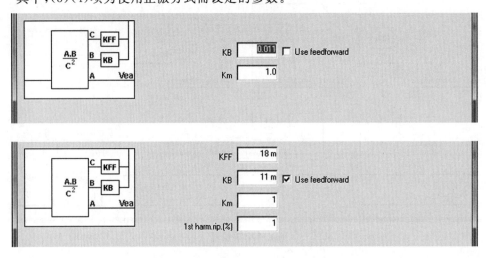

图 13-28　通用乘法器的参数设置

UC3854A 乘法器的参数设置如图 13-29 所示,其具有以下参数:

(1)K_{FF}:前馈的增益,它是均方根输入电压与乘法器平均输入电压之间的比率。

(2)K_m:乘数增益。

(3)R_{ac}:引入内环电流参考的电阻。

(4)R_{mo}:将乘法器输出电流转换为内部补偿器的参考电压的电阻。

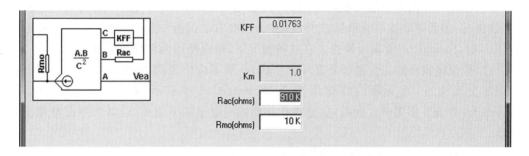

图 13-29　UC3854A 乘法器的参数设置

乘法器选择完成后,要对转换器进行选择。SmartCtrl 中预定义的转换器包括以下两种:升压 PFC(电阻负载)、升压 PFC(恒定功率负载)。接下来对内部控制回路进行配置。由于电流传感器已经设置完,因此必须选择内部回路补偿器。转换器和补偿器的选择如图 13-30 所示。

可用的补偿器类型有类型 2 补偿器、PI 模拟补偿器、PI 补偿器和公式编辑器。

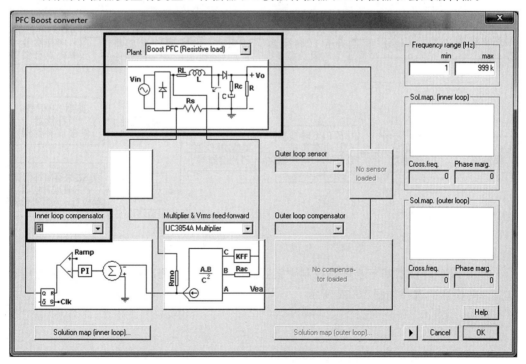

图 13-30　转换器和补偿器的选择

　　同样地,定义了所有内部环路传递函数后,必须选择穿越频率和相位裕度。此后步骤不再赘述。

　　内部环路配置完成后,必须对外环补偿器进行选择。与内部环路一样,必须选择穿越频率和相位裕度。在这种情况下,解决方案图同样可用于帮助选择稳定解。

　　需要注意的是,生成设计电路后,解决方案图窗口中可能会出现两个警告消息:

　　(1)在外环中使用单极补偿器(单极补偿器是功率因数校正电路中使用的典型补偿器)的情况下,低频增益可能很低。当估算的 V_o(在方法面板中显示)与指定的 V_o 相差超过 10% 时,SmartCtrl 会发出警告。在这种情况下,建议使用低频增益更高的补偿器。

　　(2)假设电流环路完全遵循外部环路生成,一般不会出现问题,但是在某些情况下会出现零交叉失真,且实际的线电流也会与 SmartCtrl 中显示的不同。这种情况下,SmartCtrl 将会发出警告。此时,应使内环补偿器的穿越频率增加,以最大限度地减少此问题。

　　生成功率因数校正电路的流程如图 13-31 所示。

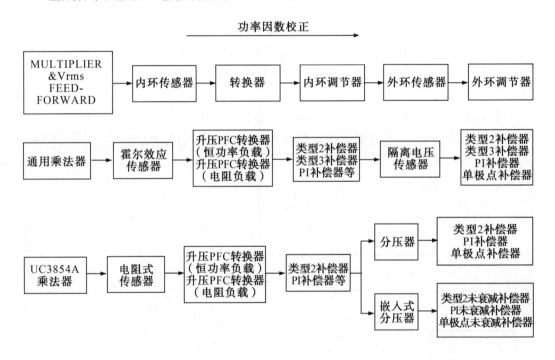

图 13-31　生成功率因数校正电路的流程

　　升压 PFC 转换器基于双环路控制方案,因此可以同时检测出通过电感的输出电压和电流。转换器的选择如图 13-32 所示。

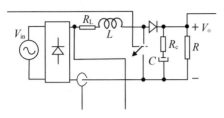

(a) 通用乘法器+升压PFC（电阻负载）

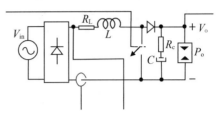

(b) 通用乘法器+升压PFC（恒功率负载）

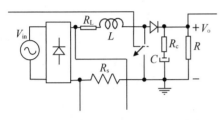

(c) UC3854A乘法器+升压PFC（电阻负载）

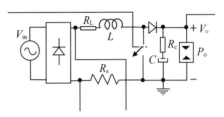

(d) UC3854A乘法器+升压PFC（恒功率负载）

图 13-32 转换器的选择

电流环路的设计考虑了转换器的分段线性模型，输入数据的变量定义如下：

(1)V_{in}(rms)：输入电压（均方根）。

(2)R_L：电感的等效串联电阻（Ω）。

(3)R_c：输出电容器的等效串联电阻（Ω）。

(4)C：输出电容（F）。

(5)V_o：输出电压（V）。

(6)P_o：输出功率（W）。

(7)W_{ta}：线角（°），在输出面板中以红点表示，代表整流电压和外部补偿器输出。

(8)f_{SW}：开关频率（Hz）。

(9)Line frequency：线频率（Hz）。

图形面板分为六个不同的面板，分别为伯德图模块（dB）、伯德图相位（°）、奈奎斯特图、线电流、振荡器斜坡和内部补偿器、整流电压和外部补偿器输出，如图13-33所示。其中，线电流面板提供了有关线路电流及其谐波失真的信息。

振荡器斜坡和内部补偿器面板提供了有关内部补偿器与振荡器斜坡的输出信息。内部补偿器的输出表示为与通过电感器的最大电流纹波相对应的线角，该线角通过整流电压和外部补偿器输出图形面板中的蓝点标识。这对于确定是否存在振荡很有帮助。如果两个函数的斜率很相似，则每个周期可能有多个交点。

整流电压和外部补偿器输出面板提供了有关外部补偿器输出电压的信息。与整流电压相比，它可以评估外部补偿器输出电压的相移。如果外部补偿器输出电压没有相移，则线路电流失真将增加。

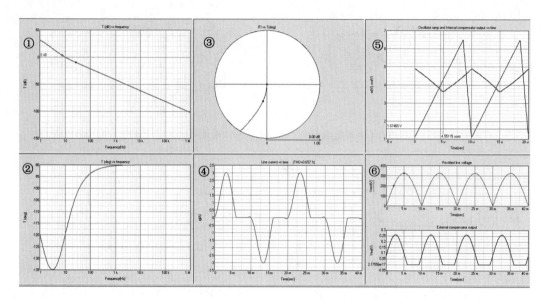

图 13-33　图形面板

第14章 通用拓扑的设计

当使用预定义的电源转换器时，SmartCtrl可以设计任何通用转换器的控制回路。当转换器不能通过预定义的DC-DC转换器进行控制设计时，必须通过s域传递函数或".txt"文件导入转换器频率响应来进行设计。通用拓扑设计的选择如图14-1所示。根据所需的输入可在以下各项中进行选择：

(1)s域模型编辑器。

(2)从".txt"文件导入频率响应。

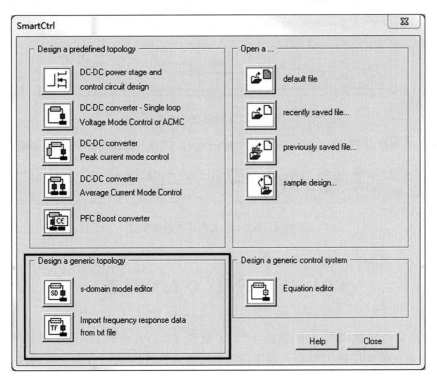

图14-1　通用拓扑设计的选择

s 域模型编辑器可从图 14-2 所示的工具栏标记处打开。

图 14-2　s 域模型编辑器

s 域模型编辑器提供了两个不同的选项,分别为 s 域模型(公式编辑器)和 s 域模型(多项式系数),以便于定义 s 域传递函数模型。s 域模型的选择如图 14-3 所示。

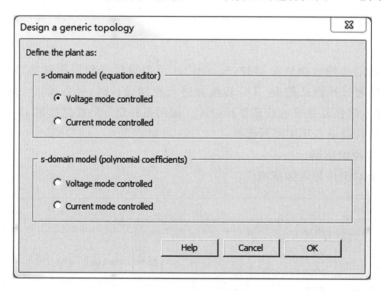

图 14-3　s 域模型的选择

同理,也可以从图 14-4 所示的工具栏标记处打开"从'.txt'文件导入频率响应"。

图 14-4　从".txt"文件导入频率响应

14.1　s 域模型(公式编辑器)

根据定义的转换器传递函数的不同,s 域模型(公式编辑器)分为电压模式控制(VMC)和电流模式控制(CMC)。这里仅以电压模式控制(VMC)为例介绍通过公式编辑器对转换器进行控制设计的步骤。

通过 s 域传递函数定义功率转换器时,首先须定义转换器的 s 域传递函数,可以选择以下两种不同的方式:

(1)导入以前的设计:单击"Open"。

（2）定义一个新的传递函数：单击"Editor"。

引入 s 域传递函数后，可以选择以下三种不同的方式进行保存或继续：

（1）单击"Save"，将 s 域传递函数以数学方程式形式保存到扩展名为".tromod"的文本文件中。

（2）单击"Compile"（编译）继续。

（3）如果需要，可以通过单击"Export transfer function(s)…"（导出传递函数）将传递函数的频率响应导出为".txt"文件。

如果选择默认选项"Bode plot"（伯德图），则右侧面板上将显示先前定义的传递函数的频率响应曲线图，如图 14-5 所示。

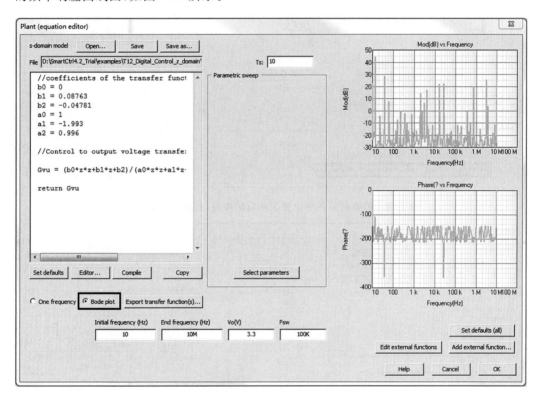

图 14-5　伯德图

为了检查特定频率下频率响应的增益、相位和矩形分量，SmartCtrl 提供了"One frequency"（单频率）选项。首先选择"One frequency"，其次指定频率，最后单击"Compile"，将显示指定频率下的增益、相位和矩形分量。具体过程如图 14-6 所示。

如果将 s 域模型用于电压模式控制，则必须指定输出电压（V_o）和开关频率（F_{sw}），如图 14-7 所示。然后，选择传感器和补偿器。最后，在图上选择穿越频率和相位裕度。

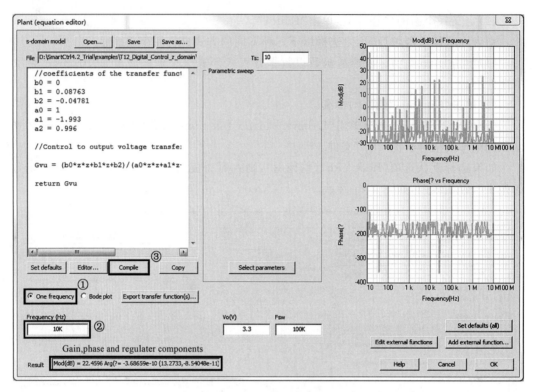

图 14-6   检查特定频率下频率响应的增益、相位和矩形分量

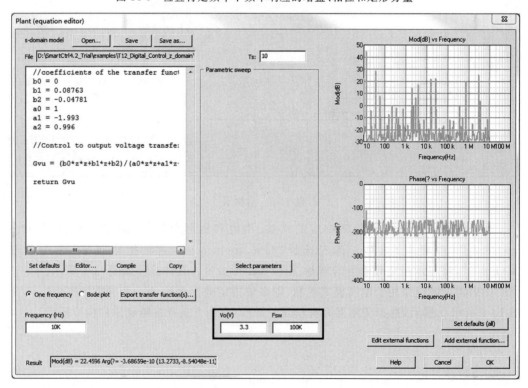

图 14-7   电压和开关频率

14.2　s 域模型(多项式系数)

SmartCtrl 通过引入 s 域模型(多项式系数)作为传递函数系数来对转换器进行设计, s 域模型的选择如图 14-8 所示,此功能仅适用于单回路设计。根据定义的转换器传递函数的不同,s 域模型(多项式系数)分为电压模式控制(快捷键为 Shift＋L)和电流模式控制(快捷键为 Shift＋U)。

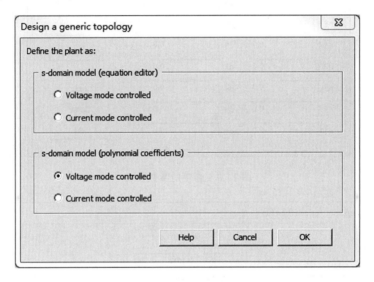

图 14-8　s 域模型的选择

s 域模型(多项式系数)必须引入 s 域传递函数的系数,传递函数的最大阶数为 10,分子系数为 $n_0 \sim n_{10}$,分母系数为 $d_0 \sim d_{10}$。另外,还可以使用设置向导来引入传递函数数据,此情况下必须对一些其他数据进行设置。必要的参数设置如图 14-9 所示。具体参数如下:

(1)频率范围(最小频率和最大频率),单位为 Hz;

(2)开关频率(F_{sw}),单位为 Hz;

(3)输出电压(V_o),单位为 V(仅当转换器受电压模式控制时)。

通过单击"Bode plots",可以在选定的频率范围内显示与引入的传递函数相对应的频率响应图。

通过单击图 14-9 中圈出的"Wizard"按钮,设置向导可以将传递函数的每个系数(n_0, n_1,…,n_{10};d_0,d_1,…,d_{10})引入为符号表达式。单击"Wizard"后,弹出的 Wizard 设置页面如图 14-10 所示。

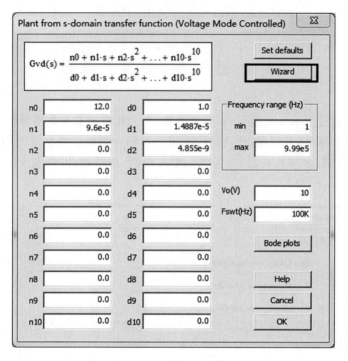

图 14-9　必要的参数设置

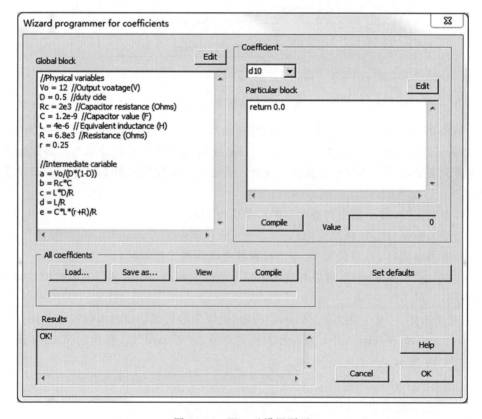

图 14-10　Wizard 设置页面

Wizard 设置页面中各模块的介绍如下：

（1）Global block 模块：用于显示传递函数大多数系数通用的变量及其具体定义的表达式，如图 14-11 所示。通过单击"Editor"，可以打开一个新版本框（编辑框），以适当的格式引入数据和表达式。

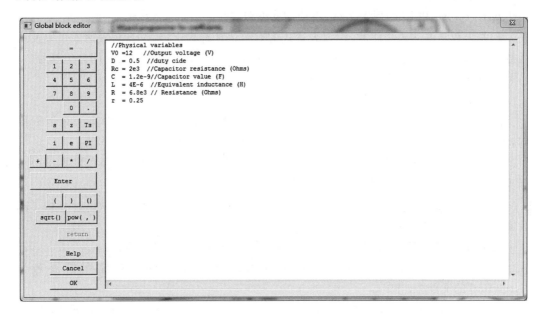

图 14-11　Global block 模块

（2）Coefficient 模块：用于显示在 Global block 模块中所选择的系数的表达式，这些表达式可以在 Global block 模块中定义全局变量，也可以定义新变量，而这些变量仅在局部适用于所选系数。Coefficient 模块如图 14-12 所示。

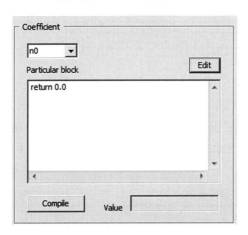

图 14-12　Coefficient 模块

Global block 模块和 Coefficient 模块在使用时需要注意以下几点：

①指令有两种类型：赋值和返回。

②每行只允许一条指令(无论是赋值还是返回)。

③允许使用空白行。

④赋值语句的语法为:V_{ar}＝Expr,其中 V_{ar} 是变量的名称,Expr 表示数学表达式。

⑤关于分配中的变量名称需注意:必须以字母开头,由字母、数字或下划线组成;sqrt、pow、return 和 PI 是保留名称,不能用作变量名称。

⑥关于数学表达式需注意:代数表达式的有效运算符为＋、－、*、/;表达式可以使用函数 sqrt(a)计算 a 的平方根,使用函数 pow(a,b)计算 a^b;表达式可以使用分组括号。

⑦return 语句的语法为:return Expr,其中 Expr 表示数学表达式。

⑧整个模块只能包含赋值语句。

⑨在 Coefficient 模块中,每个系数均可以具有赋值语句,但必须至少有一个返回语句,该返回语句始终是该模块中的最后一条指令,用于定义特定系数的数学值。

⑩注释可以包含为设计人员所作的注释,以增强文本的可读性。注释以定界符(//)开头,直到行尾。注释会被编译器忽略、不运行。

(3)All coefficients 模块:在 All coefficients 模块(见图 14-13)中,可以执行一些可能会影响所有系数的命令。

①编译:计算所有系数的数值。如果发生错误,将显示一条错误消息。

②另存为:将 Global block 模块和 Coefficient 模块的内容存储在扩展名为".trowfun"的文件中。

③加载:加载扩展名为".trowfun"的文件中存储的数据,Global block 模块和 Coefficient 模块将使用加载的信息进行更新。

④视图:Global block 模块和 Coefficient 模块的内容以及系数的数值显示在新窗口中。

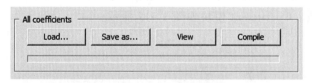

图 14-13　All coefficients 模块

(4)Results box and OK button 模块:Results box and OK button 模块如图 14-14 所示,所有警告消息都显示在"Results"编辑框中。单击"OK"按钮后,将自动重新计算所有系数。如果发生错误,将显示一条警告消息。如果计算正确,系数值将显示在 s 域传递函数窗口中。

图 14-14　Results box and OK button 模块

14.3　从".txt"文件导入频率响应数据

SmartCtrl 可以从".txt"文件导入频率响应数据,也可以导入自己的传递函数并设计适当的控制回路,但此功能仅适用于单回路设计。要定义导入的传递函数,必须指定所需的控制类型。控制类型的选择如图 14-15 所示。

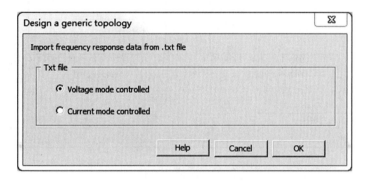

图 14-15　控制类型的选择

无论输入模型是电流模式控制还是电压模式控制,单回路设计过程都是相同的,唯一的区别在于可用传感器不同。选择控制类型后,还需要选择包含转换器频率响应的文件,如图 14-16 所示。SmarCtrl 能够加载以下文件格式:".dat"".txt"".fra"。选择文件后,数据将加载到 SmartCtrl,并显示幅值和相位,如图 14-17 所示。

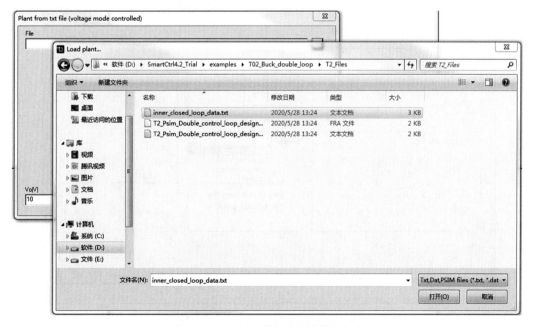

图 14-16　导入含频率响应数据的文件

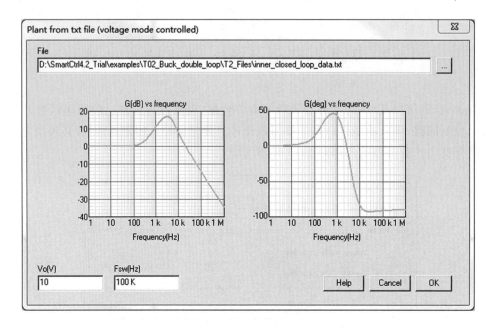

图 14-17　载入文件

　　然后,需要指定其他数据,如输出电压(仅在电压模式控制下需要)和开关频率等。最后,选择传感器,如图 14-18 所示。电压模式控制可用的传感器有分压器、嵌入式分压器和隔离式电压传感器。电流模式控制可用的传感器有电流传感器、霍尔效应传感器。后续的补偿器选择、解决方案图生成等步骤不再赘述。

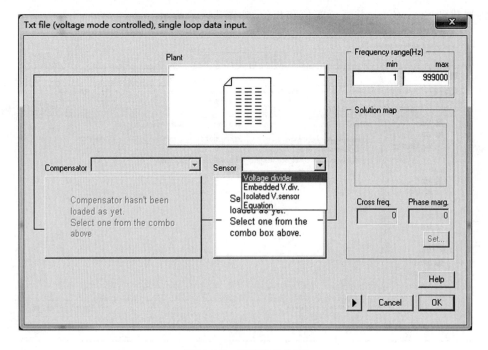

图 14-18　传感器的选择

第 15 章 通用控制系统的设计

SmartCtrl 允许设计通用控制系统。因为可以使用公式编辑器定义整个系统,所以不需要考虑系统的性质。通用控制系统的设计可以通过图 15-1 所示的方式打开,也可以通过图 15-2 所示的方式打开。

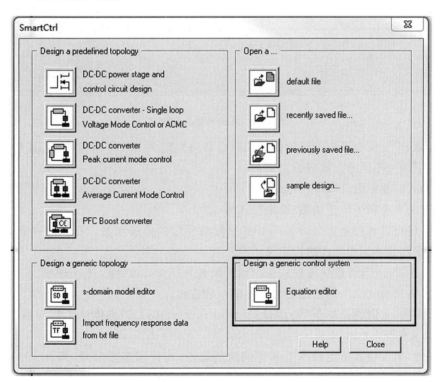

图 15-1　通用控制系统设计的打开方式(一)

图 15-2　通用控制系统设计的打开方式(二)

　　为了设计通用控制系统,需要定义所有系统组件的传递函数,如图 15-3 所示。首先,通过公式编辑器定义转换器的传递函数;其次,通过公式编辑器定义传感器的传递函数;最后,选择补偿器以完成系统组件的定义。

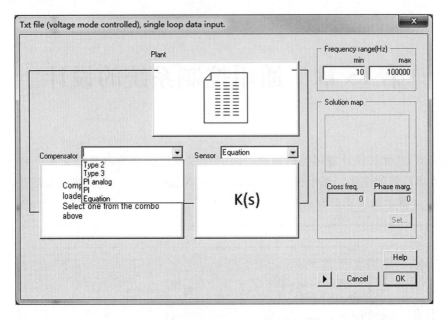

图 15-3　传递函数的定义

　　同样地,定义所有系统组件的传递函数前必须先定义 s 域传递函数(见图 15-4)。可以通过以下两种不同的方式进行定义:

　　(1)导入以前的设计:单击"Open…";

　　(2)定义一个新的传递函数:单击"Editor…"。

　　此外,还可以通过单击"Set defaults"来加载预定的传递函数。引入传递函数后,可以通过以下两种不同的方式进行定义:

　　(1)单击"Save",将数学方程式保存到扩展名为".tromod"的文本文件中。

　　(2)单击"Compile",伯德图将出现在窗口的右侧。

　　如果需要,可以通过单击"Export transfer function(s)…"将传递函数的频率响应导出为".txt 文件"。

　　同样地,为了检查特定频率下频率响应的增益、相位和矩形分量,SmartCtrl 提供了"One frequency"选项。首先选择"One frequency"选项,然后指定频率,最后单击"Compile",将显示指定频率下的增益、相位和矩形分量。频率响应参数检查如图 15-5所示。

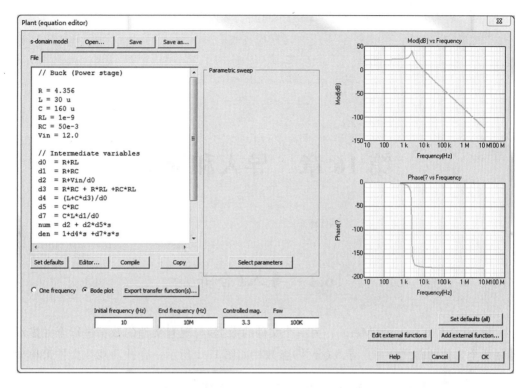

图 15-4　s 域传递函数的定义

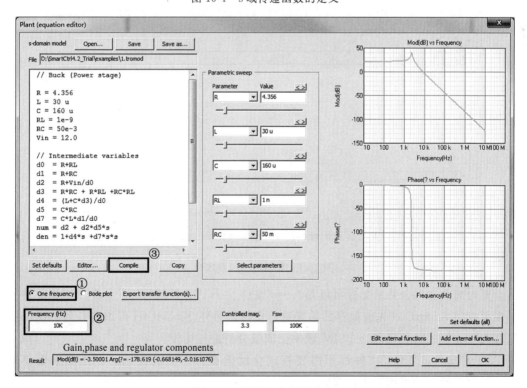

图 15-5　频率响应参数检查

第16章 导入和导出

16.1 导入(合并)

导入(合并)[Import(Merge)]另一个文件的数据,与现有文件的数据进行合并显示,即将两个文件的曲线合并。导入(合并)参数栏如图16-1所示。合并功能在文件菜单中,可通过单击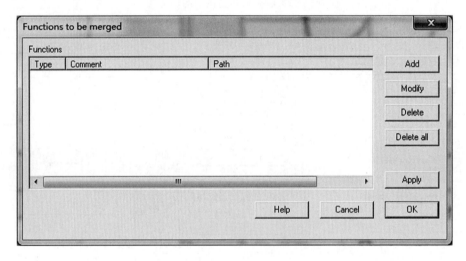按钮使用。导入(合并)主要用于比较频率响应曲线(伯德图)。

图 16-1　导入(合并)参数栏

要与当前文件合并的文件可以是".tro"文件、".txt"文件或".fra"文件。当前文件的结果可以与 SmartCtrl 先前保存的结果进行比较。另外,SmartCtrl 可以将任何传递函数保存为".txt"格式,也可以与 PSIM 频率交流量分析进行比较。

".tro"文件或".fra"文件都不需要格式化就能被合并功能使用。但是如果要使用".txt"文件,则必须考虑以下因素:

（1）该文件必须分为三列（从左到右）：第一列为频率值，第二列为以分贝（dB）为单位的模块；第三列为以度为单位的相位。

（2）文件的第一行对应于列标题。

图 16-1 中，右侧各选项的功能介绍如下：

（1）Add：在比较中添加新的传递函数。

（2）Modify：修改先前添加的传递函数的设置（更改颜色、原始文件等）。

（3）Delete：删除所选。

（4）Delete all：删除所有。

（5）Apply：应用当前设置。

（6）OK：应用当前设置并关闭合并窗口。

（7）Cancel：关闭"合并"窗口，但不进行任何更改。

（8）Help：显示帮助窗口。

在添加和修改函数时，添加功能会在两个比较的文件中添加新的传递函数。首先，对函数的类型进行选择，如图 16-2 所示。

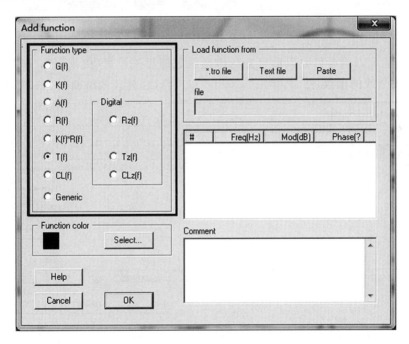

图 16-2　函数类型的选择

其次，通过"Select"选择函数颜色，通过"Load function from"从".tro"文件或".txt"文件加载函数。最后，通过单击"OK"，将传递函数添加到伯德图的模块和相位面板中，如图 16-3 所示。

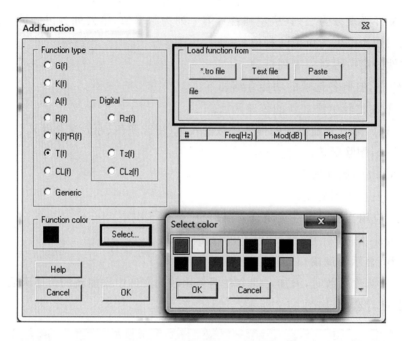

图 16-3　颜色选择和文件导入

　　修改功能可以用于修改以前合并的传递函数的相关设置（更改颜色、原始文件等）。首先，选中要修改的函数；然后，单击"Modify"进行修改，修改选项如图 16-4 所示。

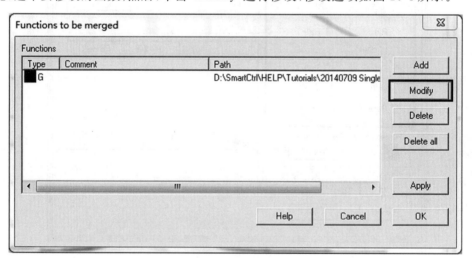

图 16-4　修改选项

　　修改功能的设置页面如图 16-5 所示，可以进行以下修改：载入新文件，更改轨迹颜色。但是，如果想要修改功能类型，必须加载新文件。

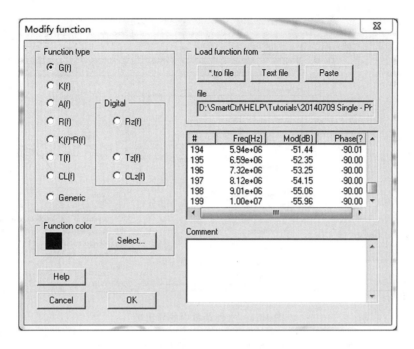

图 16-5　修改功能的设置页面

16.2　导　出

16.2.1　导出传递函数

SmartCtrl 提供了三个不同的导出(Export)选项,这些选项可在文件菜单的导出项下使用,如图 16-6 所示。导出选项中的第一个是导出传递函数(Export transfer functions),可以通过鼠标左键单击位于主工具栏中的 图标来使用。

任何可用的传递函数都可以导出到".txt"文件,因此必须在可用列表中选择要导出的功能,并在相应的对话框中设置文件选项。

寻址文件(文件头)由三列组成,分别包含频率矢量、幅值(dB)和相位(°),它们均包含于"导出传递函数"对话框(见图 16-7)中。

"导出传递函数"对话框中的具体内容如下:

(1)文件头(File Header):包含三列寻址文件的名称。

(2)导出频率范围(Export function between):用于设置导出传递函数的频率范围。

(3)点数(Number of points):用于设置要保存在文件中的点数。

(4)点将沿着以下两个方向等距分布(Points will be equi-spaced along a):①频率轴上的对数刻度;②频率轴上的正常比例。

(5)数据通过以下方式分割(Data separated by):①Tab 键;②空格键;③逗号。

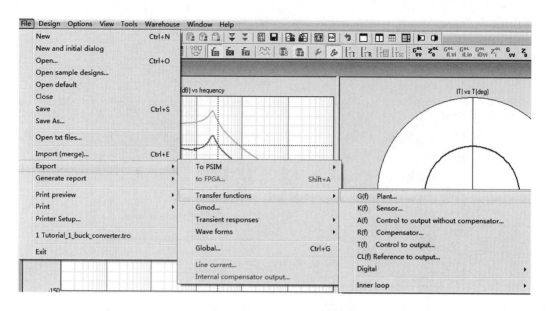

图 16-6　文件菜单中的导出项

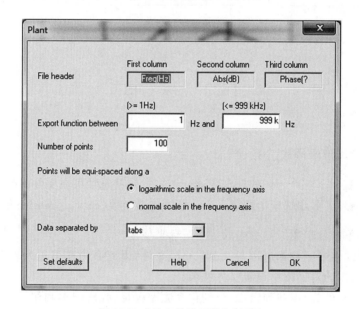

图 16-7　"导出传递函数"对话框

16.2.2　导出到 PSIM

SmartCtrl 提供的另一个导出选项可以使软件本身与 PSIM 软件进行通信,因此在设计完调节器后,可以将功率电路和补偿器导出到 PSIM(Export to PSIM),从而更加方便地进行仿真。

16.2.2.1 导出到 PSIM(原理图)

文件菜单下导出到 PSIM 的界面如图 16-8 所示。在文件菜单中,可以选择"Export" →"To PSIM"在选项,弹出的界面如图 16-9 所示。

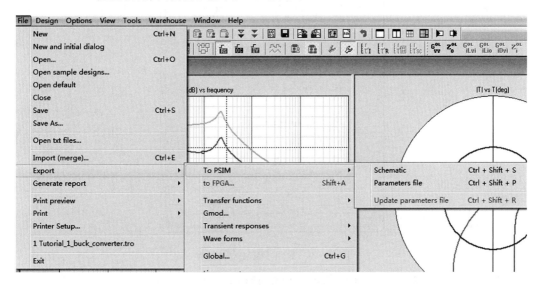

图 16-8 在文件菜单下导出到 PSIM

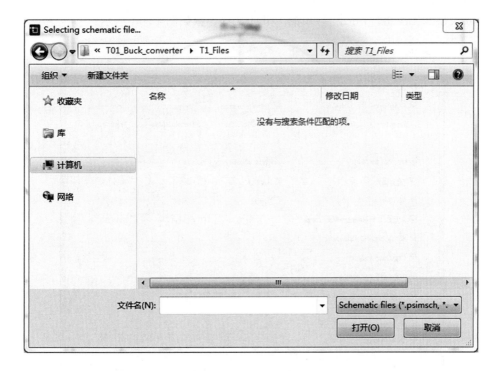

图 16-9 导出到 PSIM(原理图)

要以原理图形式将设计的补偿器导出到 PSIM,就必须选择要插入原理图的 PSIM 文件的路径和名称。如果尚未创建文件,则需要创建一个新的 PSIM 文件。创建文件后,需要在导出原理图、仅导出参数文件还是仅更新先前导出的参数文件之间进行选择。导出 PSIM 文件选项如图 16-10 所示。

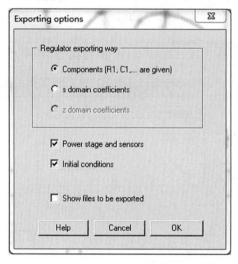

图 16-10　导出 PSIM 文件选项

调制器的导出方式包含多种不同形式,简要介绍如下:

(1)Components（R1,C1,...are given）:调制器的原理图和参数将通过模拟实现方式（运算放大器和无源组件）导出,导出的 PSIM 文件参数如图 16-11 所示。

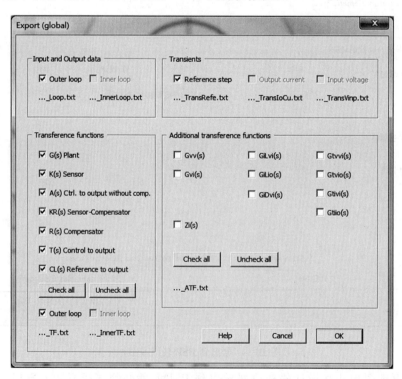

图 16-11　导出的 PSIM 文件参数

（2）s 域系数（s-domain coefficients）：调制器的原理图和参数将以 PSIM 控制模块的形式导出，导出的 PSIM 文件 s 域系数如图 16-12 所示。

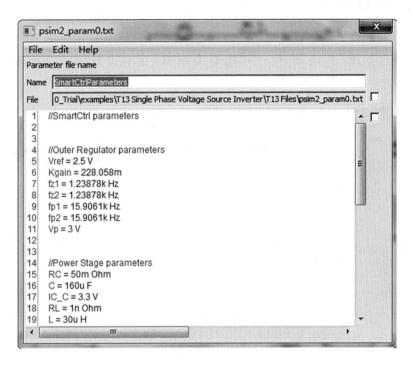

图 16-12　导出的 PSIM 文件 s 域系数

（3）z 域系数：调制器的原理图和参数将以 z 域传递函数的形式导出。因此，必须在选择 z 域格式导出到 PSIM 之前，在"Design"菜单下选择"Digital control"（数字控制）选项。此外，除了代表数字补偿器的 z 域传递函数外，SmartCtrl 还添加了其他模块：①延时块。延时块的延时表示控制环路的累计延时减去与调制器相对应的延时，即 ADC 延时和计算延时。②在调制器、比较器之前的限幅器。限幅器可确保占空比低于 97%。

（4）功率电路和传感器（Power stage and sensors）：功率电路和传感器的原理图和参数可被导出。

（5）初始状态（Initial conditions）：输出电容器两端的初始电压和通过电感器的初始电流可被导出，这样可以减少模拟电路的初始瞬变。

此外，导出到 PSIM 时要注意两点：①当选择的传感器为"Embedded V.div"时，原理图不能导出到 PSIM。②目前在峰值电流模式控制的情况下，导出补偿器的唯一可用选项是"components"，而 s 域和 z 域尚不可用。

16.2.2.2　导出到 PSIM 参数文件

当导出文件到 PSIM（参数文件）时，仅导出有必要参数的文本文件。同样地，SmartCtrl 将要求选择参数文件导出到 PSIM 文件的路径。

16.2.2.3　导出到 PSIM（更新参数文件）

一旦配置了上述选项之一，就只需更新现有的参数文件。单击"导出到 PSIM（更新参数文件)"，先前插入的参数文件将自动更新。

16.2.3　导出瞬态响应

SmartCtrl 提供了多个不同的导出选项，这些选项可在文件菜单的导出项下找到。导出瞬态响应如图 16-13 所示。"导出瞬态函数"选项可将任何可用的瞬态响应(transient responses)导出到文件。

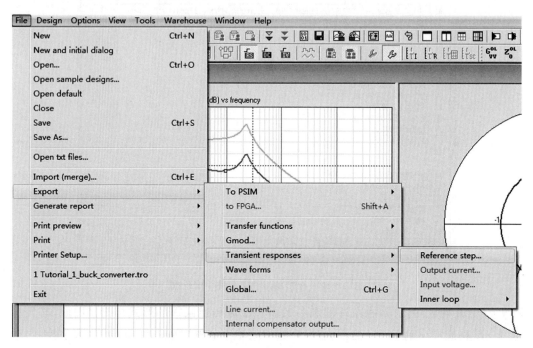

图 16-13　导出瞬态响应

通过在瞬态响应图形面板上右击，也可以看到此导出选项。瞬态响应的参数设置如图 16-14 所示，它显示了要导出的瞬态响应以及以下参数：

(1)时移(Time shift)：根据需要设置要导出的时间长度(单位为 s)，瞬态响应将相应地沿时间轴偏移。

(2)要输出的点数(Number of points to be exported)：设置 SmartCtrl 显示图形的总点数。

(3)打印步骤(Print step)：其默认值为 1，意味着每个数据点都将被导出到文件中。如果值为 4，则仅保存 $\frac{1}{4}$。该选项有助于减小结果文件的大小。

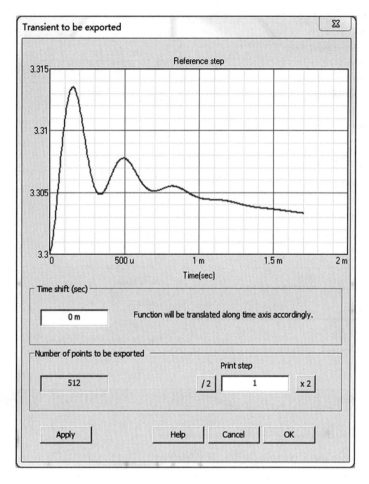

图 16-14　瞬态响应的参数设置

16.2.4　导出全局

在文件菜单中,可以选择"Export"→"Gglobal",如图 16-15 所示。

导出全局可将有关设计的不同信息导出到文本文件。根据所选信息的不同,文本文件将具有不同的名称,并显示在相应复选框的下方。导出全局参数栏如图 16-16 所示,其参数介绍如下:

(1)设计的输入和输出数据。

(2)瞬态:瞬态阶跃的时间(s)和大小(V 或 A)。

(3)传递函数:基本传递函数的频率(Hz)、幅值(dB)和相位(°)。

(4)附加传递函数:附加传递函数的频率(Hz)、幅值和相位(°),例如磁化率、阻抗等。

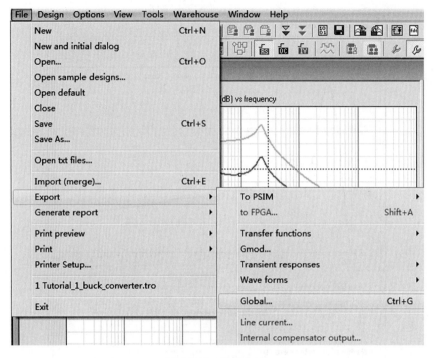

图 16-15　导出全局

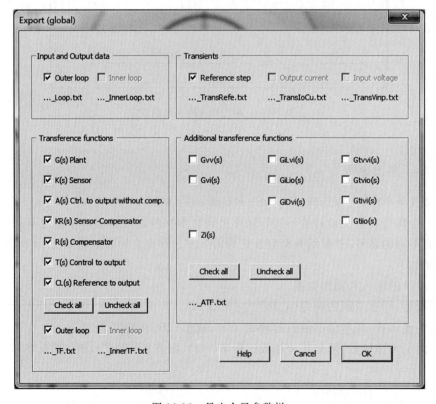

图 16-16　导出全局参数栏

16.2.5　导出波形

在 SmartCtrl 文件菜单的"导出"选项下还有"波形"（Wave forms）选项可用,如图 16-17所示。

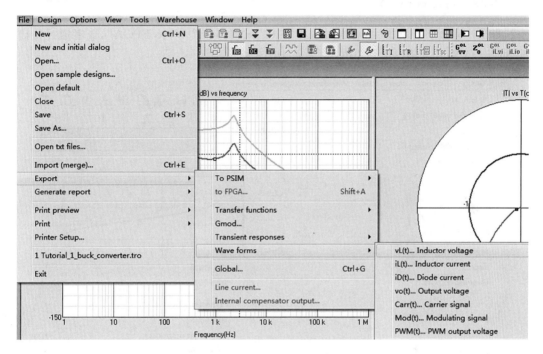

图 16-17　导出波形选项

任何可用的波形都可以导出到".txt"文件。首先,需要在可用列表中选择要输出的信号,并在相应的对话框中设置寻址文件选项。寻址文件选项如图 16-18 所示,由两列组成,分别包含以秒为单位的时间和电流/电压瞬时值。各选项及其特征描述如下:

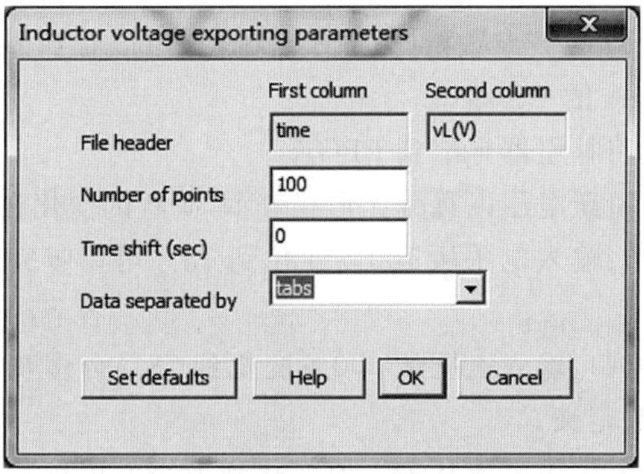

图 16-18　寻址文件选项

(1)头文件(File header):包含文件两列的名称。

(2)点数(Number of points):设置保存在文件中的点数。

（3）时移（Time shift）：根据需要设置要导出的时间长度（单位为 s），瞬态响应将相应地沿时间轴偏移。

（4）数据通过以下方式分割（Data separated by）：①Tab 键；②空格键；③逗号。

16.2.6　导出到 FPGA

当设计完数字补偿器后，可通过选择"File"→"Export"→"to FPGA"，或者通过快捷键 Shift＋A 将其直接导出到 FPGA，如图 16-19 所示。

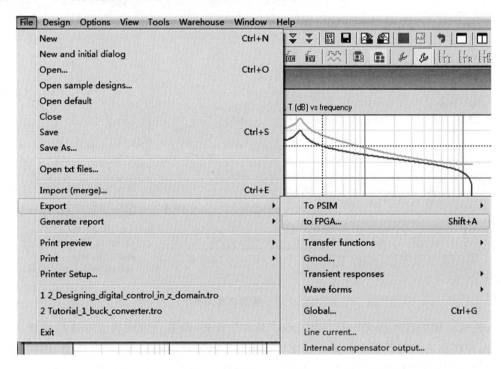

图 16-19　导出到 FPGA

当打开"Export to FPGA"参数栏（见图 16-20）时，可以看到如下参数项：

（1）端口：连接 FPGA 的 PC 端口。

（2）数字补偿器：仅将补偿器导出到 FPGA。

（3）参考阶跃：参考阶跃电压以百分比形式表示，阶跃的变化在±10％之间取值。

（4）输入电压（单步）：输入电压从 100％变化到 78％可单步完成，所需时间由其持续时间设置。

（5）输入电压（脉冲列）：输入电压从 100％变化到 78％分多步完成，所需时间由脉冲的频率、占空比和脉冲数定义。

（6）输出电流（单步）：输出电流从最大值变化到最小值可单步完成，所需时间由其持续时间设置。

（7）输出电流（脉冲列）：输出电流从最大值变化到最小值分多步完成，所需时间由脉冲的频率、占空比和脉冲数定义。

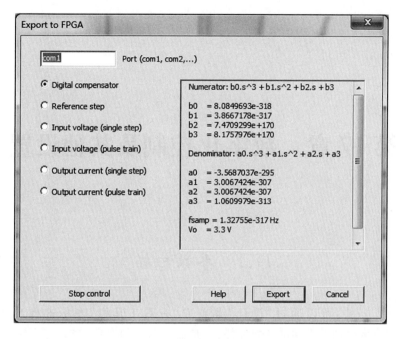

图 16-20　导出到 FPGA 参数栏

第17章　数字化控制及其他设置

17.1　参数扫描

在 SmartCtrl 中，可以通过"设计"菜单或"查看工具栏"图标选择参数化扫描。SmartCtrl 程序区分两种不同的参数扫描：一是输入参数的参数扫描，它可以更改系统的所有输入参数，包括常规参数、转换器参数、传感器参数、补偿器参数；二是补偿器组件的参数扫描，它可以改变补偿器的元件数值，使得电阻和电容符合补偿器要求。

17.1.1　输入参数的参数扫描

要进行输入参数的参数扫描（Input Parameters Parametric Sweep），可以通过单击位于"View"工具栏中的 按钮，或者通过选择"Design"菜单→"Parametric Sweep"→"Input Parameters"。弹出的界面如图17-1 所示。

参数扫描中可用的功能如下：

（1）修改循环回路：选择要修改的回路。该选项仅在双回路设计的情况下可用，在双回路设计中，可以在内部循环或外部循环中进行选择。

（2）计算补偿器：选择该选项后，将沿着参数扫描为每个新的参数集重新计算补偿器。如

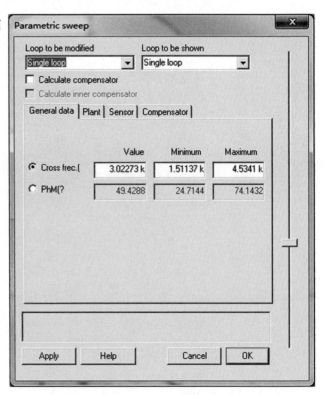

图 17-1　参数扫描界面

果不选择该选项,则补偿器将固定为最后计算出的那个。

(3)显示循环:选择要显示的循环结果。该选项仅在双循环设计的情况下可用,在该设计中可以在内部循环或外部循环中进行选择。

(4)常规参数框(General data):要更改的参数与开环参数有关,可用参数为穿越频率(f_c)或相位裕度(θ_{PM})。

(5)装置参数框(Plant):可改变的参数与被设计装置的输入参数有关。可改变的参数能为所选变量引入最小值和最大值,但一次只能选择更改一个参数。转换器参数如图17-2 所示。

(6)传感器参数框(Sensor):用于更改当前设计所选择的传感器参数。当选择的传感器为霍尔效应传感器时,可改变的参数是 0 Hz 时的增益和极点频率,如图 17-3 所示。

(7)补偿器参数框(Compensator):补偿器参数框中可改变的参数只有调制器增益和电阻 R_{11} 的阻值,如图 17-4 所示。

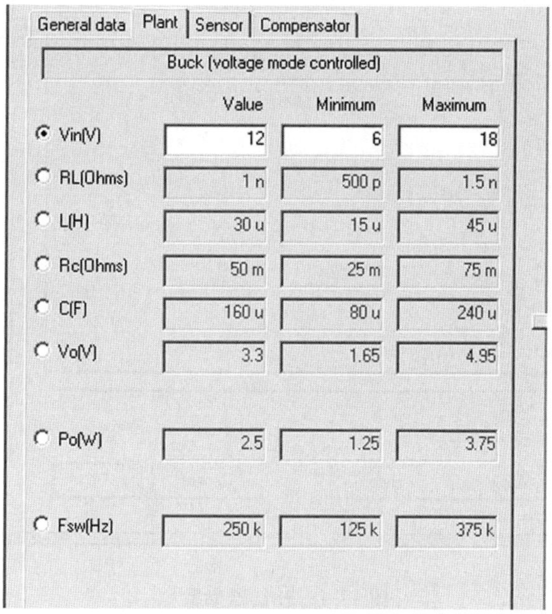

图 17-2　转换器参数

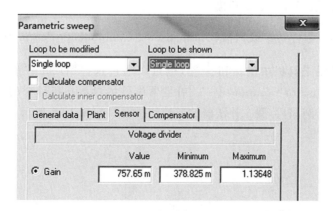

图 17-3　霍尔传感器的参数修改

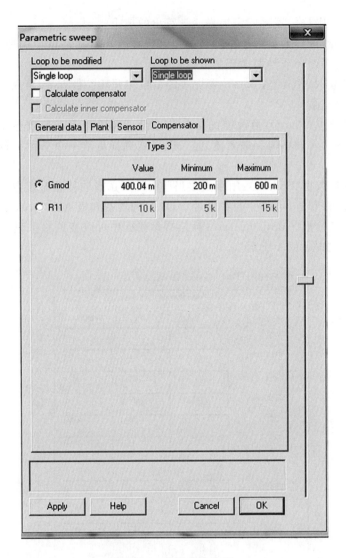

图 17-4　补偿器参数框

17.1.2　补偿器组件的参数扫描

要进行补偿器组件的参数扫描（Compensator Components Parametric Sweep），可以通过单击位于视图工具栏中的按钮 ，也可以通过选择"Design"菜单→"Parametric Sweep"→"Compensator Components"。补偿器组件的参数扫描针对的是补偿器中变化的电阻和电容值。例如，类型 3 补偿器的参数扫描窗口如图 17-5 所示。

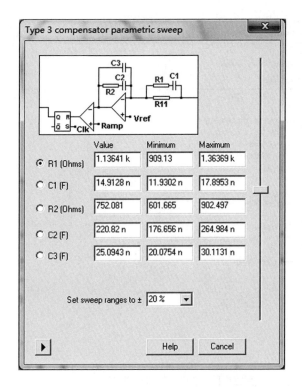

图 17-5　类型 3 补偿器的参数扫描窗口

17.1.3　源代码的参数扫描

要进行源代码的参数扫描（Source Code Parameters Sweep），可以通过单击位于视图工具栏中的 按钮或通过选择"Date"菜单→"Parameters Sweep"→"Source Code"。仅当使用公式编辑器完成拓扑设计时，才可进行源代码的参数化扫描。

要启用扫描，必须先选择一个变量，然后单击"Enable sweeping according to the parameter selected"，最后单击图 17-6 中的"Enable sweeping according to the parameter selected"按钮。

使用左滚动条（图 17-6 中标记的滚动条），可以在最大值和最小值之间更改变量的值。选择一个值后，可以通过单击"Apply source code"来修改源代码。

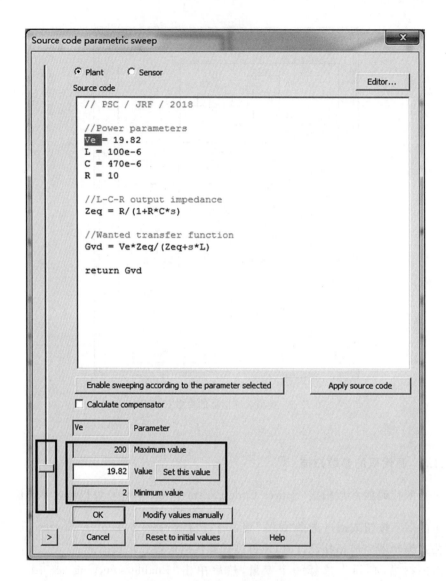

图 17-6　源代码的参数扫描窗口

17.2　数字化控制

　　SmartCtrl 的数字化控制(Digital Control)模块可以用来计算数字补偿器的系数,以便通过数字设备(作为 FPGA 或 ASIC 中的特定硬件,或作为微处理器、微控制器及 DSP 中的程序)来实现。

17.2.1 A/D 转换与数字控制

数字补偿器可直接在 z 域中获得,并且可以使用 z 域模块将数字补偿器导出到 PSIM。图 17-7 为"PID 数字控制"对话框,主要包括 DPWM(数字 PWM)控制器和 A/D 转换器(ADC)。接下来将对"PID 数字控制"对话框中的各模块进行介绍。

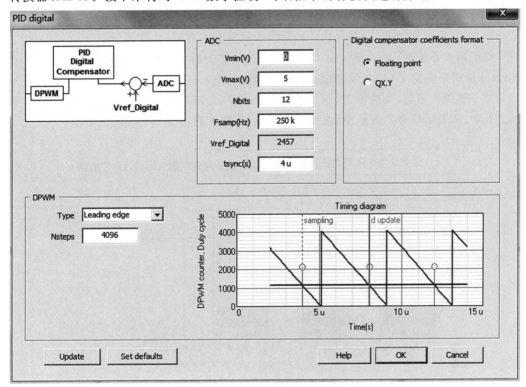

图 17-7 "PID 数字控制"对话框

ADC 面板中包含以下参数:

(1)V_{min}(V):模数转换器能够读取的最小电压,用于计算模数转换器的增益。

(2)V_{max}(V):模数转换器能够读取的最大电压,用于计算模数转换器的增益。

(3)N_{bits}:模数转换器的位数,代表模拟输入值。

(4)f_{samp}(Hz):数字调节器的采样频率,采样周期 $t_{samp} = \dfrac{1}{F_{samp}}$ 是调节器输出信号的两个连续采样之间的时间;在 SmartCtrl 中可以为开关和采样频率选择不同的值,但是采样频率必须是开关频率的倍数或约数。

(5)$V_{ref\_Digital}$:数字补偿器跟随的参考电压值,计算公式为

$$V_{ref\_Digital} = (V_s \cdot G_s - V_{ADCmin}) \cdot \frac{2^{N_{bits}}}{V_{ADCmax} - V_{ADCmin}} \tag{17-1}$$

式中,V_s 为要测量的(或传感的)电压值;G_s 为传感器的增益;V_{ADCmin} 为进行 A/D 转换的最小电压;V_{ADCmax} 为进行 A/D 转换的最大电压;$2^{N_{bits}}$ 为 2 的 N_{bits} 次幂(N_{bits} 为 A/D 转换的

位数)。

(6)$t_{sync}(s)$:采样信号与用于更新调节器输出之间的时间差。

在模拟控制器中,传感器持续测量,控制信号在每个时刻都进行更新。与模拟控制器不同,当使用数字补偿器时,测量信号的时刻和 PWM 信号捕捉变化的时刻不一样。

数字补偿器的系数格式:①浮点要符合国际标准 ISO/IEC/IEEE 60559—2011(内容与 IEEE 754—2008 相同)。②固定点数用 $QX.Y$ 表示法表示,即 $X+Y$ 位,X 位位于固定点的左侧(包括整数部分、符号位),Y 位位于固定点的右侧(分数部分)。

对于调制器注释,不同波形有不同的选项,分别为后缘、前缘、三角形以及 Ad-hoc。Ad-hoc 模式还要定义 G_{mod}(调制增益)和 t_{delay}(时间差)。

对于模拟控制器,作为参考,这里给出了一个模拟控制器的时间标记图,如图 17-8 所示。其中,d 表示信号的测量值,虚线为平均值,实线为确定时刻的实际测量值。

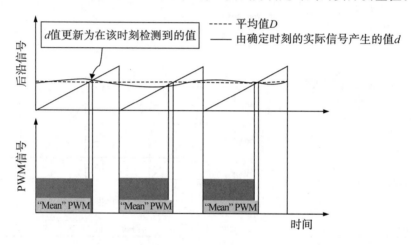

图 17-8　模拟控制器的时间标记图

在设计数字控制器时,需要考虑其他参数:

(1)t_{delay}:斜坡开始的时刻与测量完成的时刻之间的时间差(如果相同,则为 0)。

(2)$t_{digital}$:数字系统测量模拟信号时,将其转换为数字值并进行必要的调节器计算所需的时间。

(3)t_{sync}:测量信号的时刻与该测量影响输出的时刻之间的时间差。此参数是 SmartCtrl 中要引入的参数,由用户设置。

下面给出一些示例,以方便读者理解这些时间参数。

对于数字控制器:

$$F_{samp} \geqslant f_{sw} \tag{17-2}$$

数字控制器(后沿):

$$t_{digital} > t_{on} - t_{delay} \tag{17-3}$$

若 $t_{delay}=0$,$t_{sync}=t_{on}$,则通用表达式为

$$t_{sync} = t_{on} - t_{delay} = d\,\frac{1}{f_{sw}} - t_{delay} \tag{17-4}$$

式中，d 为采样时刻的实际测量值。这种情况下数字控制器的时间关系图如图 17-9 所示。

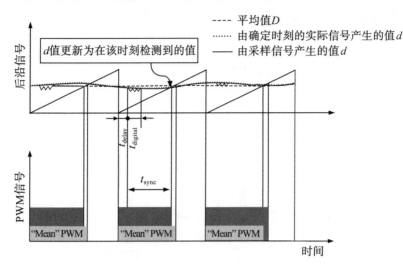

图 17-9　数字控制器(后沿)的时间关系图($t_{digital} > t_{on} - t_{delay}$)

　　如果数字电路的速度不够快，无法在测量值与锯齿相交的时间内进行计算得到数值
时，就会发生上述 $t_{digital} > t_{sync}$ 的情况，时间关系图如图 17-10 所示。在这种情况下，所获取
的信息直到下一个周期才会影响输出，因此 t_{sync} 需要一个额外的切换周期，即

$$t_{sync} = t_{on} - t_{delay} + T = (1+d)\frac{1}{f_{sw}} - t_{delay} \tag{17-5}$$

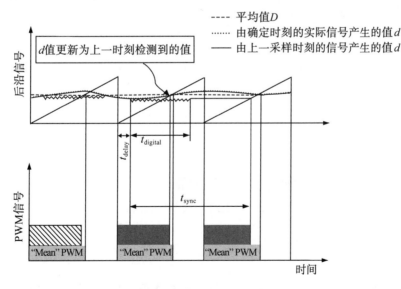

图 17-10　数字控制器的时间关系图($F_{samp} > f_{sw}$)

以高于切换频率(始终为倍数)的频率进行采样时，有两种可能的情况：

(1)每次测量都有足够的时间更改输出，时间关系图如图 17-11 所示。

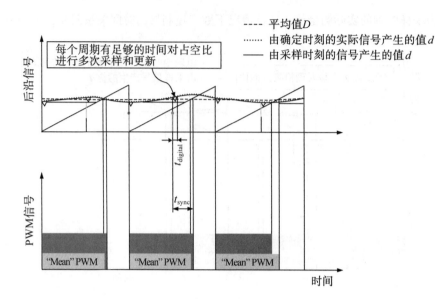

图 17-11　足够时间更改输出下的时间关系图

（2）每个开关周期中只有一些测量值能够影响输出信号。由图 17-12 可看出，当信号被重新采样时，循环已经被重置，直至下一个周期才会改变。

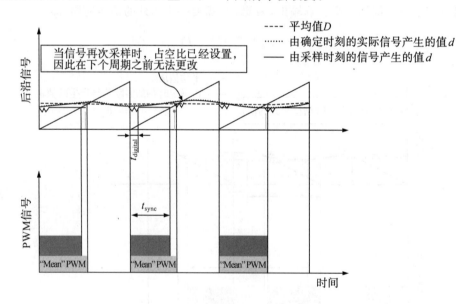

图 17-12　信号受到影响时的时间关系图

t_{sync} 始终受 t_{digital} 的最小值限制，同时受 $\dfrac{1}{f_{\text{sw}}}$ 的最大值限制（假设 $t_{\text{digital}} < t_{\text{sw}}$），即

$$t_{\text{digital}} < t_{\text{sync}} < \frac{1}{f_{\text{sw}}} \tag{17-6}$$

对于数字控制器（$f_{\text{samp}} > f_{\text{sw}}$），选择设置一组 t_{digital} 以便更好地控制其效果。此处提

供一个示例,其时间关系图如图 17-13 所示,该示例通常用于控制逆变器。

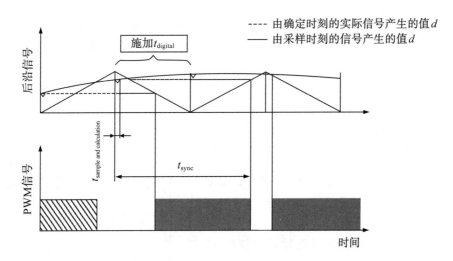

图 17-13　设置 t_{digital} 后的时间关系图

在此示例中,施加了一个采样周期(1/2 切换周期)的最小 t_{digital},因此 t_{sync} 将始终保持在 t_{samp} 和 t_{sw} 之间,具体时间取决于占空比(t_{sync} 越高,占空比越高),即

$$t_{\text{samp}} < t_{\text{sync}} < t_{\text{sw}} \tag{17-7}$$

对于逆变器,占空比沿正弦波在 0~1 之间变化时,应假定最坏的情况。在这种最坏的情况下,最大占空比将提供最高的 t_{sync},因此应将 t_{sync} 设置为等于 t_{sw}。

将设计从 SmartCtrl 导出到 PSIM 时,自动以两种方式对图中看到的 t_{delay} 进行建模,如图 17-14 所示。

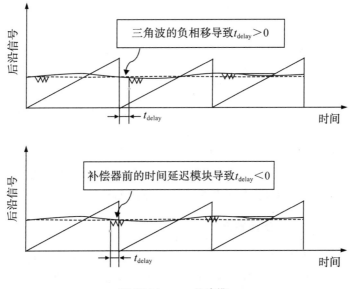

图 17-14　t_{delay} 的建模

①添加一个时间延迟模块,当 $t_{delay}<0$ 时,延时 t_{delay} 个时间,这意味着在斜坡开始之前已测量了一个值。

②斜坡上添加一个相移,以便在斜坡上升或下降时对其值进行测量。

由图 17-14 可以看出,三角波的负相移导致 $t_{delay}>0$,而在补偿器之前的时间延迟导致 $t_{delay}<0$。

将设计从 SmartCtrl 导出到 PSIM 时,原理图中会出现一个延时模块,因此应考虑到控制回路的不同延时。

17.2.2　数字控制设置

单击主工具栏中的图标 📧,打开并计算数字补偿器。计算模拟补偿器后启用此选项,此选项通过使用双线性变换或塔斯汀变换将模拟补偿器离散化。SmartCtrl 中的数字控制设置界面如图 17-15所示。

开始计算数字补偿器时,需要设置以下三个特定参数:采样频率、位数和累积延迟。

(1)采样频率(Sampling frequency):数字补偿器的采样频率,采样周期 $t_{samp}=\dfrac{1}{F_{samp}}$ 是补偿器输出信号的两个连续采样之间的时间。

(2)位数(Bits number):用于考虑固定点表示形式的数字补偿器系数的位数,将获得的系数四舍

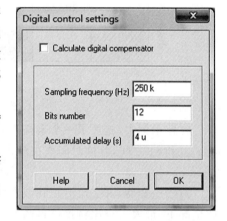

图 17-15　数字控制设置界面

五入到可用指定位数表示的最接近的数值。位数中,一位代表符号,其余位代表整数部分和小数部分。

位数太少会导致数字补偿器与模拟补偿器明显不同,因此需要检查数字补偿器和模拟补偿器之间的相似性。如果数字响应和模拟响应相差太大(尤其是在低频和中频时),则需要增加位数。

(3)累积延迟(Accumulated delay):表示控制回路中的总时间延迟(调制器延迟、计算延迟、ADC 延迟等)。累积延迟会影响使用设计的数字补偿器获得的实际相位裕度。延迟是一个负相位,它减去了伯德图中开环传递函数的相位。由于是在不考虑时间延迟的情况下计算的原始(模拟)补偿器,因此获得的相位裕度将低于在模拟补偿器中获得的相位裕度,可以通过在模拟补偿器的规格中选择较高的相位裕度来补偿此相位裕度损失。

17.2.3　数字控制中的参数扫描

数字控制中的参数扫描(Parametric Sweep in Digital Control),可以扫描数字调节器的三个特定参数:采样频率、位数和累积时间延迟。SmartCtrl 会弹出一个警告框,通知用户有关极限循环的信息。数字控制中的参数扫描如图 17-16 所示。

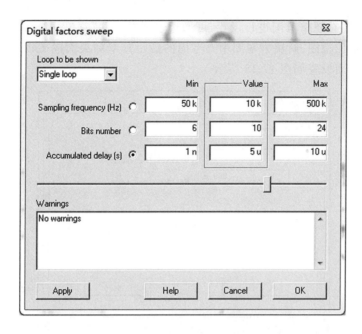

图 17-16　数字参数的扫描设置

　　如果没有遵守极限循环条件,SmartCtrl 会对积分增益和增益裕度进行评价并显示警告,如图 17-17 所示。当出现警告后,如果需要消除极限循环效应,则需要对补偿器进行重新设计。

　　当增益裕度太低而可能发生极限循环时,必须增加增益裕度。因此,可以通过增加所需的相位裕度,以获得更高的增益裕度,降低极限循环发生的可能性。当积分增益太高而发生极限循环时,可以通过降低所需的穿越频率,以降低积分增益,避免发生极限循环。

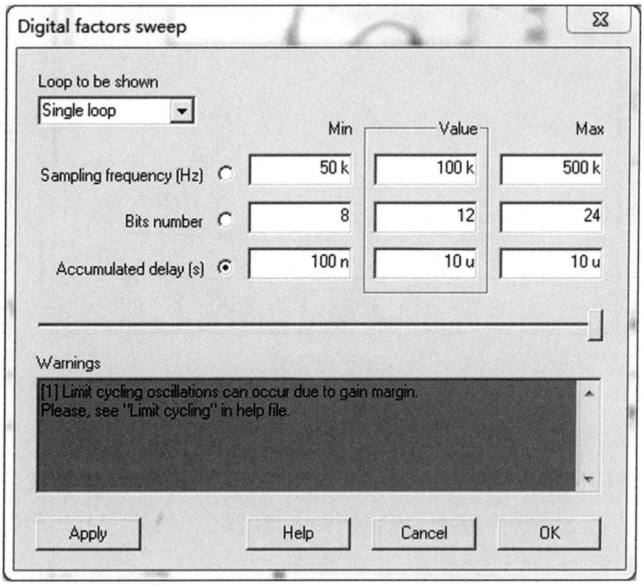

图 17-17　出现警告框时的提示

　　此外,可直接对频率范围进行设置,可通过选择"Tools"菜单→"Settings"进行操作。它可以用来设置伯德图、解决方案图中要考虑的最小频率和最大频率以及版面设置。频率范围设置和版面设置如图 17-18 所示。

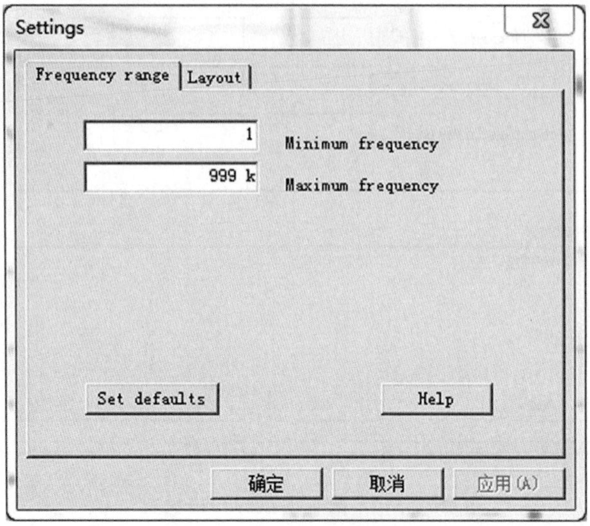

(a) 频率范围设置

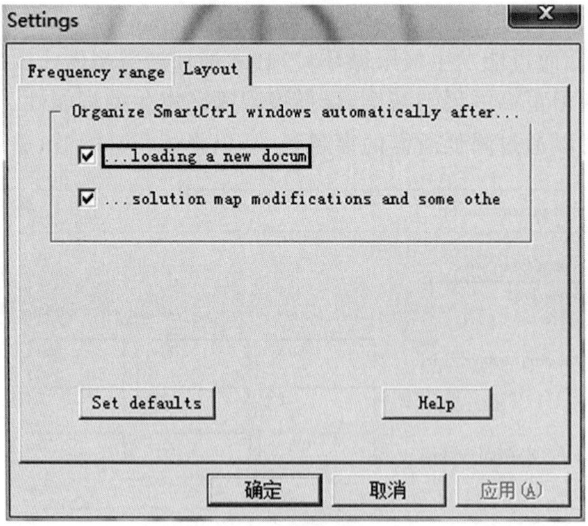

(b) 版面设置

图 17-18　频率范围设置和版面设置

　　此外,SmartCtrl 还提供了用于电源电路设计的各种不同组件的选择,这些组件称为器件库。如图 17-19 所示,器件库中包括导体、电容器、二极管、MOSFET、铁芯几何形状及铁芯材料等。

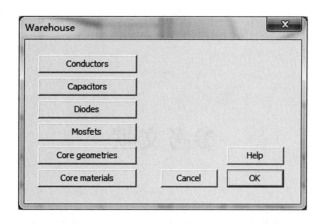

图 17-19　器件库

单个组件数据库如图 17-20 所示。一旦选择了组件列表中的一个，就可以通过添加、删除或修改特定组件来修改数据库，或者从外部".txt"文件导入新数据库，也可以将当前数据库导出为".txt"文件，其值将由制表符进行分隔。

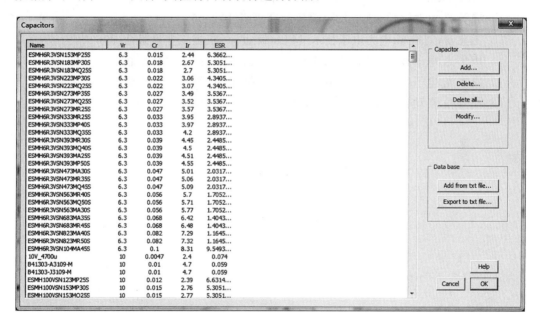

图 17-20　单个组件数据库

参考文献

［1］Peterchev A V，Sanders S R. Quantization resolution and limit cycling in digitally controlled PWM converters［C］. IEEE Power Electronics Specialists Conference. IEEE，2001.

［2］Peng H，Maksimovic D，Prodic A，et al. Modeling of quantization effects in digitally controlled DC-DC converters［C］. IEEE Power Electronics Specialists Conference. IEEE，2004.

［3］Powersim Inc. PSIM user's guide［K］.2010.

［4］邱关源.电路［M］.5 版.北京:高等教育出版社,2006.

［5］王兆安,刘进军.电力电子技术［M］.5 版.北京:机械工业出版社,2020.

［6］康华光.电子技术基础:模拟部分［M］.6 版.北京:高等教育出版社,2013.

［7］康华光.电子技术基础:数字部分［M］.6 版.北京:高等教育出版社,2014.

［8］胡寿松.自动控制原理［M］.6 版.北京:科学出版社,2014.